Basiskonzepte als Grundlage des Fachwissens. Der Umfang des Fachwissen in der Chemie wächst heute schneller an als je zuvor: Weltweit werden täglich rund 1000 Forschungsarbeiten aus den verschiedensten Teilbereichen der Chemie veröffentlicht.
Im Chemieunterricht kann es deshalb nicht um den aktuellen Stand der Forschung gehen, sondern um einige wenige grundlegende und gut überschaubare Fragestellungen. Dazu werden die Eigenschaften wichtiger Stoffe und ihr Reaktionsverhalten zunächst auf einfache Weise erklärt. Später werden sie dann in neuen Zusammenhängen aufgegriffen und mit weiteren Erkenntnissen verknüpft. Die dabei zu beantwortenden Fragen können einigen wichtigen Basiskonzepten zugeordnet werden.
Die folgende Übersicht zeigt, um welche Basiskonzepte es sich handelt.

Wichtige Stoffe und ihre Eigenschaften

Die Bedeutung von Stoffen für Natur und Technik hängt von Eigenschaften ab, die der Stoff hat.

Wir fragen zum Beispiel:
- Aus welchen Stoffen ist Luft zusammengesetzt?
- Wie lässt sich Luft verflüssigen?
- Welche Stoffe aus der Luft werden technisch genutzt?
- Wie unterscheidet sich Trinkwasser von destilliertem Wasser?
- Welche Eigenschaften machen Wasser zu einem außergewöhnlichen Stoff?
- Welche Eigenschaften haben Metalle?
- Welche Eigenschaften bestimmen die Verwendung von Metallen?
- Welche Stoffe gefährden die Gesundheit oder die Umwelt?

Stoffe und ihr Aufbau aus Teilchen

Die Eigenschaften der Stoffe hängen mit der Art der Teilchen zusammen, aus denen sie aufgebaut sind.

Wir fragen zum Beispiel:
- Warum lassen sich aus einem Reaktionsprodukt die Ausgangsstoffe zurückgewinnen?
- Welche verschiedenen Arten von Teilchen gibt es?
- Wie hängt die Art der Teilchen mit dem Aufbau von Atomen zusammen?
- Wie lassen sich die außergewöhnlichen Eigenschaften von Wasser erklären?
- Welche Symbole verwendet man, um den Aufbau von Teilchen und Stoffen zu beschreiben?
- Nach welchen Gesichtspunkten kann man die Elemente ordnen?

Chemische Reaktionen

Stoffe lassen sich durch chemische Reaktionen in andere Stoffe umwandeln.

Wir fragen zum Beispiel:
- Woran erkennt man chemische Reaktionen?
- Warum unterscheidet man zwischen Elementen und Verbindungen?
- Wie beschreibt man chemische Reaktionen in Kurzform?
- Welche Produkte entstehen bei der Verbrennung verschiedener Stoffe?
- Wie lassen sich Metalle gewinnen?
- Wie kann man Wasserstoff herstellen?

Energieumwandlung bei chemischen Reaktionen

Bei Stoffumwandlungen wird Energie frei oder es muss Energie hinzugeführt werden.

Wir fragen zum Beispiel:
- Was versteht man unter exothermen Reaktionen bzw. endothermen Reaktionen?
- Welche Reaktionen werden zur Gewinnung von Energie genutzt?
- Wie kann Energie mit Hilfe chemischer Reaktionen gespeichert werden?
- Welche Schadstoffe entstehen bei der Gewinnung von Energie durch chemische Reaktionen?

Michelle Gabriel 7b

Inhaltsverzeichnis

Aufgaben richtig verstehen

Im Unterricht, als Hausaufgaben oder in schriftlichen Leistungsüberprüfungen werden dir wiederkehrend Aufgaben gestellt werden, die es erfolgreich zu bearbeiten gilt. In diesen Aufgaben erscheinen immer wieder dieselben Arbeitsanweisungen.

Damit du die Aufgaben richtig verstehen und lösen kannst, muss die Bedeutung der einzelnen Arbeitsanweisungen bekannt sein. In der unten angegebenen Tabelle kannst du die häufigsten Arbeitsanweisungen finden. Dazu ist kurz beschrieben, was für eine erfolgreiche Bearbeitung der Aufgabe verlangt wird.

anwenden	vorhandene Kenntnisse und Fähigkeiten werden auf einem unbekannten Gebiet genutzt, um neue Erkenntnisse zu erlangen
auswerten	gesammelte Daten und Ergebnisse werden in einer Gesamtaussage zusammengestellt
begründen	gegebene Sachverhalte werden auf bekannte Regeln und Gesetzmäßigkeiten zurückgeführt
berechnen	Ermitteln naturwissenschaftlicher Größen
beschreiben	Sachverhalte strukturieren und mit eigenen Worten wiedergeben
beurteilen	unter Verwendung von Fachwissen begründet Stellung zu einem Sachverhalt nehmen
darstellen	Zusammenhänge und Gegebenheiten gliedern und in geeigneter Form wiedergeben
deuten	Sachverhalte in Zusammenhang stellen und beurteilen
diskutieren	unterschiedliche Meinungen und Ergebnisse zusammentragen, vergleichen und begründet Stellung nehmen
Experiment durchführen	Experimente unter Beachtung der Sicherheitshinweise durchführen
entwickeln	Hypothesen, Experimente und Modelle entwerfen und unter Verwendung von Fachwissen weiter ausarbeiten
erklären	einen Sachverhalt mit geeigneten Mitteln verdeutlichen und begründen
erläutern	mithilfe zusätzlicher Informationen einen Sachverhalt verständlich machen
interpretieren	fachliche Zusammenhänge aus gegebenen Sachverhalten herausziehen deuten und erklären
nennen	Aufzählen von Sachverhalten, Eigenschaften und Begriffen
skizziere	einen Sachverhalt auf das Wesentliche reduzieren und mit geeigneten Mitteln wiedergeben
ordnen	Objekte und Sachverhalte in Gruppen gliedern
vergleichen	Gemeinsamkeiten und Unterschiede ermitteln und herausstellen
zeichnen	grafische Darstellung eines Sachverhalts
zusammenfassen	wesentliche Aspekte einer Gegebenheit zusammentragen und in eigenen Worten wiedergeben

1 Chemie – eine Naturwissenschaft

Forscher sind neugierig – und das gilt für Chemiker ganz besonders: die Zahl der Fachbücher zur Chemie lässt sich heute kaum noch überblicken, aber auch nach mehr als 200 Jahren Chemie als Naturwissenschaft gibt es immer wieder Beobachtungen die zu neuen Fragen führen. Meist geht es darum, die Eigenschaften von nützlichen Produkten wie Arzneimitteln, Farben, Kunststoffen, Textilien und Isoliermaterialien weiter zu verbessern.

Allein in Deutschland arbeiten etwa 500 000 Menschen in den Produktionsbetrieben und Labors der chemischen Industrie. Weitere 500 000 sind mit der Verarbeitung chemischer Erzeugnisse zu Verkaufsprodukten wie Kunststoffartikeln oder Düngemitteln beschäftigt.

Tausende von Chemikern arbeiten aber auch in den Forschungslabors der Universitäten und der chemischen Industrie an der Entwicklung völlig neuer Materialien.

Der Erfolg der Forschung zeigt sich vor allem in der Nutzung neuer Technologien im Alltag. Beispiele dafür sind Energiesparlampen, Solarzellen, Mobiltelefone, elektronische Kameras und Flachbildschirme.

Zentrale Fragen:
- Was ist Chemie?
- Welche Regeln sind beim Experimentieren im Labor zu beachten?

1.1 Was ist Chemie?

Jeder kennt den Spruch „Chemie ist, wenn es knallt oder stinkt“ und jeder weiß, dass das längst nicht immer stimmt. Bei physikalischen Vorgängen knallt es oft lauter als bei chemischen. Ein Beispiel dafür ist der Donner, der bei einem Gewitter die elektrischen Entladungen in der Atmosphäre begleitet. Andererseits laufen viele chemische Vorgänge still und leise ab, etwa das Rosten von Eisen oder das Vergilben von Papier. Und der Gestank in einem Schweinestall hat nicht nur chemische, sondern auch biologische Ursachen.

Die Wissenschaften Physik, Chemie und Biologie sind eng miteinander verwandt; es sind **Naturwissenschaften.** Sie beschäftigen sich mit der systematischen Erforschung der Natur. Neben diesen drei Naturwissenschaften gibt es noch zahlreiche andere. Dazu gehören etwa die Geologie, die Meteorologie und die Astronomie. Jede dieser Naturwissenschaften beschäftigt sich mit einem bestimmten Teilbereich der Natur: So befasst sich die Biologie mit der belebten Natur, die Meteorologie mit den Wettervorgängen in der Atmosphäre und die Astronomie mit den Sternen.

Chemie. Der Name Chemie leitet sich von dem ägyptischen Wort „ch'mi“ (schwarz) ab. Noch im 15. Jahrhundert sprach man von der Alchemie als von der „Schwarzen Kunst“. Gemeint war die Beschäftigung mit scheinbar geheimnisvollen und nur schwer durchschaubaren Vorgängen. Dazu gehörte die Suche nach dem „Stein der Weisen“, mit dessen Hilfe unedle Metalle in Gold verwandelt werden sollten.

Heute versteht man unter Chemie die Naturwissenschaft, die sich mit *Stoffen und ihren Eigenschaften* sowie mit *Stoffänderungen* beschäftigt.
Der Begriff Stoff darf hier nicht missverstanden werden, denn er hat im täglichen Leben viele Bedeutungen. So spricht man im Deutschunterricht vom Stoff einer Lektüre; im Textilgeschäft versteht man unter Stoff das Material, aus dem Hosen und Hemden genäht werden und in der Drogenszene meint man mit Stoff wiederum etwas anderes. In der Chemie versteht man unter einem *Stoff* eine Substanz wie Salz, Alkohol oder Sauerstoff, die durch ihre Eigenschaften charakterisiert ist.

Die Aufgabe der Naturwissenschaften liegt darin, die Erscheinungen und Vorgänge in der Natur zu beobachten, ihre Gesetzmäßigkeiten zu ergründen und mittels geeigneter Theorien zu beschreiben. Darüber hinaus sollen die so gewonnenen Erkenntnisse in technischen Anwendungen genutzt werden.

Die Chemie ist eine Naturwissenschaft. Sie beschäftigt sich mit Stoffen und ihren Eigenschaften sowie mit Stoffänderungen.

1 Erläutere, was man unter Naturwissenschaften versteht.
2 Nenne Beschäftigungsfelder der Naturwissenschaft Chemie.
3 Was versteht man in der Chemie unter einem Stoff?
4 Schlage nach, womit sich die Geologie beschäftigt.
5 Nenne Unterschiede zwischen Astronomie und Astrologie.

Ein Alchemist sucht nach dem „Stein der Weisen“.

Eine Chemikerin untersucht verschiedene Proben.

Chemie: Pro …

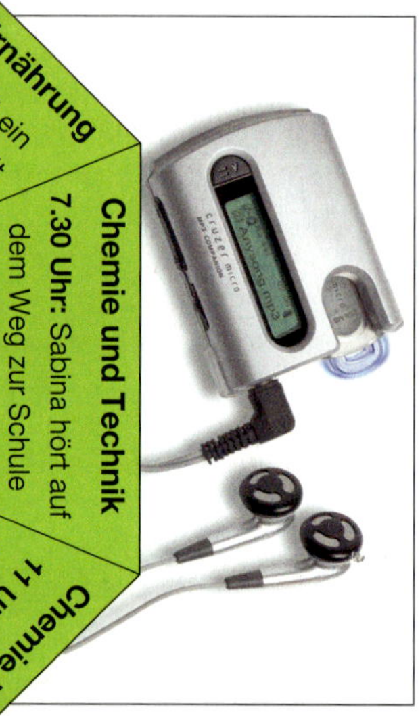

Chemie – traumhaft
5 Uhr: Kurz vor dem Aufstehen hat Sabina noch einen schönen Traum: Sie träumt von Riesenseifenblasen.

Chemie im Badezimmer
6.30 Uhr: Sabina wäscht sich die Haare. Sie nimmt ein mildes Shampoo mit hautfreundlichem pH-Wert.

Chemie und Ernährung
7 Uhr: Sabina isst ein leckeres Brötchen mit Halbfett-Margarine und kalorienreduzierter Marmelade.

Chemie und Technik
7.30 Uhr: Sabina hört auf dem Weg zur Schule Musik mit ihrem MP3-Player. Das Gehäuse ist aus bruchsicherem Kunststoff.

Chemie in der Schule
11 Uhr: So macht Chemieunterricht Spaß: Sabina kann heute selbst experimentieren.

Chemie in der Natur
16 Uhr: Sabina isst gern Erdbeeren. Die roten Früchte enthalten neben Farbstoffen auch viele Duft- und Aromastoffe.

Chemie und Freizeit
17 Uhr: Sabina testet ihre neuen Joggingschuhe. Sie sind aus besonders elastischem Kunststoffmaterial.

Chemie und Vergnügen
20 Uhr: Sabina gibt heute eine Fete. Sie schminkt sich mit einem hautfreundlichen Make-up.

... und Contra

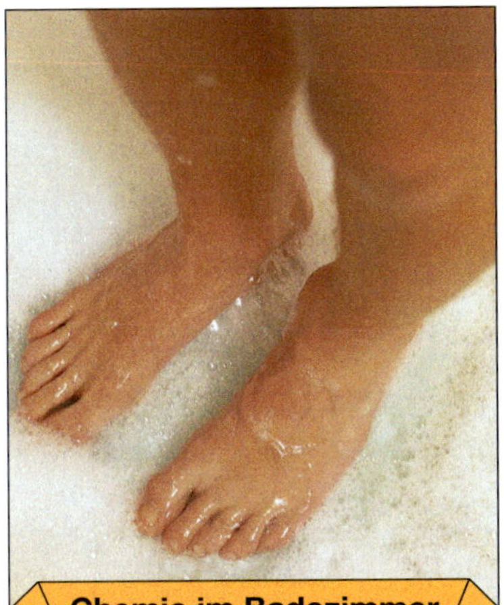

Chemie – ein Alptraum
5 Uhr: Kurz vor dem Aufstehen träumt Marc von einem Stau. Darin ist die Luft stickig von Abgasen und Feinstaub.

Chemie im Badezimmer
6.30 Uhr: Marc duscht gerne. Dabei verbraucht er viel Wasser und belastet die Umwelt mit Tensiden.

Chemie und Ernährung
7 Uhr: Marc muss den Jogurt stehen lassen. Er reagiert allergisch auf den Verdicker (E 400) und auf den Emulgator (E 483).

Chemie und Technik
7.30 Uhr: In der Morgenzeitung wird von einem Chemieunfall berichtet: Ein Erdöltanker ist auf Grund gelaufen.

Chemie in der Schule
11 Uhr: Marc muss an die Tafel. Sein Körper schüttet Stresshormone aus, chemische Botenstoffe, die ihn nervös machen.

Chemie in der Natur
16 Uhr: Vorsicht vor Giftpilzen! Der Knollenblätterpilz wird leicht mit dem Wiesen-Champignon verwechselt.

Chemie und Freizeit
17 Uhr: Marc lackiert sein Rad. Er arbeitet im Freien, weil einige der Inhaltsstoffe seine Augen reizen.

Chemie und Vergnügen
20 Uhr: Auf Sabinas Fete hat jemand alkoholische Getränke mitgebracht. Marc bevorzugt alkoholfreies Bier!

Methode

Sicher experimentieren

Gefahrensymbole. Von vielen Stoffen, die im Chemieunterricht verwendet werden, gehen Gefahren aus. Die Gefahrensymbole geben Hinweise auf diese Gefahren.

Stoffe, die beim Verschlucken oder Einatmen oder bei Aufnahme durch die Haut schwere Gesundheitsschäden oder gar den Tod bewirken können.

T: Giftig
T+: Sehr giftig

Stoffe, die beim Verschlucken oder Einatmen oder bei Aufnahme durch die Haut beschränkte Gesundheitsschäden hervorrufen können.

Xn: Gesundheitsschädlich

Stoffe, die das Hautgewebe an der betroffenen Stelle innerhalb weniger Minuten vollständig zerstören können.

C: Ätzend

Stoffe, die auf der Haut nach mehrstündiger Einwirkung deutliche Entzündungen hervorrufen können.

Xi: Reizend

Stoffe, die brennbare Materialien entzünden können oder mit diesen explosive Gemische ergeben.

O: Brandfördernd

Stoffe, die schon durch kurzzeitige Einwirkung einer Zündquelle entzündet werden können oder sich an der Luft von alleine entzünden.

F: Leichtentzündlich
F+: Hochentzündlich

Stoffe, die explodieren können.

E: Explosionsgefährlich

Stoffe, die selbst oder in Form ihrer Umwandlungsprodukte geeignet sind, sofort oder später Gefahren für die Umwelt herbeizuführen.

N: Umweltgefährlich

Sicherheitshinweise. Wegen der besonderen Gefahren sind im Chemieunterricht besondere Sicherheitshinweise zu beachten:

1. Schülerinnen und Schüler dürfen Geräte und Chemikalien nicht ohne Genehmigung berühren. Die Anlagen für elektrische Energie, Gas und Wasser dürfen nur nach Aufforderung eingeschaltet werden.
2. In Experimentierräumen darf weder gegessen noch getrunken werden.
3. Versuchsvorschriften und Hinweise müssen genau befolgt werden. Die Geräte müssen in sicherem Abstand von der Tischkante standfest aufgebaut werden. Der Versuch darf erst dann durchgeführt werden, wenn dazu aufgefordert wurde.
4. Werden Schutzbrillen oder Schutzhandschuhe ausgehändigt, so müssen sie beim Experimentieren getragen werden.
5. Geschmacks- und Geruchsproben dürfen nur dann vorgenommen werden, wenn die Lehrerin oder der Lehrer dazu auffordert. Chemikalien sollen nicht mit den Händen berührt werden.
6. Pipettieren mit dem Mund ist verboten.
7. Chemikalien dürfen nicht in Gefäße umgefüllt werden, die nicht eindeutig und dauerhaft beschriftet sind. Auf keinen Fall dürfen Gefäße benutzt werden, die üblicherweise zur Aufnahme von Speisen und Getränken bestimmt sind.
8. Die Haare sind so zu tragen, dass sie nicht in die Brennerflamme geraten können.
9. Der Arbeitsplatz muss stets sauber gehalten werden. Nach Beendigung des Versuchs sind die Geräte zu reinigen.
10. Chemikalienreste müssen vorschriftsmäßig entsorgt werden.

Sicherheitsleiste. Die im Buch beschriebenen Praktikumsversuche sind mit einer Sicherheitsleiste versehen, die mit Hilfe von acht Symbolkästchen Hinweise zu den Gefahren und zur Entsorgung gibt.

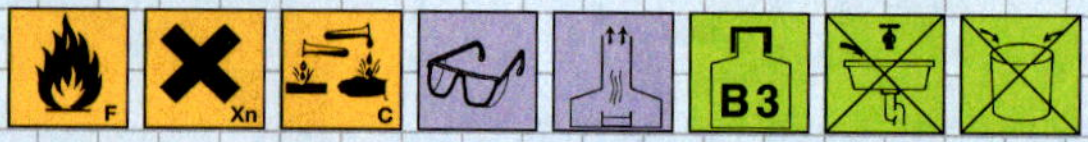

Die drei zuerst angegebenen Symbole enthalten die Gefahrensymbole der verwendeten Stoffe. Die Kästchen 4 und 5 geben Hinweise auf Sicherheitsvorkehrungen beim Experimentieren: Das Symbol „Abzug" bedeutet, dass der Versuch unter dem Abzug durchgeführt werden muss. Man erkennt außerdem, ob Schutzbrillen zu tragen sind. Die letzten drei Kästchen beschreiben die korrekte Entsorgung.
Die genaue Zuordnung der Symbole zu bestimmten Stoffen lässt sich der Stoffliste im Anhang entnehmen.

Richtig entsorgen

Wir wissen alle, dass man Chemikalienreste nicht ohne weiteres in den Abfluss oder den Abfalleimer geben darf. Gefährliche Stoffe müssen vielmehr ordnungsgemäß entsorgt werden. Das gilt besonders für Stoffe, die bei chemischen Experimenten anfallen. Um möglichst wenig Sorgen mit solchen Stoffen zu haben, sollte man folgende Regeln beachten:

Gefährliche Abfälle vermeiden. Zu den wichtigsten Regeln für einen verantwortungsbewussten Umgang mit Stoffen gehört es, *die Entstehung von unnötigen Abfällen oder unnötig großen Mengen an Abfällen zu vermeiden.* Die Anwendung dieser Regel setzt eine sorgfältige Planung der experimentellen Arbeit im Hinblick auf Art und Menge der verwendeten Stoffe voraus.

Gefährliche Abfälle umwandeln. Nicht vermeidbare gefährliche Abfallstoffe sollen in weniger gefährliche Stoffe umgewandelt werden: Säuren und Basen werden neutralisiert. Lösliche Stoffe können zu schwer löslichen umgesetzt werden.
Es ist zweckmäßig, Säuren und Laugen in einem gemeinsamen Behälter zu sammeln. Sie brauchen dann nicht portionsweise neutralisiert zu werden. Dies entspricht der ersten Regel, denn auf diese Weise bleiben die Abfallmengen klein.

Gefährliche Abfälle sammeln. Abfälle, die nicht an Ort und Stelle in ungefährliche Produkte umgewandelt werden können, sind zu sammeln. Von Zeit zu Zeit werden die Abfallbehälter dann durch ein *Entsorgungsunternehmen* abgeholt. Durch das Sammeln in getrennten Behältern wird zum einen die endgültige Beseitigung erleichtert und zum anderen eine Wiederaufbereitung ermöglicht.
Der Fachhandel bietet für das Sammeln gefährlicher Abfälle geeignete Behälter an; es können auch entsprechend beschriftete leere Chemikalienflaschen verwendet werden.

Entsorgungskonzept. Abfallchemikalien müssen nach Stoffklassen getrennt gesammelt werden, damit die ordnungsgemäße endgültige Entsorgung vereinfacht wird. Der folgende Sortiervorschlag ist einfach und übersichtlich und er garantiert eine angemessene endgültige Entsorgung:

Behälter 1 (B1):	Säuren und Laugen
Behälter 2 (B2):	giftige anorganische Stoffe
Behälter 3 (B3):	halogenfreie organische Stoffe
Behälter 4 (B4):	halogenhaltige organische Stoffe

B1 Im **Behälter 1** werden saure und alkalische Lösungen gesammelt. Der Inhalt von Behälter 1 sollte neutralisiert werden, bevor der Behälter ganz gefüllt ist. Der neutralisierte Inhalt kann dann in den Ausguss geschüttet werden. Deshalb dürfen giftige Verbindungen wie saure oder alkalische Chromat-Lösungen *nicht* in diese Behälter gegeben werden.

B2 Im **Behälter 2** werden giftige anorganische Stoffe wie Schwermetallsalze und Chromate gesammelt.

Die endgültige Entsorgung erfolgt hier durch ein Entsorgungsunternehmen.

B3 Im **Behälter 3** werden wasserunlösliche und wasserlösliche halogenfreie organische Stoffe gesammelt. Das gemeinsame Sammeln wasserunlöslicher und wasserlöslicher Stoffe erspart ein weiteres Sammelgefäß und vereinfacht damit das Entsorgungskonzept. Damit sich kein zu großes Volumen an leicht entzündlichen Flüssigkeiten ansammelt, ist durchaus zu erwägen, *geringe Mengen* nicht giftiger wasserlöslicher organischer Abfälle wie Ethanol oder Aceton in den Ausguss zu geben.

Behälter 3 muss von einem Entsorgungsunternehmen ordnungsgemäß entsorgt werden.

B4 In den **Behälter 4** gehören alle Halogenkohlenwasserstoffe, alle sonstigen halogenhaltigen organischen Stoffe sowie die Abfälle aus Halogenierungsreaktionen organischer Stoffe.

Behälter 4 muss von einem Entsorgungsunternehmen ordnungsgemäß entsorgt werden.

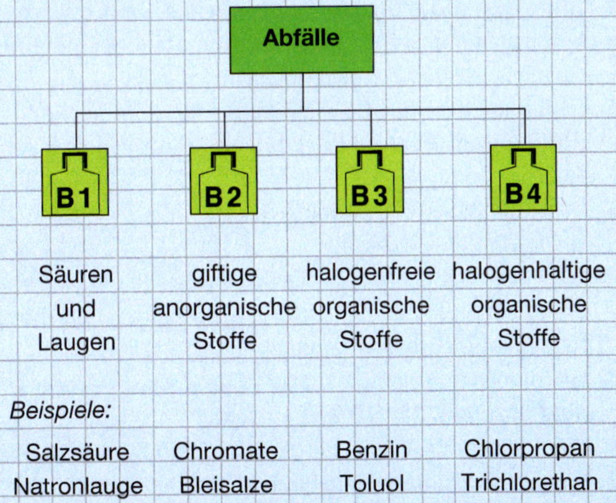

Praktikum

Umgang mit dem Gasbrenner

Bei Versuchen im naturwissenschaftlichen Unterricht müssen häufig Stoffe erhitzt werden. Man verwendet dazu Gasbrenner für Erdgas oder Propangas. Damit man mit diesen Brennern gefahrlos umgehen kann, sind bestimmte Regeln zu beachten.

V1: Führerschein für den Gasbrenner

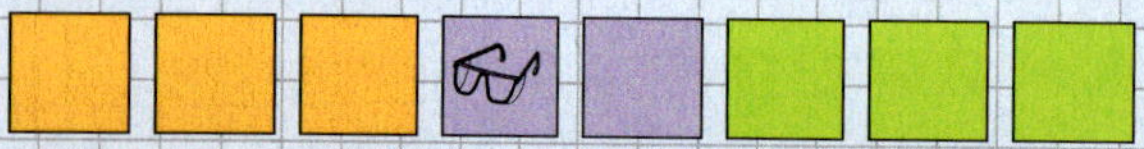

Materialien: Gasbrenner.

Durchführung:

Vorbereitung

1. Stelle den Gasbrenner kippsicher auf eine feuerfeste Unterlage.
2. Schließe den Gasschlauch des Brenners an die Gaszuleitung des Tisches an.
3. Schließe die Gas- und die Luftzufuhr des Brenners.

Achtung: Binde lange Haare zusammen und trage immer eine Schutzbrille.

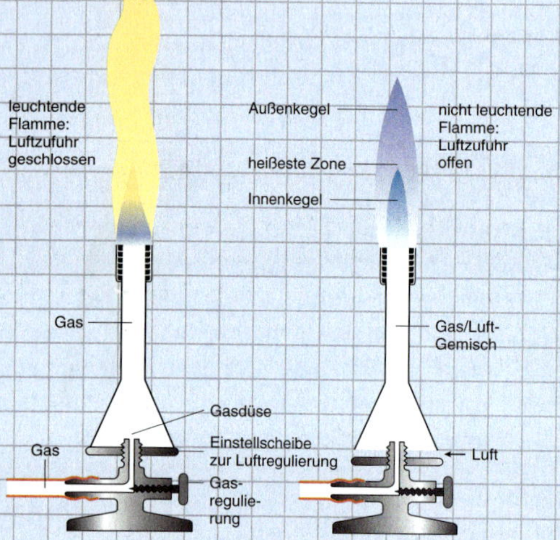

Inbetriebnahme und Einstellung des Brenners

4. Öffne zuerst die Gaszufuhr am Brenner und dann das Ventil an der Gaszuleitung. Entzünde das ausströmende Gas. Arbeite dabei zügig, aber ohne Hektik!
5. Verändere die Höhe der Gasflamme mit der Gasregulierschraube am Brenner, bis die Flamme kräftig gelb leuchtet.
6. Öffne dann die Luftzufuhr, bis du eine blaue nicht leuchtende Flamme erhältst.
7. Die Höhe der Brennerflamme soll der Breite deiner Hand entsprechen. Arbeite nur mit der blauen, aber noch nicht rauschenden Brennerflamme.
8. Um den Brenner zu löschen, schließt du das Ventil an der Gaszufuhr. Die Flamme erlischt.
9. Wiederhole den Ablauf, bis du ihn sicher beherrscht. Jetzt hast du den Führerschein für den Gasbrenner absolviert.

Achtung: Der Gasbrenner darf während der Arbeit nicht unbeaufsichtigt bleiben.

V2: Untersuchung der Brennerflamme

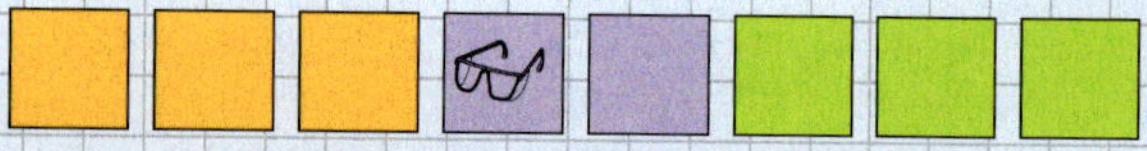

Materialien: Gasbrenner, Magnesiastäbchen.

Durchführung:

1. Entzünde den Gasbrenner und stelle eine blaue noch leicht rauschende Flamme ein. Die Flamme besteht aus einem inneren, hellblauen und aus einem äußeren, dunkelblauen Kegel.
2. Untersuche mithilfe eines Magnesiastäbchens die beiden Flammenkegel. Halte das Stäbchen zunächst einige Zeit ruhig in den inneren Kegel. Ziehe es dann langsam von unten nach oben durch die Flamme.

Aufgaben:

a) Beschreibe deine Beobachtungen.

b) Wo ist die heißeste Zone der Flamme? Achte besonders auf die Ränder der Flamme und auf den Übergang vom inneren zum äußeren Flammenkegel.

V3: Schmelzen von Glas

Materialien: Gasbrenner, Glasrohr.

Durchführung:

1. Halte ein 30 cm langes Glasrohr an beiden Enden fest und erhitze die Mitte oberhalb des inneren Flammenkegels. Das Glasrohr sollte dabei gleichmäßig gedreht werden.
2. Sobald das Glas anfängt weich zu werden, ziehe beide Enden außerhalb der Flamme zügig auseinander.
3. Schmelze ein weiteres Glasrohr an einem Ende zu. Drehe es dabei und erhitze das Ende so lange, bis das Glas rot glühend ist.

Aufgabe: Beschreibe deine Beobachtungen.

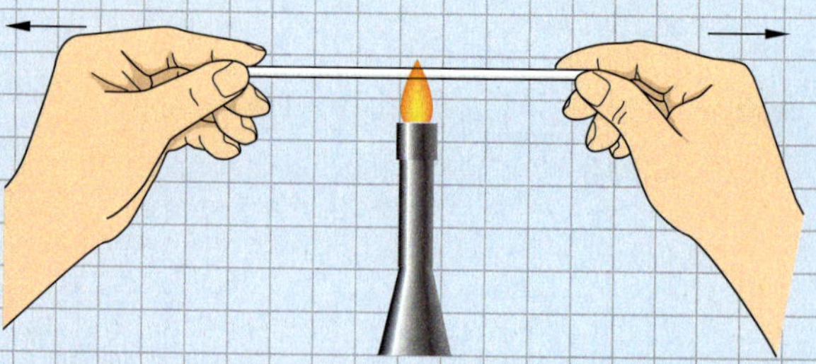

Der Kartuschenbrenner

Ein anderer Brennertyp, der häufig verwendet wird, ist der Kartuschenbrenner. Er wird mit Butan betrieben, das in einem Metallbehälter, der Kartusche, unter erhöhtem Druck flüssig ist. Beim Öffnen des Ventils tritt Butan als Gas aus. Für die Zufuhr von Luft gibt es – je nach Modell – technisch unterschiedliche Lösungen.

Ein Kartuschenbrenner muss unbedingt kippsicher auf einer feuerfesten, waagerechten Unterlage aufgestellt werden. Vor dem Anzünden des Gases wird beim Kartuschenbrenner die Luftzufuhr leicht geöffnet. Erst danach öffnet man das Gasventil. Das ausströmende Gas-Luft-Gemisch muss sofort entzündet werden.

Auch hier gilt: Arbeite zügig, aber ohne Hektik!

Achtung: Butangas ist schwerer als Luft und fließt deshalb beim Ausströmen nach unten. Wird das Gas nicht sofort entzündet, sammelt sich das schwerere Butangas auf der Tischplatte. Beim Anzünden des Gases kann es dann zu einer Stichflamme kommen.

Kartuschenbrenner für Butangas

V4: Schmelzen von Kerzenwachs

Materialien: Gasbrenner; Kerzenwachs (geraspelt).

Durchführung:

1. Fülle ein Reagenzglas etwa 4 cm hoch mit Kerzenwachs.
2. Halte das Reagenzglas schräg in die Flamme und erhitze zunächst den oberen Teil des Wachses so lange, bis es geschmolzen ist. Erwärme dann auch den restlichen Teil des Wachses.
3. Beende das Erhitzen, wenn alles Wachs flüssig geworden ist.

V5: Erhitzen von Wasser

Materialien: Gasbrenner, Siedesteinchen.

Durchführung:

1. Fülle ein Reagenzglas zu einem Viertel mit Wasser. Gib ein Siedesteinchen hinein.
2. Beginne mit dem Erhitzen in Höhe des Flüssigkeitsspiegels. Halte das Reagenzglas schräg in die Flamme und schüttle es dabei leicht hin und her.
3. Beende den Versuch, sobald das Wasser gleichmäßig siedet.

Regeln für das Erhitzen von Stoffen im Reagenzglas

1. Fülle das Reagenzglas immer nur zu einem Drittel.
2. Gib bei Flüssigkeiten ein Siedesteinchen hinein.
3. Halte das Reagenzglas mit einem Reagenzglashalter an seinem oberen Ende fest und führe es schräg in die Flamme.
4. Beginne mit dem Erhitzen in Höhe des Flüssigkeitsspiegels. Schüttle dabei das Reagenzglas leicht, damit der Inhalt gleichmäßig erwärmt wird.
5. Richte die Reagenzglasöffnung niemals auf dich oder andere Personen.

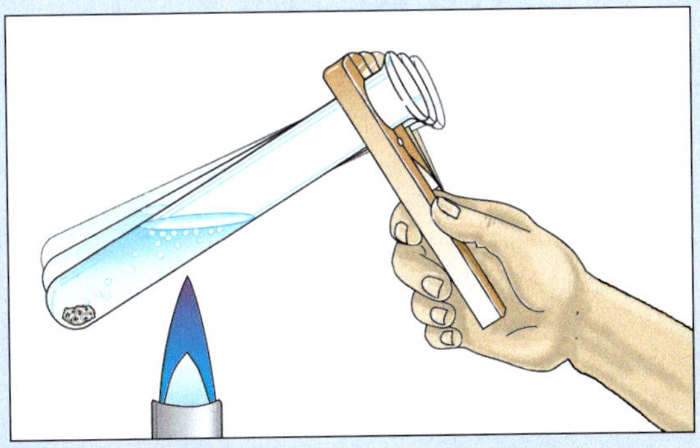

Richtiger Umgang mit Brenner und Reagenzglas

2 Stoffeigenschaften und Teilchenmodell

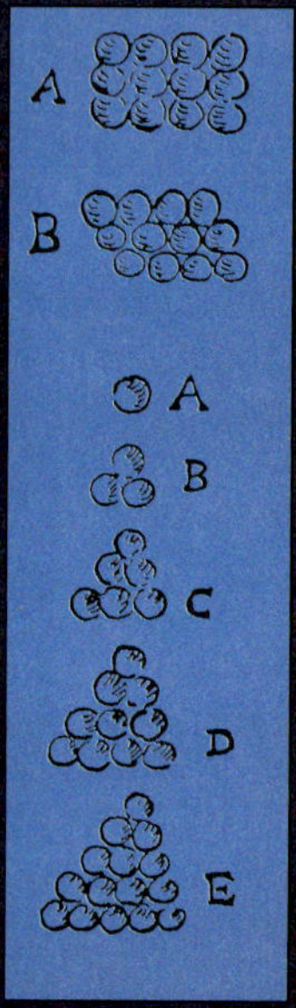

Johannes KEPLER, 1611: Vom sechseckigen Schnee.
Da stets, wenn es zu schneien anfängt, die ersten Schneeflocken die Figur von sechsstrahligen Sternen zeigen, muss es eine bestimmte Ursache dafür geben. Denn es wäre Zufall, warum fallen sie nicht fünfstrahlig oder siebenstrahlig, warum immer sechsstrahlig?

KEPLER vermutete bereits vor etwa 400 Jahren, dass Schneeflocken aus unsichtbaren, kleinen Teilchen aufgebaut sind. Als Modell zeichnete er Kugeln in Kugelschichten und dachte sich diese aufgeschichtet zu einer dichten Packung: Und wieder wird eine Kugel von zwölf anderen berührt, nämlich von sechs benachbarten in derselben Ebene und von je dreien oben und unten.

Zentrale Fragen:
- Wie lassen sich die Eigenschaften eines Stoffes ermitteln?
- Wie lassen sich die Eigenschaften mit dem Aufbau aus kleinsten Teilchen erklären?

2.1 Erste Sinneseindrücke

So prüft man den Geruch von Chemikalien!

Magnetisch oder nicht? Ein Stabmagnet hilft weiter.

Die Chemie beschäftigt sich mit Stoffen und ihren Eigenschaften. Obwohl es unglaublich viele Stoffe gibt, kann man jeden Stoff an seinen Eigenschaften erkennen. Mit unseren Sinnen beurteilen wir im Alltag Stoffe: Gold und Silber glänzen, haben aber verschiedene *Farben*. Ob die Salatsoße mit Essig oder mit Zitronensaft angerührt wurde, erkennt man schon am *Geruch*. Der süße *Geschmack* des Tees verrät, dass er Zucker oder einen Süßstoff enthält.

Farbe. Viele Stoffe sind farbig: Ruß ist schwarz, Schwefel ist gelb. Die Farbe eines Stoffes reicht aber häufig nicht aus, um ihn eindeutig zu identifizieren: Neben Silber sind auch andere Metalle wie Aluminium oder Chrom silberfarben.

Geruch. Viele Stoffe lassen sich an ihrem typischen Geruch erkennen. Frischen Kaffee riecht man sofort, wenn man in die Küche kommt. Auch faule Eier riecht man noch in großer Entfernung. In ihnen entsteht das unangenehm riechende Schwefelwasserstoff-Gas. Es ist noch wahrzunehmen, wenn sich nur ein Milliliter Gas in 10 000 Litern Luft befindet. Einige Stoffe wie Eisen, Wasser oder Erdgas jedoch sind geruchlos. Beim Erdgas kann das lebensgefährlich werden. Es bildet zusammen mit Luft explosive Gemische, wenn es unbemerkt aus einem offenen Gashahn oder einer defekten Leitung ausströmt. Daher wird ihm eine stark riechende Substanz beigemischt.

Geschmack. Lebensmittel erkennen wir oft mühelos an ihrem Geschmack, obwohl die Sinneszellen der Zunge nur fünf Geschmacksqualitäten wahrnehmen: *süß, sauer, salzig, bitter* und *umami*. Chemikalien dürfen jedoch keinesfalls auf ihren Geschmack geprüft werden, denn viele dieser Stoffe sind ätzend, gesundheitsschädlich oder giftig.

Wärmeleitfähigkeit. Ein Glasbläser hält ein Glasrohr bei der Arbeit an einem Ende mit der Hand fest, ohne sich die Finger zu verbrennen. Dabei erreicht das Rohr in der Flamme eine Temperatur von über 1 000 °C. Offensichtlich wird Wärme durch Glas nur schlecht geleitet. Porzellan verhält sich ganz ähnlich: Man kann eine Tasse mit Tee sicher am Henkel halten, selbst wenn das Getränk sehr heiß ist.
Im Gegensatz zu Glas und Porzellan sind Metalle gute *Wärmeleiter*. Der Boden des Kochtopfs soll die Wärme der Herdplatte schnell und gleichmäßig an die Speisen weitergeben. Topfböden enthalten daher häufig eine Schicht aus Kupfer. Dieses Metall ist ein besonders guter Wärmeleiter.

Die meisten Stoffe lassen sich nicht allein mit den Sinnesorganen erkennen. So sieht man einer kupferfarbenen Münze nicht an, ob sie tatsächlich aus Kupfer besteht oder nur aus verkupfertem Eisen. In diesem Fall hilft ein Magnet: Eine Münze aus verkupfertem Eisen wird angezogen, eine Kupfermünze dagegen nicht. Man braucht im Allgemeinen aber Messgeräte oder andere Hilfsmittel, um Stoffe eindeutig zu identifizieren.

Viele Stoffe erkennt man an ihrer Farbe, ihrem Geruch oder ihrem Geschmack. Meist reichen diese Stoffeigenschaften aber nicht aus, um Stoffe zu identifizieren.

1 Gib fünf Stoffe und ihre Farben an. Notiere weitere fünf Stoffe, die farblos oder weiß sind.
2 Untersuche Essig, Salatöl, Mineralwasser und Apfelsaft. Notiere jeweils die Farbe, den Geruch und Geschmack.
3 Wenn man ein Stück Holz und ein Metallstück bei Raumtemperatur anfasst, hat man das Gefühl, das Metall sei kälter. Erkläre diese Beobachtung.

Methode

Richtig experimentieren

Der britische Philosoph FRANCIS BACON, einer der Väter der modernen Naturwissenschaften, schrieb zu Beginn des 17. Jahrhunderts in seinem grundlegenden Werk *Novum Organum:* „Der Mensch als Diener und Ausleger der Natur wirkt und weiß so viel, als er von der Ordnung der Natur durch Versuche oder durch Beobachtungen bemerkt hat; weiter weiß und vermag er nichts." Damit hatte BACON die grundlegende Bedeutung des Experimentes in den Naturwissenschaften beschrieben: In den Labors der Forschungszentren der ganzen Welt nutzt man auch heute Experimente dazu, neue Erkenntnisse über die Natur zu gewinnen, Zusammenhänge besser zu verstehen und Gesetzmäßigkeiten zu finden.

In den Naturwissenschaften werden Erkenntnisse aus Experimenten nur dann wissenschaftlich anerkannt, wenn die Versuche *reproduzierbar* sind. Es muss also sichergestellt sein, dass auch andere Wissenschaftler die Versuche durchführen können und zu den gleichen experimentellen Ergebnissen kommen. Aus diesem Grund muss jeder Versuch exakt schriftlich protokolliert werden. Wissenschaftler verwenden dazu ein Labortagebuch.

Experimente im Chemieunterricht haben eine ähnliche Bedeutung wie Experimente in der Forschung: Sie sollen uns ermöglichen, durch direktes Beobachten Kenntnisse zu erlangen, Zusammenhänge zu sehen oder auch Vermutungen und Voraussagen zu machen und zu überprüfen. Dazu muss jedes Experiment gründlich vorbereitet und sauber durchgeführt werden. Dabei ist es wichtig, alles genau zu beobachten, und dann daraus die richtigen Schlussfolgerungen zu ziehen. Die folgenden Hinweise sollen helfen, Experimente richtig durchzuführen, auszuwerten und zu protokollieren.

Durchführung von Experimenten

1. Lies die gesamte Versuchsanleitung und kläre die Zielsetzung des Experimentes.
2. Überlege, warum und in welcher Reihenfolge die Einzelschritte zu erledigen sind.
3. Informiere dich über eventuelle Gefahren und die notwendigen Sicherheitsmaßnahmen.
4. Stelle alle notwendigen Geräte und Chemikalien bereit.
5. Beginne erst dann mit dem Experiment, wenn deine Lehrerin oder dein Lehrer es erlaubt.

Beobachtung von Experimenten

1. Kläre vorab, welche Beobachtungsaufträge sich aus der Zielsetzung des Versuchs ergeben.
2. Skizziere den Versuchsaufbau und notiere die Eigenschaften der Ausgangsstoffe (Farbe, Aggregatzustand, Geruch, Glanz usw.).
3. Beobachte den Verlauf des Versuchs ganz genau. Notiere anschließend sofort jede Beobachtung. Wiederhole den Versuch, wenn du etwas nicht genau erkennen konntest.
   Beachte: Schreibe nur das auf, was du siehst, hörst, riechst und eventuell fühlst. Notiere hier noch keine Deutungen oder Schlussfolgerungen!
4. Überlege dann, ob alle notierten Beobachtungen für die Aufgabenstellung wichtig sind und ob alle Beobachtungsaufträge erledigt werden konnten.

Auswertung von Experimenten

1. Gib, soweit wie möglich, für alle Beobachtungen eine Erklärung an. Berücksichtige dabei die Zielsetzung des Versuchs. Nutze dazu die Kenntnisse über die Eigenschaften von Stoffen. Beziehe auch deine Erfahrungen aus dem Alltag mit ein.
2. Welche Stoffe sind entstanden? Werte dazu die Beobachtungen zu den Eigenschaften der Reaktionsprodukte aus. Gib die Namen und gegebenenfalls die Formeln der entstandenen Stoffe an. Stelle, wenn möglich, ein Reaktionsschema oder eine Reaktionsgleichung auf.
3. Welche weiteren Erscheinungen wurden festgestellt? Sind Aussagen zu energetischen Veränderungen oder physikalischen Vorgängen möglich?
4. Überdenke zum Schluss noch einmal die Zielsetzung und die Aufgabenstellung und formuliere einen abschließenden Satz, der das Ergebnis des Versuchs zusammenfasst.

Richtig Messen

Laborwaage

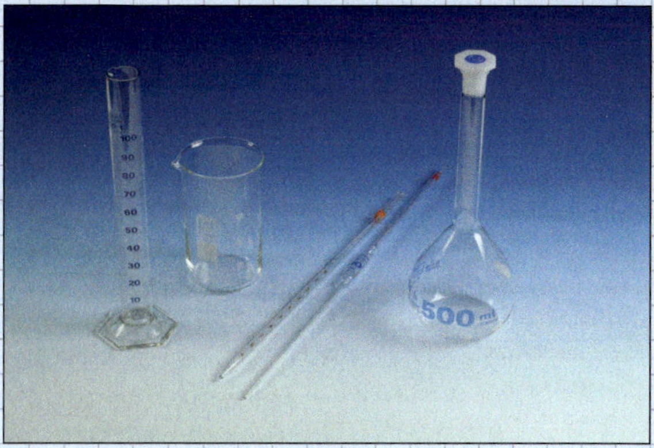

Gefäße zur Volumenbestimmung

Viele Experimente lassen sich nur dann sinnvoll auswerten, wenn man die Versuchsvorschriften genau einhält. Vor allem geht es dabei um Angaben für die *Masse* und das *Volumen*.

Massenbestimmung. Für die Bestimmung der Masse von Stoffportionen benutzt man im Labor meist elektronische Waagen mit unterschiedlichen Messbereichen und Messgenauigkeiten. Für die meisten Experimente sind Waagen ausreichend, die die Masse auf ein hundertstel Gramm genau angeben.

Bei der Arbeit mit einer elektronischen Waage sind folgende Arbeitsschritte zu beachten:

- Schalte die Waage ein und warte, bis die Anzeige 0,00 g erscheint.
- Stelle ein geeignetes Gefäß auf die Waage und drücke die Tara-Taste (T). Die Anzeige zeigt dann erneut 0,00 g an.
- Gib mit einem Spatel zunächst eine kleine Portion in das Gefäß.
- Gib portionsweise weitere Substanz hinzu, bis der gewünschte Wert erreicht ist.

Tipp:

- Pulver kannst du auch auf einem Filtrierpapier abwiegen. Wenn man das Papier zu einer Röhre einrollt, lässt sich die Substanz ohne Verlust in ein anderes Gefäß überführen.
- Überschüssige Substanz darf nur dann in die Vorratsflasche zurückgegeben werden, wenn die Substanz nicht verunreinigt ist.
- Beim Abwiegen solltest du störende Erschütterungen vermeiden. Auch ein Luftzug durch ein offenes Fenster kann die „Zahlen springen" lassen und die Angabe verfälschen.
- Achte auf den Messbereich. Ist er überschritten, zeigen manche Waagen „error" an.

Volumenbestimmung. Je nachdem, wie genau ein Volumen abgemessen werden muss, nimmt man verschiedene Messgefäße:

- Wenn das Volumen nur näherungsweise eingehalten werden muss, verwendet man häufig *Bechergläser* mit einer groben Skala.
- Eine genauere Bestimmung des Volumens ermöglicht die stärker unterteilte Skala eines *Messzylinders*.
- Bei Standardvolumina, wie 50 ml oder 100 ml, die sehr genau eingehalten werden müssen, verwendet man *Messkolben*. Messkolben haben nur eine Markierung. Mit ihrer Hilfe lässt sich das angegebene Volumen sehr genau abmessen; das Abmessen von kleineren Volumina ist jedoch nicht möglich.

Die Flüssigkeitsoberfläche in einem engen Rohr, wie beispielsweise im Hals eines Messkolbens oder Messzylinders ist zum Gefäßrand hin gewölbt und in der Mitte vertieft. Das Volumen ist dann richtig abgemessen, wenn der Messstrich mit dem tiefsten Stand der Flüssigkeit übereinstimmt.

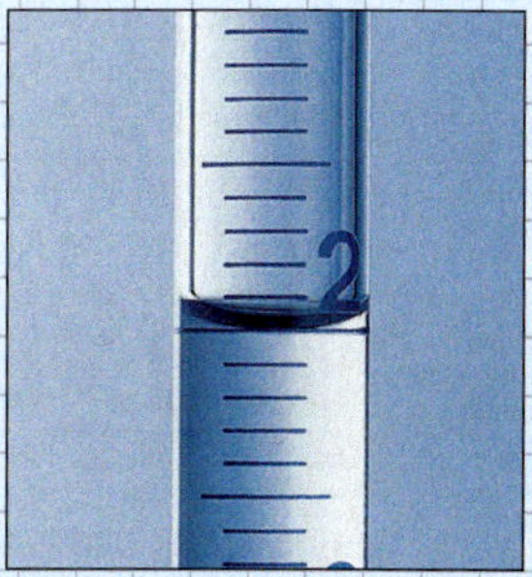

Tipp:

- Wähle ein Messgefäß, das dem benötigten Volumen und der geforderten Genauigkeit entspricht.
- Fülle das Gefäß langsam und beobachte, wie schnell die Flüssigkeit ansteigt.
- Nimm das Messgefäß in die Hand, kurz bevor das Endvolumen erreicht wird. Halte es in Augenhöhe und variiere den Blickwinkel, um ein Gefühl für den Ablesefehler zu bekommen.
- Gib tropfenweise weitere Flüssigkeit dazu, bis der Pegel mit dem Maßstrich übereinstimmt.

Methode

Richtig Protokollieren

Materialien:
Gib die Geräte und Chemikalien an, die du für den Versuch benötigst.

Versuchsprotokoll

Aufgabe: Untersuchung der Löslichkeit der fünf Stoffe in Wasser

Materialien: 5 Bechergläser (150 ml), Glasstäbe, Spatel; Natron, Zitronensäure, Gips, Kochsalz, Zucker.

Durchführung:
1. Jch habe jeweils bis zum 100 ml-Strich Wasser in die Bechergläser gefüllt.
2. Jch habe in das erste Becherglas einen Spatel Natron gegeben und mit dem Glasstab umgerührt. Danach habe ich weiter gleich große Portionen Natron dazugegeben und umgerührt, bis sich nichts mehr gelöst hat.
3. Dann habe ich die Versuche mit Zitronensäure, Gips, Kochsalz und Zucker auch so durchgeführt.

Beobachtungen:
Die meisten Stoffe lösen sich in Wasser.

	Zugegebene Portion				
Stoff	***1***	***2***	***3***	***4***	***5***
Natron	gelöst	gelöst	gelöst	nicht gelöst	
Zitronensäure	gelöst	gelöst	gelöst	gelöst	gelöst
Gips	nicht gelöst				
Kochsalz	gelöst	gelöst	gelöst	gelöst	gelöst
Zucker	gelöst	gelöst	gelöst	gelöst	gelöst

Auswertung:
Die Stoffe Zitronensäure, Kochsalz und Zucker lösen sich sehr gut in Wasser.
Natron löst sich weniger gut und Gips löst sich sehr schlecht.
Gips und Natron können damit von den anderen Stoffen deutlich unterschieden werden.

Mögliche Fehler:
- Jch habe nicht lange genug gerührt, so dass sich der Stoff noch nicht lösen konnte.
- Jch habe ungleiche Stoffportionen genommen.

Aufgabe:
Die Versuchsüberschrift gibt die Aufgabenstellung des Versuchs an

Durchführung:
- Lies die Durchführung des Versuchs genau durch.
- Überlege dir, was noch für die Durchführung wichtig ist
- Schreibe nach dem Versuch auf, was du gemacht hast.
- Falls der Versuchsaufbau kompliziert ist, erstelle eine Skizze

Beobachtung:
- Schreibe übersichtlich und genau auf, was du beobachtet hast.
- Notiere nur deine Beobachtungen; Erklärungen und Deutungen gehören zur Auswertung!

Auswertung:
- Erkläre die beobachteten Veränderungen.
- Schreibe einen Antwortsatz zu der am Anfang gestellten Aufgabe.

Fehlerbetrachtung:
Vergleiche dein Ergebnis mit dem anderer Gruppen. Überlege dir, welche Fehler du gemacht haben könntest, falls es größere Abweichungen gibt. Prüfe, ob du den Versuch wiederholen musst.

Untersuchung von Stoffen

V1: Untersuchung weißer Pulver

Viele Pulver sind weiß. Vom Aussehen her kann man sie kaum unterscheiden. Anhand ihrer unterschiedlichen Stoffeigenschaften können sie durch die Kombination mehrerer Untersuchungen eindeutig identifiziert werden.

Materialien: Bechergläser (150 ml), Spatel, Glasstäbe, Leitfähigkeitsprüfer mit Glühlämpchen, Teelöffel, Kerze; Natron, Zitronensäure, Gips, Kochsalz, Zucker, Rotkohlsaft.

Durchführung:
Löslichkeit:
1. Fülle 100 ml Wasser in ein Becherglas.
2. Gib einen Spatel Natron dazu.
3. Rühre nach der Zugabe mit einem Glasstab um, bis sich der Stoff gelöst hat.
4. Gib weitere Spatel Natron hinzu, bis sich nicht mehr löst.
5. Wiederhole den Versuch mit den anderen Stoffen. Beende die Zugabe nach maximal fünf Portionen.

Hinweis: Die Stoffportionen, die du zugibst, sollten alle möglichst gleich groß sein.

Verhalten gegenüber Rotkohlsaft:
1. Gib zu den Lösungen aus dem Versuch zur Löslichkeit einige Tropfen Rotkohlsaft und achte dabei auf Farbänderungen.

Elektrische Leitfähigkeit:
1. Halte die Prüfspitzen in die Natron-Lösungen und beobachte, ob und wie stark das Lämpchen leuchtet.
2. Wiederhole den Versuch mit den Lösungen der anderen Stoffe.

Hinweis: Spüle die Prüfspitzen des Leitfähigkeitsprüfers nach jeder Prüfung sorgfältig mit Wasser ab.

Verhalten beim Erhitzen:
1. Erhitze Natron auf dem Teelöffel über einer Kerzenflamme und beobachte, ob es sich verändert.
2. Wiederhole den Versuch mit den anderen Stoffen.

Hinweis: Achte besonders auf die Entstehung von Gasen und die Verfärbung der Stoffe.

Verhalten gegenüber Zitronensäure-Lösung.
1. Gib zu den vier festen Stoffen (Gips, Natron, Kochsalz, Zucker) tropfenweise Zitronensäure-Lösung aus dem Versuch zur Löslichkeit.

Aufgaben:
a) Notiere deine Beobachtungen jeweils in einer Tabelle.
b) Fasse die Tabellen der Beobachtungen aller Einzelversuche in einer gemeinsamen Tabelle zusammen.
c) Vergleiche diese Tabelle mit denen anderer Gruppen und entscheide, ob du Versuche wiederholen musst.
d) Beurteile, ob sich aufgrund der Versuchsergebnisse die Stoffe eindeutig voneinander unterscheiden lassen.
e) Erläutere, wie du jeden Stoff von den anderen unterscheiden kannst.
f) Informiere dich über die Stoffeigenschaften der Stoffe.
g) Schreibe einen kurzen Steckbrief zu den einzelnen Stoffen. Gib in dem Steckbrief auch an, wo man die Stoffe im Alltag verwendet und welche Stoffeigenschaften dabei genutzt werden.

V2: Untersuchung eines festen Abflussreinigers

In einem Abflussreiniger sind Stoffe enthalten, die man aufgrund ihrer Stoffeigenschaften unterscheiden und voneinander trennen kann. Zwei dieser Stoffe sind für die Reinigung des Abflusses besonders wichtig.

Materialien: Petrischale, Spatel, Holzstab oder Zahnstocher, Reagenzgläser, Reagenzglasständer, Stopfen, Papiertaschentücher, Haarprobe;
Rotkohlsaft, Abflussreiniger (C).

Durchführung:
1. Gib eine kleine Probe Abflussreiniger in ein Becherglas und gieße dazu etwas Wasser. Achte auf Temperaturänderungen.
2. Gib eine weitere Probe in eine Petrischale und trenne mit dem Holzstab die Stoffe, aus denen der Abflussreiniger besteht aufgrund ihres Aussehens.
3. Fülle eine Spatelspitze jedes Stoffes in ein Reagenzglas und gib dazu jeweils einige Stücke Papiertaschentuch und Haare. Stelle die Reagenzgläser in einen Reagenzglasständer. Beobachte nach einiger Zeit.
4. Gib jeweils zwei der getrennten Stoffe zusammen in ein Reagenzglas und füge etwas Wasser hinzu.

Aufgaben:
a) Notiere deine Beobachtungen.
b) Nenne die Stoffeigenschaften der Stoffe, die in einem Abflussreiniger enthalten sind.
c) Lies auf der Packung nach, welche Stoffe der Abflussreiniger enthält und benenne die getrennten Stoffe.
d) Nenne den Stoff, der für das Zersetzen von Papier und Haaren verantwortlich ist.
e) Begründe die Sicherheitshinweise auf der Packung.
f) Nenne die beiden Stoffe, zwischen denen sich eine sichtbare Reaktion ergeben hat.
g) Erläutere das Zusammenwirken dieser beiden Stoffe in einem verstopften Abfluss.

2.2 Dichte

Massenvergleich bei gleichem Volumen

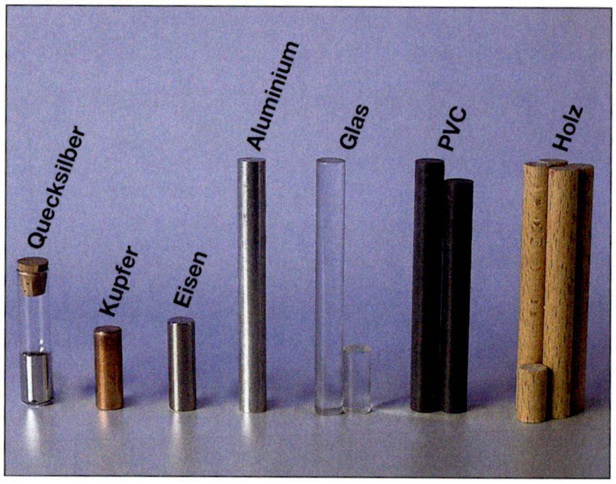

Volumenvergleich bei gleicher Masse

Häufig sagt man, Eisen ist schwerer als Aluminium. Ein kleines Stück Eisen ist jedoch leichter als ein großes aus Aluminium. Um die Massen verschiedener Stoffe sinnvoll vergleichen zu können, muss man sich auf gleich große Stücke beziehen. Besonders leicht überschaubar sind die Massen kompakter Würfel mit einem Volumen von 1 cm^3. Ein Eisenwürfel ist mit einer Masse von 7,87 g bei gleichem Volumen schwerer als ein Aluminiumwürfel mit 2,70 g.

Proben gleicher Masse unterscheiden sich also in ihrem Volumen, wenn sie aus unterschiedlichen Stoffen bestehen: 20 g Aluminium haben ein Volumen von 7,41 cm^3. Bei 20 g Eisen sind es nur 2,54 cm^3.

Da man für einen Vergleich aber nicht immer gleich große Stücke oder Stücke derselben Masse verwenden kann, wird aus den gemessenen Werten für Masse und Volumen eines beliebigen Stücks die **Dichte** des Stoffes berechnet.

Unter der Dichte ϱ versteht man den Quotienten aus Masse und Volumen einer Stoffportion:

$$\text{Dichte} = \frac{\text{Masse}}{\text{Volumen}} \qquad \varrho = \frac{m}{V} \qquad \text{Einheit: } \frac{\text{g}}{\text{cm}^3}$$

Der Zahlenwert gibt an, welche Masse ein Stück mit dem Volumen von 1 cm^3 hat. Eisen hat also eine Dichte von 7,87 $\frac{g}{cm^3}$. Die Dichte von Aluminium ist entsprechend 2,70 $\frac{g}{cm^3}$.

Die Dichte ist eine charakteristische *Stoffeigenschaft*. Ähnlich wie Schmelz- und Siedetemperaturen findet man daher auch Dichteangaben in Datensammlungen. Diese tabellierten Werte helfen bei der Identifizierung unbekannter Stoffe.

Einfluss von Temperatur und Druck. Die Dichte hängt von der Temperatur ab: Mit steigender Temperatur dehnen sich die Stoffe aus, ihr Volumen nimmt also zu; die Dichte wird kleiner.

Bei Gasen hängt die Dichte nicht nur von der Temperatur, sondern auch vom Druck ab: Eine Gasportion wird bei Druckerhöhung zusammengepresst; das Volumen nimmt ab, die Dichte steigt entsprechend an. Deshalb müssen bei Gasen immer auch die Temperatur und der Druck genannt werden, bei denen die Dichte bestimmt wurde. In Tabellen findet man meist Werte für 25 °C und den normalen Luftdruck von 1 013 Hektopascal (hPa).

Die Dichte eines Stoffes ist der Quotient aus Masse und Volumen. Die Dichte hängt von der Temperatur und bei Gasen auch vom Druck ab.

1 20 ml Olivenöl wiegen 18,4 g. Berechne die Dichte.
2 Ein leerer Messzylinder wiegt 82,2 g. Nachdem er mit 60 cm^3 Alkohol gefüllt wurde, zeigt die Waage 128,4 g an. Berechne die Dichte von Alkohol. Vergleiche mit dem Literaturwert und stelle Vermutungen darüber an, wie es zur Abweichung gekommen ist.
3 Die Dichte von Gold beträgt 19,3 $\frac{g}{cm^3}$. Welche Masse hat ein Goldstück mit dem Volumen 4 cm^3?
4 Bestimme die Masse der Luft in einem Klassenraum, der 12 m lang, 8 m breit und 2,70 m hoch ist.
5 Ballonfahrer unterscheiden zwischen Heißluftballons und Heliumballons. Warum können beide Ballontypen aufsteigen und in der Luft schweben?
6 Ermittle die Dichten von Cola und von Cola-light. Vergleiche deine Ergebnisse mit deinen Klassenkameraden. Nenne Gründe für mögliche Unterschiede.

Dichtebestimmungen

Praktikum

Rechenbeispiel

Bestimmung der Dichte von Kupfer

Bestimmung der Masse m:

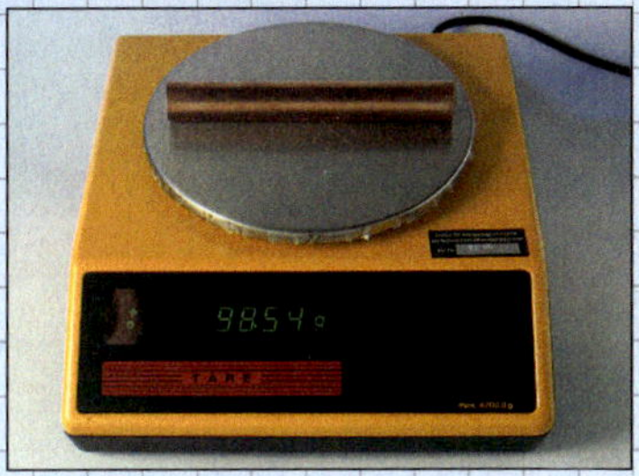

Ergebnis: m = 98,6 g

Bestimmung des Volumens V:

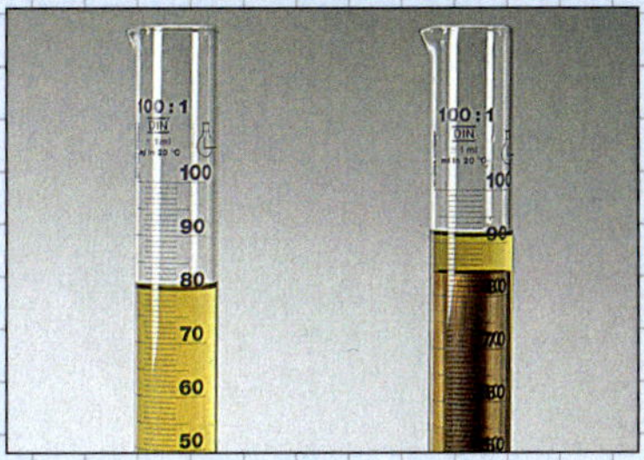

Ergebnis: V = 11 cm³

Berechnung der Dichte ϱ:

$m = 98{,}6\ \text{g}$

$V = 11\ \text{cm}^3$

$$\varrho = \frac{m}{V} = \frac{98{,}6\ \text{g}}{11\ \text{cm}^3} = 8{,}96\ \frac{\text{g}}{\text{cm}^3}$$

Ergebnis: Kupfer hat die Dichte $8{,}96\ \frac{\text{g}}{\text{cm}^3}$.

ϱ (Kupfer) = $8{,}96\ \frac{\text{g}}{\text{cm}^3}$

V1: Ermittlung der Dichte von Feststoffen

Materialien: Waage, Messzylinder (100 ml); Eisenschrauben, Messingschrauben, Kieselsteine.

Durchführung:

1. Fülle den Messzylinder mit genau 50 ml Wasser.
2. Wiege einige Eisenschrauben.
3. Gib die Schrauben vorsichtig in den Messzylinder und lies den Wasserstand erneut ab.

Wiederhole den Versuch mit den anderen Stoffen.

Aufgaben:

a) Berechne die Dichte von Eisen.
b) Warum sinken Schiffe aus Stahl nicht, obwohl die Dichte von Stahl größer ist als die Dichte von Wasser?

V2: Vergleich der Dichten von Spiritus und Wasser

Materialien: 2 Standzylinder, Reagenzglasklammer, Aräometer ($0{,}75\ \frac{\text{g}}{\text{ml}}$ bis $1{,}00\ \frac{\text{g}}{\text{ml}}$), Folienstift; Spiritus (F).

Durchführung:

1. Fülle einen Standzylinder zu drei Vierteln mit Wasser, den zweiten zu drei Vierteln mit Spiritus.
2. Lass die Reagenzglasklammer in das Wasser sinken und markiere die Eintauchtiefe mit dem Folienstift.
3. Wiederhole den Versuch mit Spiritus.
4. Wiederhole beide Versuche mit dem Aräometer.

Aufgabe: Notiere alle Beobachtungen und Messwerte.

V3: Ermittlung der Dichte von Luft

Materialien: Waage, stabile Kunststoffflasche (1 l), durchbohrter Stopfen, Kolbenprober (100 ml), Glasrohr mit Hahn.

Durchführung:

1. Verschließe die Kunststoffflasche mit Stopfen und Hahn und wiege sie genau. Notiere den Wert.
2. Fülle den Kolbenprober mit 100 ml Luft.
3. Verbinde den Kolbenprober mit der Kunststoffflasche, drücke die Luft vollständig in die Flasche und schließe den Hahn.
4. Wiege die Flasche erneut und notiere die Masse.

Aufgaben:

a) Berechne die Dichte von Luft. Gib den Messwert in $\frac{\text{g}}{\text{ml}}$ und in $\frac{\text{g}}{\text{l}}$ an.
b) Vergleiche die Dichten von Wasserstoff, Helium, Stickstoff und Sauerstoff mit der Dichte von Luft.

Stoff	Dichte in $\frac{\text{g}}{\text{cm}^3}$	Stoff	Dichte in $\frac{\text{g}}{\text{cm}^3}$
Wasserstoff	0,00008	Magnesium	1,74
Helium	0,00017	Aluminium	2,7
Stickstoff	0,00117	Zink	7,14
Sauerstoff	0,00131	Eisen	7,86
Luft	0,0012	Kupfer	8,96
Alkohol	0,785	Silber	10,50
Wasser	0,997	Blei	11,34
Schwefel	2,07	Quecksilber	13,53
Brom	3,12	Gold	19,3

Dichten verschiedener Stoffe (bei 25 °C und 1013 hPa)

2.3 Fest, flüssig, gasförmig – Aggregatzustände des Wassers

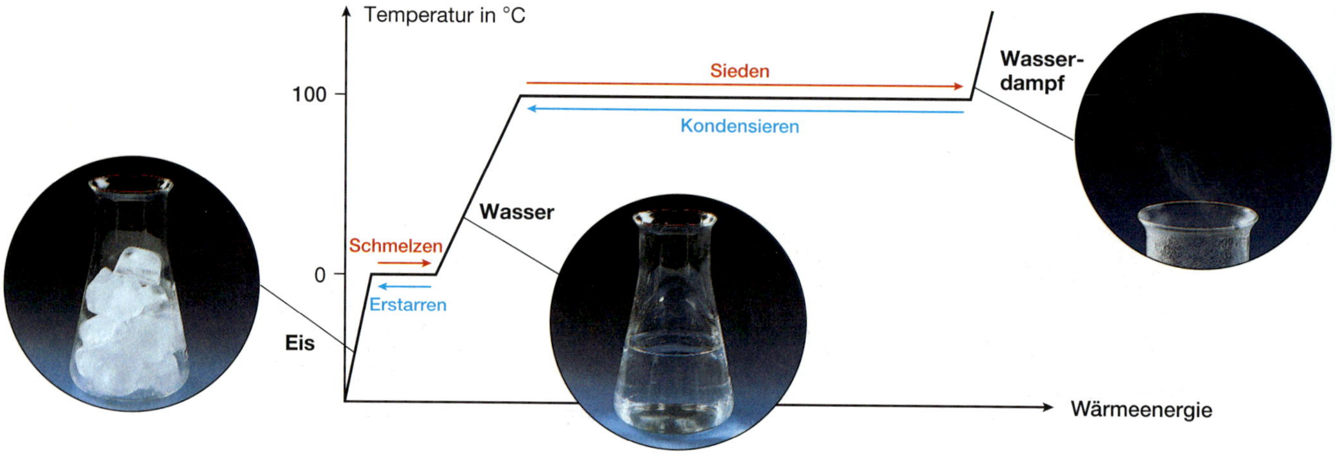

Temperatur/Energiekurve von Wasser

Es gibt feste, flüssige und gasförmige Stoffe. Wasser ist der bekannteste Stoff, von dem wir alle drei *Zustandsformen* gut kennen: Eis, flüssiges Wasser und Wasserdampf. Man spricht auch von den unterschiedlichen **Aggregatzuständen** des Wassers. Ob ein Stoff fest, flüssig oder gasförmig ist, hängt von der Temperatur ab.

Schmelzen und Erstarren. Eis *schmilzt* bei 0 °C und Wasser *erstarrt* bei Temperaturen unterhalb von 0 °C zu Eis. Wasser geht also vom festen Aggregatzustand in den flüssigen über und umgekehrt. Meistens sagt man kurz: Die *Schmelztemperatur* von Eis beträgt 0 °C.

Sieden und Kondensieren. Erhitzt man Wasser bei normalem Luftdruck, so bilden sich bei 100 °C in der Flüssigkeit Dampfblasen; das Wasser *siedet.* 100 °C ist die *Siedetemperatur* von Wasser. Bei dieser Temperatur geht Wasser vom flüssigen in den gasförmigen Zustand über. Kühlt man Wasserdampf ab, so *kondensiert* er bei 100 °C wieder zu Wasser.

Verdunsten. Lässt man einen wassergefüllten Teller stehen, ist das Wasser nach einiger Zeit verschwunden: Wasser geht auch bei gewöhnlicher Temperatur langsam vom flüssigen in den gasförmigen Aggregatzustand über: das Wasser *verdunstet.*

Sublimieren und Resublimieren. Eine Eisschicht wird auch bei Frost immer dünner, denn das Eis wird langsam zu unsichtbarem Wasserdampf. Diesen direkten Übergang vom festen in den gasförmigen Zustand nennt man *Sublimation.* Eis *sublimiert* zu Wasserdampf.

Auch der umgekehrte Vorgang, eine *Resublimation,* ist möglich: Bei Frost bildet sich aus dem Wasserdampf der Luft Raureif. Es entstehen direkt Eiskristalle, ohne das sich flüssiges Wasser bildet.

Schmelzwärme und Verdampfungswärme. Nimmt man einen Eiswürfel aus dem Gefrierfach, steigt seine Temperatur langsam an. Er nimmt also Wärme aus der Umgebung auf; die Luft kühlt sich entsprechend ab. Bei 0 °C beginnt er zu schmelzen, Eis und Schmelzwasser behalten diese Temperatur dann so lange, bis alles Eis geschmolzen ist. Die während des Schmelzens aufgenommene Wärmeenergie bezeichnet man als *Schmelzwärme.* Wenn alles Eis geschmolzen ist, liegt nur noch flüssiges Wasser von 0 °C vor.
Wird das Wasser weiter erwärmt, so steigt die Wassertemperatur an, bis das Wasser bei 100 °C siedet. Wenn man weiter Energie zuführt, bleibt die Temperatur unverändert bei 100 °C. Die während des Siedens aufgenommene Wärmeenergie bezeichnet man als *Verdampfungswärme.* Wenn alles Wasser verdampft ist, liegt nur noch Wasserdampf vor. Durch weiteres Erhitzen kann er auch Temperaturen über 100 °C annehmen.

Stoffe können in den Aggregatzuständen fest, flüssig und gasförmig auftreten. Schmelztemperatur und Siedetemperatur sind charakteristische Stoffeigenschaften.

1 Nenne weitere Stoffe, die du schon in zwei Aggregatzuständen gesehen hast. Fertige eine Tabelle an.
2 Auf der Straße ist eine Regenpfütze zu sehen. Nach einigen Stunden Sonnenschein ist sie weg. Erkläre.

Das Teilchenmodell

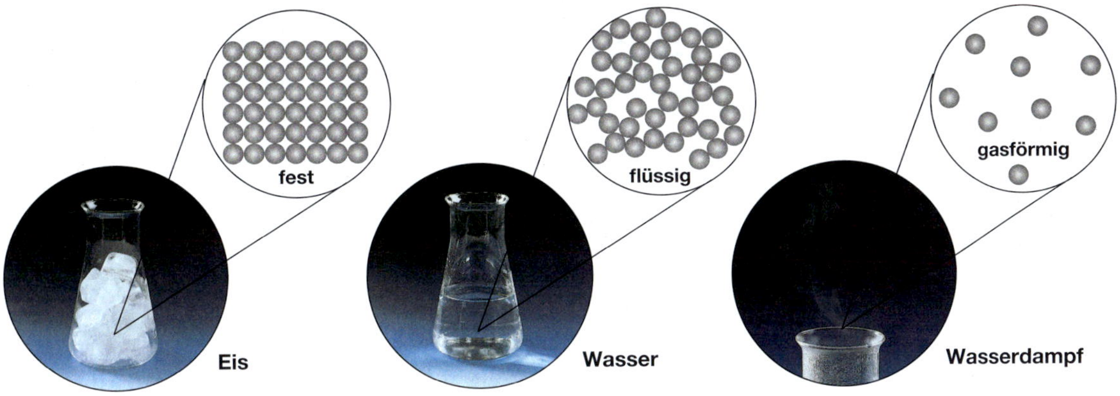

Eiskristalle, Wasser und Wasserdampf im Teilchenmodell

Bei der wissenschaftlichen Forschung stößt man in Bereiche vor, die wir mit unseren Sinnen nicht wahrnehmen können. Um sich dennoch Vorstellungen machen zu können, verwendet man **Modelle.** Ein Modell stellt einen Teil der Wirklichkeit bildhaft in vereinfachter Form dar. Es dient so zur Veranschaulichung komplizierter Sachverhalte. Mithilfe von Modellen lassen sich viele Erscheinungen und Gesetzmäßigkeiten anschaulich erklären.

Das Teilchenmodell. Ein wichtiges Modell ist die Vorstellung, dass Stoffe aus **kleinsten Teilchen** bestehen. Beim *Teilchenmodell* geht man von folgenden Annahmen aus:

- Alle Stoffe bestehen aus kleinsten Teilchen und der Raum zwischen den Teilchen ist völlig leer.
- Die Teilchen verschiedener Stoffe unterscheiden sich nur in ihrer Größe und ihrer Masse.
- Alle Teilchen sind ständig in Bewegung.
- Zwischen den Teilchen gibt es Anziehungskräfte.

Aggregatzustand und Teilchenmodell. Mit dem Teilchenmodell lassen sich auch die Übergänge zwischen den Aggregatzuständen eines Stoffes erklären. Die folgende Beschreibung am Beispiel von *Eis, Wasser* und *Wasserdampf* gilt ähnlich für alle anderen Stoffe.

In Eis sind die *Wasserteilchen* regelmäßig angeordnet: Jedes Teilchen hat seinen bestimmten Platz, den es nicht verlassen kann. Die Anziehungskräfte sind so stark, dass die Teilchen nur ein wenig hin- und herschwingen können. Erwärmt man das Eis, so werden die Schwingungen heftiger. Bei der *Schmelztemperatur* schwingen die Teilchen so stark, dass die regelmäßige Ordnung zusammenbricht; das Eis schmilzt.

Im flüssigen Wasser gibt es *keine Ordnung* mehr: Die Teilchen bewegen sich hin und her und verschieben sich dabei gegeneinander. Die Anziehungskräfte sind aber noch stark. Erwärmt man Wasser, so wird die Bewegung der Teilchen heftiger. Einzelne Wasserteilchen werden so schnell, dass sie die Flüssigkeit verlassen können: Das Wasser *verdunstet.* Wenn die Siedetemperatur erreicht ist, bilden sich im Inneren des Wassers Blasen aus Wasserdampf. Die Wasserteilchen bewegen sich jetzt so schnell, dass sich die Anziehungskräfte nicht mehr auswirken können.
Die Geschwindigkeit der Teilchen im Wasserdampf ist erstaunlich groß: Schon bei 100 °C sind es 660 m pro Sekunde!

Aus einem Liter Wasser entstehen bei 100 °C etwa 1700 Liter Wasserdampf. Die Abstände zwischen den Wasserteilchen sind im Dampf also sehr viel größer als im flüssigen Wasser oder im Eis. Zwischen den Teilchen ist dabei nichts als leerer Raum. Deshalb lassen sich Wasserdampf und andere Gase leicht zusammendrücken.

Energie und Teilchenmodell. Die beim Sieden aufgenommene *Verdampfungswärme* wird benötigt, um die Anziehungskräfte zwischen den Wasserteilchen völlig zu überwinden, sodass die Teilchen sich unabhängig voneinander bewegen können.
Kühlt man den Wasserdampf ab, wirken sich die Anziehungskräfte zwischen den Wasserteilchen wieder aus und das Wasser kondensiert. Die beim Verdampfen aufgenommene Energie wird dabei als *Kondensationswärme* wieder abgegeben. Ähnlich ist es beim Schmelzen: Aufgenommene Energie wird beim Gefrieren wieder an die Umgebung abgegeben.

Praktikum

Schmelzen und Sieden – näher betrachtet

V1: Erstarrungstemperatur von Stearinsäure

Materialien: Gasbrenner, Thermometer (0 °C bis 100 °C), Stoppuhr;
Stearinsäure.

Durchführung:

1. Gib 2 cm hoch Stearinsäure in ein Reagenzglas. Befestige es an einem Stativ. Stelle ein Thermometer hinein.

2. Erhitze die Substanz langsam mit dem Gasbrenner bis auf 90 °C.

3. Lass die Schmelze abkühlen: Starte die Stoppuhr und miss alle 30 Sekunden die Temperatur. Rühre dabei die Schmelze jeweils mit dem Thermometer um.

4. Beende die Messungen, wenn die Schmelze vollkommen erstarrt und die Temperatur unter 50 °C gesunken ist.

Aufgaben:

a) Übertrage die Messwerte in eine Tabelle und erstelle ein Diagramm (x-Achse: Zeit; y-Achse: Temperatur).

b) Lies aus dem Diagramm die Erstarrungstemperatur ab. Vergleiche den Wert mit der in der Fachliteratur angegebenen Schmelztemperatur.

c) Erkläre, warum die Temperatur über längere Zeit konstant bleibt.

V2: Volumenzunahme beim Verdampfen

Materialien: Becherglas (2 l), Luftballon mit Stopfen, Dreifuß mit Drahtnetz, Tropfpipette, Gasbrenner;
Ethanol (F).

Durchführung:

1. Erhitze in einem Becherglas 500 ml Wasser bis zum Sieden.

2. Gib in einen Luftballon etwa 2 ml Ethanol und verschließe den Ballon mit einem Stopfen.

3. Tauche den Ballon mit dem Stopfen nach unten in das siedende Wasser.

Aufgaben:

a) Erkläre die große Volumenzunahme des Ethanols in siedendem Wasser.

b) Zeichne ein Teilchenbild von der Anordnung der Ethanol-Teilchen vor dem Erhitzen und danach.

V3: Siedetemperatur von Ethanol

F

Materialien: Becherglas (1 l, hoch) als Wasserbad, Thermometer (0 °C bis 100 °C), Dreifuß mit Drahtnetz, Gasbrenner;
Ethanol (F).

Durchführung:

Hinweis: Der Umgang mit Ethanol in der Nähe offener Flammen ist untersagt. Die korrekte Einhaltung der Reihenfolge der folgenden Arbeitsschritte ist daher wichtig!

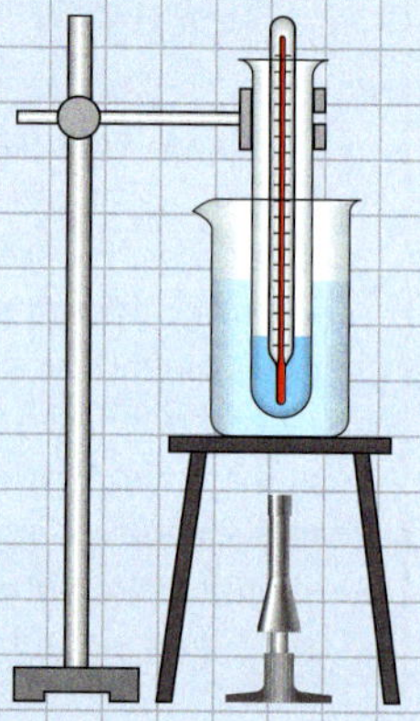

1. Erhitze das Wasserbad bis zum Sieden, lösche dann die Brennerflamme.

2. Gib 2 cm hoch Ethanol in ein Reagenzglas, befestige es so am Stativ, dass es in das Wasserbad eintaucht.

3. Stelle ein Thermometer in das Reagenzglas.

4. Starte die Stoppuhr und miss die Temperatur alle 30 Sekunden. Beende die Messung, wenn die Temperatur wieder zu sinken beginnt.

Aufgaben:

a) Erstelle eine Wertetabelle und ein entsprechendes Diagramm (x-Achse: Zeit; y-Achse: Temperatur).

b) Lies die Siedetemperatur ab. Erkläre, warum die Temperatur über längere Zeit konstant bleibt.

Regeln für das Erhitzen im Reagenzglas

Beim Erhitzen einer Flüssigkeit im Reagenzglas spritzt diese häufig unvermittelt aus dem Glas heraus. Die Ursache ist ein sogenannter *Siedeverzug*. Um das Sieden kontrolliert durchzuführen und niemanden dabei zu gefährden, gelten folgende Regeln für das Erhitzen:

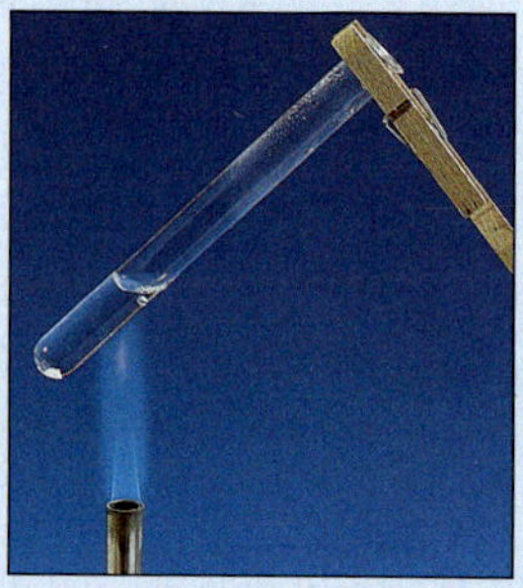

1. Fülle das Reagenzglas höchstens zu einem Viertel. Gib ein Siedesteinchen hinzu.

2. Halte das Reagenzglas schräg in die nicht leuchtende Flamme.

3. Richte die Öffnung des Reagenzglases nicht auf Personen in deiner Nähe.

4. Schüttle das Reagenzglas ständig in der Flamme, damit der Inhalt gleichmäßig erhitzt wird.

Chemie-Recherche

Location: http://www.schroedel.de/chemie_heute.html

Suche:

Stoffe und ihre Eigenschaften

Ergebnisse:

→ **Parfüm und schöne Gerüche**

Viele Riech- und Duftstoffe gewinnt man aus Pflanzenteilen: Rosenöle aus den Blütenblättern der Rosen und Nelkenöle aus den Knospen und Stielen des Gewürznelkenbaumes. Heute lassen sich viele Duftstoffe auch synthetisch im Labor herstellen. Der Parfümeur hat die Aufgabe, verschiedene Duftstoffe so zusammenzustellen, dass die neue Duftkomposition ankommt und ein Verkaufsschlager wird. Dabei helfen ihm ein verlässliches Gedächtnis für Gerüche und ein Überblick über die Preise der einzelnen Duftstoffe.

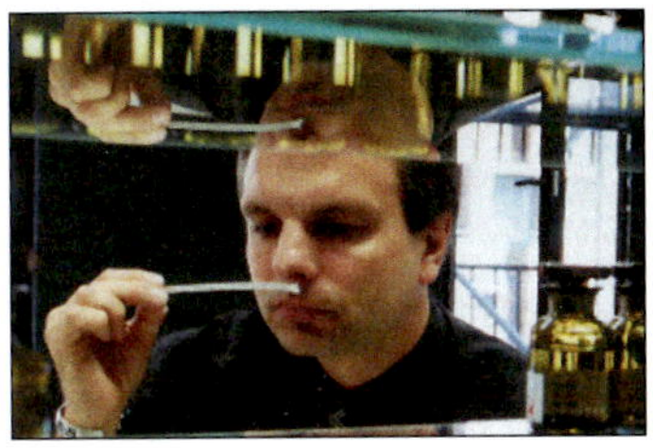

→ **Münzautomaten**

Wirft man eine Münze in einen Automaten, so landet sie oft wieder im Rückgabefach. Viele Menschen reiben dann die Münze an der Wand des Münzautomaten und hoffen, dass sie beim zweiten Einwurf angenommen wird. Wissenschaftlich gesehen ist dies unsinnig. Der Münzprüfer im Automaten misst zum einen den Durchmesser und das Gewicht der Münze und ermittelt außerdem, ob die Münze magnetisch ist. Der Kern der Bicolormünzen (1 Euro und 2 Euro) besteht aus reinem Nickel und ist somit magnetisch. Nur diese Münzen werden angenommen. Dass manche Münzen nicht beim ersten Mal angenommen werden, liegt meist daran, dass das Geldstück zu schnell in den Schacht geworfen wird. Die Sensoren haben dann nicht genügend Zeit, um die Messwerte zu erfassen.

→ **Wärmedämmung am Haus**

Zum Heizen braucht man viel Energie: Für ein Wohnhaus mit 100 m^2 Wohnfläche benötigt man durchschnittlich etwa 2500 Liter Heizöl oder 3000 m^3 Erdgas pro Jahr. Durch eine Verbesserung der Wärmeisolierung des Hauses kann man Heizenergie sparen. Aufnahmen mit einer Infrarot-Kamera zeigen, an welchen Stellen des Hauses Wärme durch die Außenwände oder durch das Dach verloren geht. Diese Bereiche hoher Wärmeleitfähigkeit müssen dann neu isoliert werden.

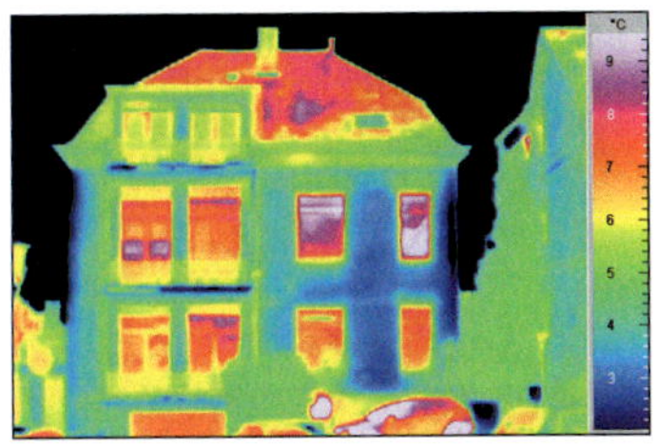

→ **Metalle sind unterschiedlich hart**

Reines Gold ist sehr weich: Es lässt sich leicht zu extrem dünnem Blattgold verarbeiten. Bestimmte Stahlsorten sind dagegen fast so hart wie Diamant: Man nennt sie „Widia"-Stähle.

Bereits 1825 ordnete Friedrich MOHS auf einer noch heute verwendeten *Härteskala* Stoffe nach ihrer Ritzhärte. Dabei prüft man, ob ein Stück eines Stoffes einen anderen mit der Ecke ritzen kann. Diamant erhält mit 10 den höchsten Wert, für jeden weiteren Härtegrad gibt es ein bestimmtes Testmineral. Gehärteter Stahl hat eine MOHSsche Härte von 8, die Härte von Gold liegt bei 2,5.

Aufgaben

1 Wohnhäuser werden heute gut isoliert, damit wenig Wärme von innen nach außen dringen kann. Welche Materialien sind besonders gut zur Wärmeisolation geeignet?

2 *Experimentelle Hausaufgabe:* Prüfe an Blechstücken von Eisen, Kupfer und Zink die Ritzhärte. Ordne die drei Stoffe nach ihrer Härte.

3 Das in Feuerzeugen enthaltene Butan rechnet man zu den Flüssiggasen. Recherchiere, was man unter einem Flüssiggas versteht und in welchen Bereichen Flüssiggase verwendet werden.

4 Erkläre, warum sich im Kühlschrank Eis nur an ganz bestimmten Stellen bildet.

2.4 Stoffe – steckbrieflich gesucht

Stoffe, die in mehreren wesentlichen Eigenschaften übereinstimmen, bilden eine **Stoffgruppe.** Wichtige Stoffgruppen sind: *salzartige Stoffe, flüchtige Stoffe* und *Metalle*.

Salzartige Stoffe. Gemeinsame Eigenschaften: Kristallbildung, relativ große Härte, spröde, keine elektrische Leitfähigkeit im festen Zustand, leitfähig jedoch als Schmelze oder wässerige Lösung, hohe Schmelz- und Siedetemperatur.
Beispiele: Kochsalz, Alaun, Calciumsulfat

Flüchtige Stoffe. Gemeinsame Eigenschaften: niedrige Schmelz- und Siedetemperatur, bei Zimmertemperatur meist flüssig oder gasförmig, schlechte Leitfähigkeit für den elektrischen Strom oder Nichtleiter.
Beispiele: Wasser, Kohlenstoffdioxid, Chlor, Iod

Metalle. Gemeinsame Eigenschaften: metallischer Glanz bei kompakten Stücken, hohe Schmelz- und Siedetemperatur, Verformbarkeit, gute Leitfähigkeit für Wärme und elektrischen Strom.
Beispiele: Gold, Eisen, Silber, Zink, Kupfer

1 Ordne die in den Steckbriefen aufgeführten Stoffe den drei Stoffgruppen zu.
2 Ordne möglichst viele von den in der Tabelle angegebenen Substanzen den drei Stoffgruppen zu.
3 Erstelle einen Steckbrief für Eisen.
4 Erstelle einen Steckbrief für Aluminium.

Substanz	Schmelztemperatur	Siedetemperatur
Aluminium	660 °C	2520 °C
Alkohol	–114 °C	78 °C
Blei	327 °C	1740 °C
Bleichlorid	501 °C	950 °C
Brom	–7 °C	59 °C
Calciumchlorid	772 °C	1600 °C
Chlor	–101 °C	–35 °C
Eisen	1535 °C	2860 °C
Gold	1064 °C	2600 °C
Helium	–272 °C	–269 °C
Iod	114 °C	184 °C
Kaliumchlorid	770 °C	1437 °C
Kupfer	1085 °C	2570 °C
Magnesium	650 °C	1093 °C
Methan	–182 °C	–161 °C
Natriumchlorid	801 °C	1465 °C
Octan	–57 °C	126 °C
Phosphor (weiß)	44 °C	280 °C
Quecksilber	–39 °C	357 °C
Sauerstoff	–219 °C	–183 °C
Schwefel	113 °C	445 °C
Silber	962 °C	2200 °C
Silberbromid	430 °C	1533 °C
Stickstoff	–210 °C	–196 °C
Wasser	0 °C	100 °C
Wasserstoff	–259 °C	–253 °C
Wolfram	3400 °C	5900 °C
Zink	420 °C	907 °C

Steckbrief: Alkohol

Früher wurde Alkohol oft als „Weingeist" bezeichnet; Chemiker nennen ihn *Ethanol*. Er ist außer in alkoholischen Getränken auch in Medikamenten, Rasierwasser, Parfüm und Reinigungsmitteln enthalten. Er wird aus vergorenen Früchten gewonnen. In alkoholischen Getränken wirkt Alkohol anregend, kann aber bei übermäßigem Genuss zu Gesundheitsschäden und Abhängigkeit führen. Ethanol ist brennbar und wird deshalb auch als Spiritus eingesetzt.

Dichte: 0,785 $\frac{g}{cm^3}$
schmilzt bei –114,1 °C
siedet bei 78,3 °C
Löslichkeit:
in Wasser sehr gut löslich

Steckbrief: Schwefel

Schwefel ist ein spröder, gelber, fast geruchloser Feststoff. Wenn es in der Nähe von Vulkanen „nach Schwefel" stinkt, handelt es sich also nicht um Schwefel, sondern um giftige gasförmige Stoffe, die unter anderem beim Verbrennen von Schwefel entstehen.
Große Mengen an Schwefel werden beim Entschwefeln von Erdöl gewonnen. Der größte Teil des Schwefels wird zur Herstellung von Schwefelsäure und von Düngemitteln benötigt.

Dichte: 2,07 $\frac{g}{cm^3}$
schmilzt bei 115 °C
siedet bei 445 °C
Löslichkeit:
in Wasser unlöslich

Steckbrief: Kochsalz

Die bekannteste Eigenschaft des Kochsalzes ist der salzige Geschmack: Es wird deshalb zum Würzen von Speisen verwendet. Kochsalz ist auch als Konservierungsmittel geeignet. So können Fisch oder Gurken in Salzlösung eingelegt und haltbar gemacht werden, Fleisch wird mit Kochsalz eingerieben.

Dichte: 2,16 $\frac{g}{cm^3}$
schmilzt bei 801 °C
siedet bei 1465 °C
Löslichkeit: 35,8 g
in 100 g Wasser (20 °C)

Steckbrief: Trockeneis (Kohlenstoffdioxid)

Der Kohlenstoffdioxid-Gehalt der Luft beträgt 0,04 %; ein Liter Luft enthält also nur 0,4 ml Kohlenstoffdioxid. Das reine Gas ist allseits bekannt: Beim Öffnen einer Flasche Mineralwasser perlt es nach oben. Weniger bekannt ist *Trockeneis*, die feste Form des Kohlenstoffdioxids: Es hat eine Temperatur von –78 °C. Trockeneis sublimiert an der Luft. Da hierbei keine Flüssigkeit gebildet wird, bleibt die Stelle trocken, an der es gasförmig wird. Man verwendet es zum Kühlen in der Lebensmittelindustrie und in der Metallindustrie.

Dichte: 1,6 $\frac{g}{cm^3}$
sublimiert bei –78 °C
Löslichkeit: 0,17 g
in 100 g Wasser (20 °C)

Steckbrief: Calciumsulfat

Calciumsulfat ist als Baustoff bekannt, es handelt sich um Gips. Man rührt das weiße Pulver mit wenig Wasser zu einem Brei an, der unter Wärmeabgabe fest wird. Eine andere Form von Calciumsulfat ist *Marienglas*. Es heißt so, weil früher Heiligenbilder mit durchsichtigen Platten dieses Minerals geschützt wurden.

Dichte: 2,32 $\frac{g}{cm^3}$
zersetzt sich bei 128 °C
unter Abgabe von Wasser
Löslichkeit: 0,20 g
in 100 g Wasser (20 °C)

Steckbrief: Diamant

Diamanten sind die wertvollsten Edelsteine, die wir kennen. Der bisher größte Diamant, der Cullinan, wurde 1906 in Südafrika gefunden und wog 621,2 g oder 3106 Karat (1 Karat = 0,2 g). Das größte Bruchstück dieses Diamanten hat 530,2 Karat. Es ist das wertvollste Stück der britischen Kronjuwelen. Kleine Diamanten werden für Bohrköpfe von Steinbohrern oder von Zahnbohrern verwendet.

Dichte: 3,51 $\frac{g}{cm^3}$
Härte: härtester Stoff
(Härtegrad 10 der
Härteskala von MOHS)
elektrische Leitfähigkeit:
keine (Isolator)

Steckbrief: Methan

Methan ist ein farbloses und fast geruchloses Gas, das mit blauer Flamme brennt. Seine Dichte ist nur etwa halb so groß wie die von Luft. Methan ist der Hauptbestandteil von Erdgas und wird vorwiegend als Energiequelle genutzt. Beim Verbrennen wird Wärmeenergie freigesetzt. Methan/Luft-Gemische sind explosiv und führen immer wieder zu Unglücksfällen.

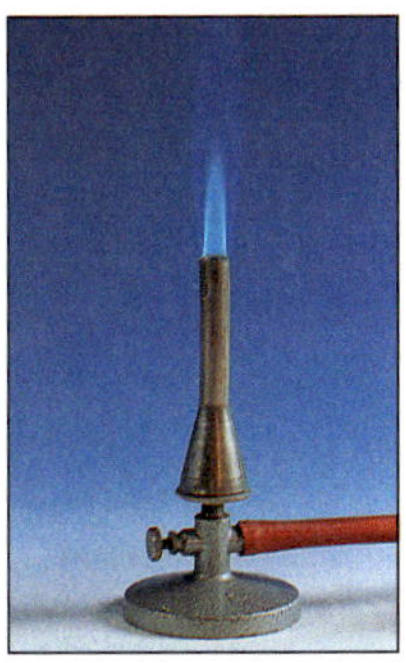

Dichte: 0,00067 $\frac{g}{cm^3}$
schmilzt bei –182 °C
siedet bei –161 °C
Löslichkeit:
in Wasser unlöslich

Steckbrief: Gold

Zu allen Zeiten wurde Gold in Form von Nuggets oder Goldstaub gefunden und wegen seines schönen Glanzes und seines Wertes geschätzt. Aufgrund der hohen Dichte lässt es sich aus dem Sand von Flussbetten auswaschen: Goldwäscher schwemmen in einer Pfanne so lange den leichteren Sand mit Wasser weg, bis Goldkörner übrig bleiben.

Dichte: 19,3 $\frac{g}{cm^3}$
schmilzt bei 1064 °C
siedet bei rund 2600 °C
Leitfähigkeit für Wärme
und elektrischen Strom:
noch besser als Kupfer

2.5 Wasser löst Vieles ...

Wasser löst feste Stoffe: Kaliumpermanganat (A), Zucker (B)

Wasser löst Flüssigkeiten: Säure (A), Saftkonzentrat (B)

Wasser löst Gase: Kohlenstoffdioxid (A), Sauerstoff (B)

Viele *feste Stoffe* lösen sich ähnlich gut in Wasser wie Kochsalz oder Zucker. Besonders gut erkennen lässt sich der Lösungsvorgang bei farbigen Stoffen, wie dem violetten Kaliumpermanganat oder dem blauen Kupfersulfat. Es entstehen farbige **Lösungen.**

Auch viele Flüssigkeiten lösen sich in Wasser. Einige lassen sich sogar in beliebigen Verhältnissen mit Wasser vermischen. Das gilt beispielsweise für Alkohol. So ist Bier im Wesentlichen eine wässrige Lösung mit 50 ml Alkohol in einem Liter Wasser. Ein Liter Rum kann bis zu 800 ml Alkohol enthalten.
Konzentrierte wässrige Lösungen müssen für die Anwendung häufig verdünnt werden. Ein einfaches Beispiel ist das Verdünnen eines Saftkonzentrats bei der Zubereitung eines Getränks. Entsprechend erhält man auch die für den Chemieunterricht benötigten Säuren: Die konzentrierte Säure wird im gewünschten Verhältnis mit reinem Wasser verdünnt.

Wasser löst auch viele *gasförmige Stoffe,* beispielsweise Sauerstoff aus der Luft. Nur weil Wasser gelösten Sauerstoff enthält, können Fische über ihre Kiemen atmen.
Wird das Gas Kohlenstoffdioxid in Wasser eingeleitet, so löst sich ziemlich viel. Das Wasser schmeckt dann leicht säuerlich. Getränke, in denen Kohlenstoffdioxid gelöst ist, bezeichnet man deshalb als *kohlensäurehaltige* Getränke. Bei den Bläschen, die aus Sprudel, Sekt oder Bier aufsteigen, handelt es sich um nichts anderes als Kohlenstoffdioxid.

Die Löslichkeit von Gasen steigt mit zunehmendem Druck. Beim Abfüllen von kohlensäurehaltigen Getränken wird Kohlenstoffdioxid unter erhöhtem Druck gelöst. Öffnet man die Flasche, sinkt mit dem Druck auch die Löslichkeit des Gases: Es steigen Bläschen von Kohlenstoffdioxid auf.

Wasser ist ein *Lösungsmittel* für viele feste, flüssige und gasförmige Stoffe. *Lösungen* bestehen aus einem Lösungsmittel und dem gelösten Stoff. Die Löslichkeit von Gasen nimmt mit steigendem Druck zu.

1 Notiere einige Stoffe, die sich in Wasser lösen.
2 Erläutere, welche Lösungsvorgänge ablaufen, wenn man eine Brausetablette in ein Glas mit Wasser wirft.
3 Erkläre den Zweck von künstlichen Stromschnellen in Bächen oder Flüssen.
4 Informiere dich über die in Erfrischungsgetränken gelösten Teilchenarten. Stelle sie für mehrere Getränke nach Art und Menge in einer Tabelle zusammen. Diskutiere deine Ergebnisse mit der Klasse.

2.6 ... aber nicht beliebig viel

Kupfersulfat wird gelöst

Kochsalz, Kupfersulfat, Natriumcarbonat und viele andere feste Stoffe lösen sich in Wasser. Aber es lassen sich nicht beliebig große Mengen auflösen. In 100 ml Wasser lösen sich bei 20 °C höchstens 36 g Kochsalz. Gibt man weiteres Salz hinzu, bleibt es unverändert als **Bodenkörper** liegen. Die überstehende Lösung ist dann mit Kochsalz **gesättigt.** Von jedem Stoff löst sich also nur eine bestimmte Menge, bis eine *gesättigte Lösung* entsteht.

Beim Erwärmen verschwindet der Bodensatz in vielen Fällen. Er löst sich zusätzlich in der bereits vorhandenen Lösung auf. Lässt man die warme Lösung abkühlen, bilden sich wieder Kristalle. Die Löslichkeit von festen Stoffen ist also von der Temperatur abhängig. In der Regel löst sich umso mehr, je höher die Temperatur des Lösungsmittels ist.

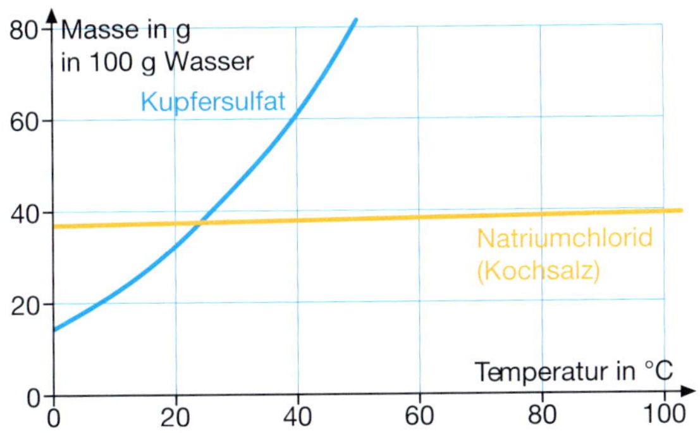

Einfluss der Temperatur auf die Löslichkeit von Natriumchlorid und Kupfersulfat

Die Zunahme der Löslichkeit ist allerdings unterschiedlich. Beim Kochsalz steigt die Löslichkeit nur wenig an, während sie sich beim Kupfersulfat stark erhöht.

Die Löslichkeit von Gasen wird mit steigender Temperatur geringer: In Mineralwasser gelöstes Kohlenstoffdioxid entweicht, wenn man die Lösung erhitzt. Wenn im Sommer kleine Gewässer zu stark von der Sonne erwärmt werden, kann dies für die im Wasser lebenden Organismen tödlich sein: Mit zunehmender Temperatur löst sich immer weniger Sauerstoff im Wasser. Die Lebewesen drohen zu ersticken.

Lösungen sind gesättigt, wenn sich ein Bodenkörper gebildet hat. Bei den meisten festen Stoffen steigt die Löslichkeit mit der Temperatur. Die Löslichkeit von Gasen nimmt mit steigender Temperatur ab.

1 Nenne zwei Möglichkeiten, wie man den Bodensatz einer gesättigten Lösung auflösen kann.

2 Recherchiere, wie viel Salz in einem Liter Meerwasser sowie in einem Liter Wasser aus dem Toten Meer gelöst ist. Vergleiche die Werte mit der Löslichkeit von Kochsalz bei 20 °C. Diskutiere, wie es zu dem Salzgehalt im Toten Meer kommen kann.

3 Industriebetriebe dürfen ihr warmes Kühlwasser auch dann nicht in Flüsse einleiten, wenn es vollkommen schadstofffrei ist. Erkläre.

4 Warme Cola schmeckt abgestanden. Erkläre.

Praktikum

Wasser als Lösungsmittel

V1: Wasser löst Feststoffe

Materialien: Becherglas (200 ml), Waage, Spatel; destilliertes Wasser, Natriumchlorid (Kochsalz), Kupfersulfat (Xn, N), Natriumcarbonat (Xi).

Durchführung:

1. Löse in 100 ml destilliertem Wasser möglichst viel Kochsalz. Gib portionsweise jeweils 5 g Salz zum Wasser, bis sich trotz gründlichem Umrühren nichts mehr löst.
2. Notiere die gelöste Salzmenge.
3. Wiederhole Schritt 1 mit
  a) Kupfersulfat in 50 ml Wasser
  b) Natriumcarbonat in 50 ml Wasser.
4. Notiere auch hier die gelösten Mengen.

Aufgaben:

a) Rechne jeweils auf 100 ml um und vergleiche die gelösten Mengen.
b) Nenne das Erkennungsmerkmal einer gesättigen Lösung.

V2: Wasser enthält gelöste Gase

Materialien: Becherglas (400 ml, hoch), Messzylinder (10 ml, 25 ml), Glastrichter, Thermometer, Gasbrenner; Leitungswasser, stilles Mineralwasser.

Durchführung:

1. Fülle das Becherglas mit Leitungswasser.
2. Stelle den Trichter auf den Boden des Becherglases und stülpe den mit Leitungswasser gefüllten Messzylinder darüber.
3. Erwärme das Wasser langsam auf 50 °C und lies nach jeder Temperaturerhöhung um 10 Grad das Gasvolumen ab.
4. Wiederhole den Versuch mit stillem Mineralwasser. Verwende dabei den 25-ml-Messzylinder.

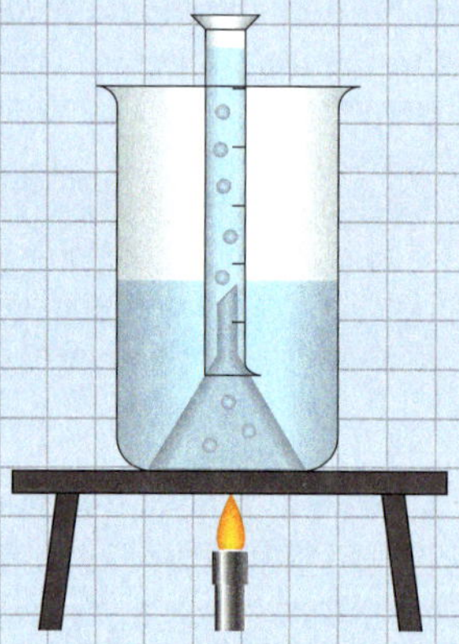

Aufgaben:

a) Notiere die Messwerte für die Wasserproben in Form einer Tabelle.
b) Vergleiche die Ergebnisse.

V3: Einfluss der Temperatur auf die Löslichkeit

Materialien: Dreifuß mit Drahtnetz, Brenner, Becherglas (100 ml), Thermometer, Waage, Spatel; destilliertes Wasser, Kaliumnitrat (O).

Durchführung:

1. Stelle mit 50 g Wasser und Kaliumnitrat eine gesättigte Lösung her.
2. Erwärme die Lösung langsam bis auf 100 °C. Rühre dabei um und gib nochmals 10 g des Salzes hinzu.

Aufgaben:

a) Notiere deine Beobachtungen.
b) Formuliere einen Je-desto-Satz in Bezug auf die gelöste Salzmenge und die Temperatur.
c) Nimm die Abbildung auf S. 29 zu Hilfe und vergleiche die Temperaturabhängigkeit der Löslichkeit von Kaliumnitrat mit der von Natriumchlorid.

V4: Wasserhärte

Materialien: Gesamthärte-Teststäbchen; Mineralwasser, Leitungswasser, Meerwasser, destilliertes Wasser.

Durchführung: Tauche ein Teststäbchen in die Wasserprobe und lies den Härtebereich ab.

Aufgabe: Notiere deine Messwerte.

V5: Schaumbildung

Materialien: Stopfen, Tropfpipette; Mineralwasser, Leitungswasser, Meerwasser, destilliertes Wasser, Seifenlösung (alkoholisch (F), nach BOUTRON und BOUDET).

Durchführung:

1. Fülle ein Reagenzglas zur Hälfte mit der Wasserprobe. Gib zwei Tropfen Seifenlösung hinzu, setze den Stopfen auf und schüttle kräftig.
2. Gib weitere Seifenlösung hinzu, bis sich durch das Schütteln ein bleibender Schaum bildet.
3. Wiederhole den Versuch mit den anderen Wasserproben.

Aufgabe: Notiere deine Beobachtungen.

2.7 Wasser ist nicht das einzige Lösungsmittel

Produkte mit Lösungsmitteln

Fettfleckentfernung

Pinselreiniger und Verdünner

Neben Wasser können auch viele andere Flüssigkeiten als Lösungsmittel verwendet werden. Insgesamt gesehen spielt Wasser aber die größte Rolle. Denn es ist nicht nur besonders preisgünstig, sondern auch sehr vielseitig einsetzbar und dazu noch völlig ungefährlich.
Andere Flüssigkeiten kommen als Lösungsmittel dann ins Spiel, wenn man einen Stoff auflösen will, der sich in Wasser schlecht oder gar nicht löst. So ist Benzin praktisch unlöslich in Wasser: Schüttelt man Benzin zusammen mit Wasser in einem Reagenzglas, so hat man nach kurzer Zeit wieder zwei Schichten, unten das Wasser und oben das leichte Benzin.
Auch Öle und Fette sind unlöslich in Wasser, sie lösen sich aber in Benzin. Man nimmt deshalb Benzin zu Hilfe, wenn ein Fettfleck aus der Kleidung entfernt werden soll. Dieses *Waschbenzin* ist besonders gereinigt. Benzin von der Tankstelle darf keinesfalls verwendet werden, denn es enthält gesundheitsschädliche Stoffe.
Ähnlich wie Benzin haben viele Lösungsmittel einen charakteristischen Geruch. So geht der typische Geruch eines Alleskleber vom Lösungsmittel aus, in dem der Klebstoff gelöst ist. Das gilt ebenso für Nagellack und Nagellackentferner. Anders ist es bei einem Parfüm, das als Lösungsmittel hauptsächlich Alkohol enthält. Hier machen sich praktisch nur die gelösten Duftstoffe bemerkbar.
Im Gegensatz zum Wasser sind die meisten anderen Lösungsmittel brennbar. Bei vielen Produkten findet man auf der Verpackung deshalb das Gefahrensymbol mit der Flamme und dem Kennbuchstaben F für leichtentzündliche Stoffe.
Beispiele sind neben Alleskleber auch Verdünner und Pinselreiniger.

Das Einatmen von Lösungsmittel-Dämpfen kann zu Gesundheitsschäden führen. Lösungsmittel können auch Schäden in der Umwelt verursachen, wenn man sie verschüttet. Gefährdet sind vor allem Kleinlebewesen in Gewässern.

Der Einsatz gefährlicher Lösungsmittel ist in den letzten zehn Jahren wesentlich verringert worden. So findet man bei vielen Anstrichfarben den blauen Umweltengel auf dem Etikett und den Hinweis „wasserverdünnbar". Die früher üblichen Lösungsmittel sind hier weitgehend durch Wasser ersetzt worden. Spezielle Verdünner und Pinselreiniger werden dann nicht mehr benötigt. Wenn es bei einem flüssigen Vielzweckkleber heißt: „ohne Lösungsmittel", bedeutet es, dass auch hier nur Wasser als Lösungsmittel verwendet wird. In diesem Zusammenhang scheint man Wasser als das wichtigste Lösungsmittel gar nicht zu beachten.

Viele Stoffe, die sich in Wasser nicht lösen, können in anderen Flüssigkeiten gelöst werden. Solche Lösungsmittel sind meist brennbar und gesundheitsschädlich.

1 Erkläre, warum Lösungsmittel wie Pinselreiniger nicht auf die Haut gelangen sollten. Überprüfe, ob auf dem Vorratsgefäß Sicherheitshinweise angegeben sind.
2 Stelle fest, welche Lösungsmittel du bei euch zu Hause findest. Notiere, wofür sie verwendet werden.
3 In einer Autowaschanlage kann man nach der Autowäsche das Auto mit Wachs einsprühen lassen. Zum Reinigen der Scheiben wird dann ein spezielles Reinigungstuch mitgegeben. Was muss dieses Reinigungstuch enthalten?

DER BLAUE ENGEL
weil emissionsarm

Exkurs

Lösen und Kristallisieren im Teilchenmodell

Vor dem Lösen

Ein Teil ist gelöst

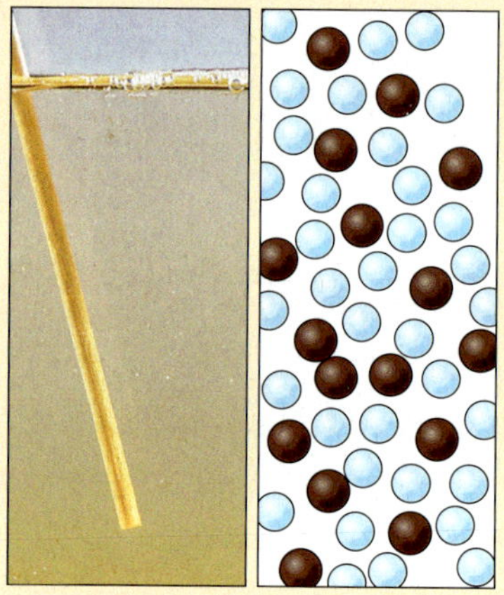

Alles ist aufgelöst

Lösungsvorgang. Das Auflösen von Kandiszucker in Wasser lässt sich mit dem *Teilchenmodell* erklären: Wasser und Zucker bestehen aus unterschiedlichen kleinen Teilchen. Im Kandiszucker liegen alle Teilchen dicht nebeneinander und sind an ihre Plätze gebunden. Die Wasserteilchen dagegen können sich frei bewegen. Wird Kandiszucker in Wasser getaucht, so stoßen die Wasserteilchen mit den äußeren Zuckerteilchen zusammen. Die gut beweglichen Wasserteilchen drängen sich auch zwischen die Zuckerteilchen. Dadurch werden die Anziehungskräfte zwischen den Zuckerteilchen geschwächt. Nach und nach können deshalb Zuckerteilchen aus dem Kristall herausgelöst werden. Wenn das Wasser den Kandiszucker vollständig aufgelöst hat, verteilen sich die Zuckerteilchen allmählich gleichmäßig zwischen den Wasserteilchen.

Kristallisation. Lässt man die Zuckerlösung längere Zeit stehen, verdunstet nach und nach das Wasser. Wenn sich eine gesättigte Lösung gebildet hat, entstehen bei weiterer Verdunstung am Boden und am Rand des Gefäßes erste Zuckerkristalle. Diese wachsen immer weiter, bis nach vollständiger Verdunstung des Wassers nur noch die Zuckerkristalle übrig bleiben.

Die Kristallisation entspricht weitgehend einer Umkehrung des Lösungsvorgangs: Beim Verdunsten verlassen einzelne Wasserteilchen die Oberfläche. Je mehr Wasser auf diese Weise verloren geht, umso stärker machen sich die Anziehungskräfte zwischen den Zuckerteilchen bemerkbar. Die Zuckerteilchen ordnen sich wieder regelmäßig nebeneinander zu einem *Kristall* an.

Mischen von Flüssigkeiten. Wenn man 50 ml Wasser mit 50 ml Brennspiritus vermischt, so erwartet man als Ergebnis das doppelte Volumen, also 100 ml. Tatsächlich erhält man aber ein geringeres Volumen. Wie ist das möglich?
Eine Erklärung ergibt sich mithilfe eines **Modellversuchs.** Dabei dienen Erbsen und Senfkörner als Modelle für die kleinsten Teilchen von Spiritus und Wasser. Mischt man 50 ml Erbsen mit 50 ml Senfkörnern, so bleibt auch hier das Gesamtvolumen deutlich unterhalb von 100 ml. Das liegt daran, dass es zwischen den Erbsen noch kleine Hohlräume gibt. Werden Senfkörner dazugemischt, füllt ein Teil von ihnen diese Hohlräume aus. Ähnlich ist es beim Mischen von Spiritus und Wasser: Die kleineren Wasserteilchen füllen zum Teil die Hohlräume zwischen den größeren Spiritusteilchen aus.

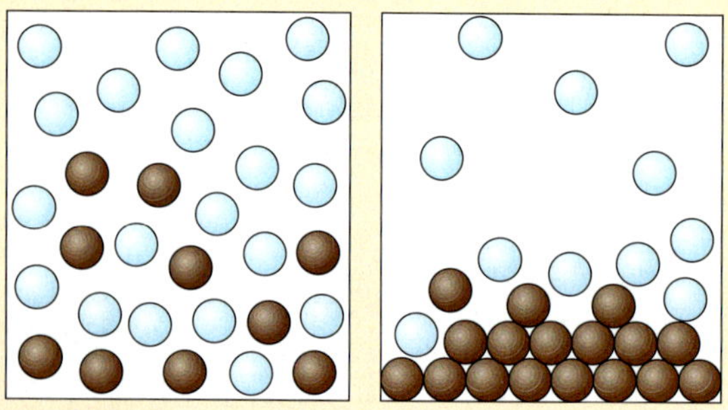

Kristallisation von Zucker

Volumenänderung beim Vermischen

Lösen und Kristallisieren

Züchten von Alaun-Kristallen

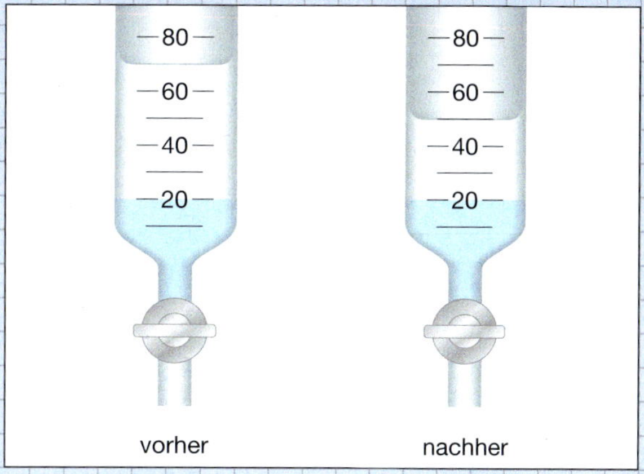

Löslichkeit von Kohlenstoffdioxid in Wasser

V1: Züchten von Alaun-Kristallen

Materialien: 2 Bechergläser (400 ml), Becherglas (100 ml), Filtrierpapier, Trichter, Gasbrenner, Thermometer, dünner Faden (Perlon oder Nähgarn), Glasstab;
Alaun (Kaliumaluminiumsulfat).

Durchführung:

1. Löse 40 g Alaun in 200 ml warmem Wasser. Die Temperatur soll dabei 50 °C nicht überschreiten.
2. Lasse die Lösung auf Zimmertemperatur abkühlen. Dabei kristallisiert ein Teil des Alauns aus.
3. Filtriere die gesättigte Lösung in ein großes Becherglas und stelle die Lösung einige Tage lang an einen kühlen, möglichst gleichmäßig temperierten Ort.
4. Filtriere nach einigen Tagen einen Teil der überstehenden Lösung in das kleine Becherglas. Entnimm einen der zwischenzeitlich gebildeten Kristalle. Befestige ihn an einem Faden und hänge ihn so in die Lösung in dem kleinen Becherglas, dass er ganz eintaucht.
5. Entferne jeweils nach einigen Tagen zusätzliche Kristalle vom Faden.
   Fülle gelegentlich gesättigte Alaun-Lösung gleicher Temperatur aus dem Vorratsgefäß nach.

Aufgaben:

a) Warum kristallisiert über Tage und Wochen immer mehr Alaun aus?
b) Beschreibe und zeichne die Form des Alaun-Kristalls.
c) Wie erklärst du die geraden Kanten, glatten Flächen und gleichen Winkel?

Hinweis: Die Arbeitstechnik Filtrieren wird auf Seite 46 erläutert.

V2: Lösen von Kohlenstoffdioxid in Wasser

Materialien: Kolbenprober mit Hahn (100 ml), Becherglas; Kohlenstoffdioxid.

Durchführung:

1. Lass dir von deiner Lehrerin oder deinem Lehrer einen Kolbenprober mit 50 ml Kohlenstoffdioxid geben.
2. Sauge genau 20 ml Wasser aus dem Becherglas in den Kolbenprober, schließe den Hahn und schüttle den Kolbenprober kräftig. Lies das Gasvolumen erneut ab.

Aufgabe: Berechne die Menge an Kohlenstoffdioxid, die sich in 1 l Wasser lösen würde.

V3: Gleiche Tabletten – verschiedene Gasvolumina?

Materialien: Plastikschale, Standzylinder (200 ml), Deckglas, Folienstift;
zwei Brausetabletten.

Durchführung:

1. Fülle den Standzylinder mit Wasser und decke ihn mit dem Deckglas ab. Stelle den Zylinder mit der Öffnung nach unten in die wassergefüllte Plastikschale. Entferne das Deckglas unter Wasser.
2. Schiebe eine Brausetablette in den Standzylinder. Markiere das Gasvolumen nach vollständiger Auflösung.
3. Gib eine zweite Tablette in den Standzylinder und markiere nach Auflösung erneut das Gasvolumen.

Aufgabe: Erkläre deine Beobachtungen.

Exkurs

Diffusion

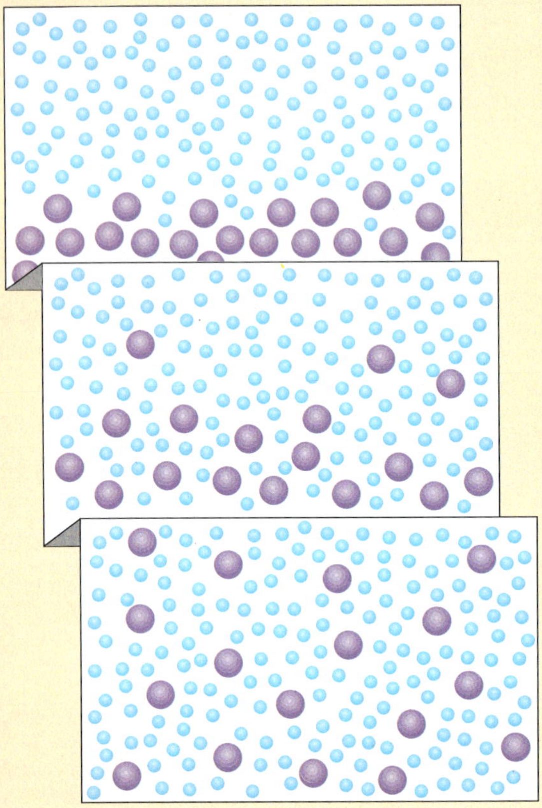

Der Lösungsvorgang von Iod in Alkohol

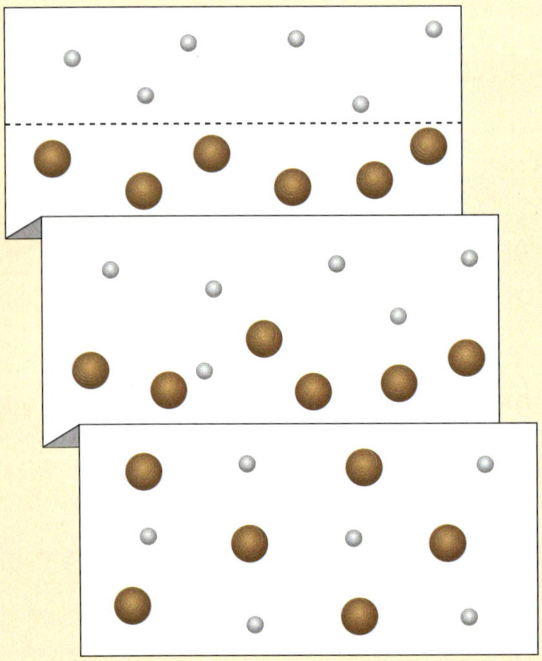

Diffusion von Bromdampf und Luft

Gibt man ein Stück Kandiszucker in ein Glas mit Tee, so bildet sich zunächst am Boden eine konzentrierte Lösung. Meist wird aber gerührt, um den Lösevorgang zu beschleunigen. Der Tee schmeckt dann nach kurzer Zeit einheitlich süß.

Diffusion im Teilchenmodell. Experimente mit Farbstoffen zeigen, dass sich ein gelöster Stoff auch dann gleichmäßig im Lösungsmittel verteilen kann, wenn nicht gerührt wird. Man füllt dazu beispielsweise einen Standzylinder mit Wasser und wirft einige Kristalle eines wasserlöslichen Farbstoffs hinein. Am Boden des Zylinders entsteht dann zuerst eine intensiv gefärbte Schicht. Nach einer Stunde hat sich die Färbung schon merklich ausgebreitet; und nach einigen Tagen ist die gesamte Flüssigkeit einheitlich gefärbt.

Ähnliche Vorgänge spielen auch bei der Ausbreitung von Gasen eine Rolle. Gut beobachten lässt sich das in einem Experiment mit Bromdampf und Luft. Man geht dabei von einem abgedeckten Standzylinder aus, der gleichmäßig mit Bromdampf gefüllt ist. Dann nimmt man den Deckel ab und setzt einen Zylinder darauf, sodass sich der Bromdampf weiter ausbreiten kann. Schon nach einer halben Stunde liegt in beiden Zylindern ein einheitlich gefärbtes Gasgemisch vor.

Solche Mischungsvorgänge, die ohne Einwirkung von außen ablaufen, bezeichnet man als **Diffusion.** Eine Erklärung für die Diffusion ergibt sich aus dem *Teilchenmodell:* Die Teilchen sind ständig in Bewegung. Trotz großer Geschwindigkeit kommen sie aber nur langsam voran, denn schon nach einer Strecke von nur 0,00001 mm stoßen sie mit anderen Teilchen zusammen. Ähnlich wie Billardkugeln ändern sie daher ständig ihre Bewegungsrichtung. Insgesamt gesehen entspricht die Fortbewegung einer unregelmäßigen Zickzacklinie.

1 Die Diffusion bei Gasen verläuft schneller als bei Flüssigkeiten. Begründe mit dem Teilchenmodell.
2 Erkläre, warum sich der Duft eines Parfums in einem Zimmer viel schneller ausbreitet als Bromdampf im beschriebenen Experiment.
3 *Experimentelle Hausaufgaben:*
a) Halte ein Stück Kandiszucker an die Oberfläche eines wassergefüllten Teeglases und lass es nach einiger Zeit fallen.
b) Lege ein rotes Gummibärchen in Wasser. Beobachte über einen längeren Zeitraum und notiere deine Beobachtungen.

2.8 Saure und alkalische Lösungen

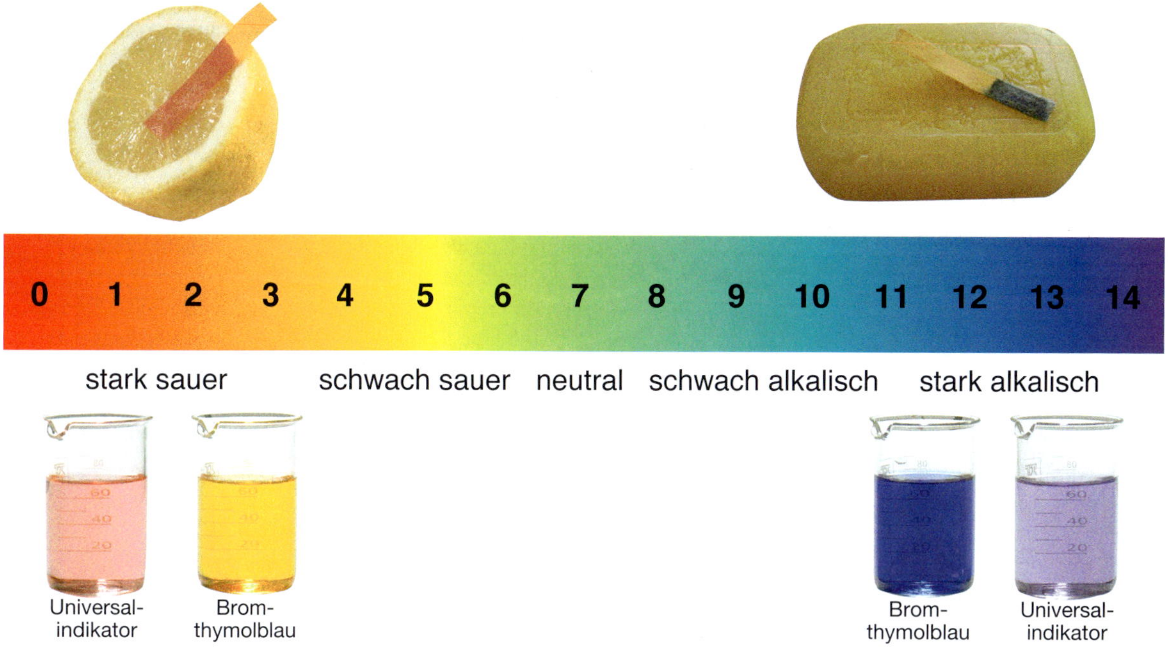

pH-Skala und pH-Werte einiger Lösungen

Essig und Zitronensaft schmecken stark **sauer.** Hat man einmal zu viel Zitronensaft in den Tee geschüttet, gibt man Zucker hinzu, um den unangenehmen Säuregeschmack abzumildern. Der Tee schmeckt dann süß-sauer. Bei der Herstellung vieler Lebensmittel kommt man aber auch ganz ohne Zucker oder Süßstoff aus, wenn die Zutaten zu sauer sind: Man gibt Natronlauge oder Natron als *Säureregulatoren* hinzu. Die Lösungen dieser Stoffe bezeichnet man als **alkalisch.**
Lösungen, die weder sauer noch alkalisch sind, nennt man **neutral.** Beispiele dafür sind Trinkwasser, Kochsalzlösung und Zuckerlösung.

Indikatoren. Kocht man Rotkohl mit sauren Äpfeln oder gibt man Essig dazu, so sieht er hellrot aus. Eine Prise Natron gibt dem Rotkohl eine blaue Färbung. In reinem Wasser behält er seine ursprüngliche rotviolette Farbe. Auch zahlreiche andere Farbstoffe – ähnlich wie der Farbstoff des Rotkohls – zeigen in alkalischen Lösungen eine andere Färbung als in sauren Lösungen. Solche Farbstoffe bezeichnet man als *Indikatoren* (lat. *indicare:* anzeigen).

Im Labor wird besonders häufig eine Lösung von *Bromthymolblau* als Indikator eingesetzt. Alkalische Lösungen werden durch diesen Indikator-Farbstoff blau gefärbt, eine Gelbfärbung zeigt eine saure Lösung an, neutrale Lösungen sind grün.

Universalindikatoren enthalten ein Gemisch aus verschiedenen Indikatorstoffen. Universalindikatoren verwendet man im Labor als Lösung oder als Papier.

Der pH-Wert. Um deutlich zu machen, wie stark sauer oder alkalisch eine Lösung ist, gibt man den pH-Wert an. Die pH-Skala reicht von 0 bis 14. Neutrale Lösungen haben einen pH-Wert von 7, saure Lösungen einen pH-Wert kleiner als 7, alkalische Lösungen haben einen pH-Wert größer als 7.

Indikatoren zeigen durch Farbänderungen an, ob saure, neutrale oder alkalische Lösungen vorliegen.
Der pH-Wert gibt an, wie stark sauer oder alkalisch eine Lösung ist. Der pH-Wert 7 kennzeichnet neutrale Lösungen.

1 Erkläre den Begriff Indikator an einem selbst gewählten Beispiel. Nenne ein weiteres Beispiel für einen Indikator aus dem Alltag.
2 Erkläre, was man unter dem pH-Wert versteht.
3 Der pH-Wert von Kaffee ist 5, der von Seewasser ist etwa 8. Ordne den Lösungen die Begriffe sauer und alkalisch zu.
4 Nenne Vorteile, die ein Universalindikator gegenüber dem Indikator Bromthymolblau bietet.
5 Recherchiere, welche Säuren für den sauren Regen verantwortlich sind. Nimm auch dein Chemiebuch zur Hilfe.

Methode

Wie Naturwissenschaftler arbeiten: Von der Beobachtung zur Theorie

Rotkohl ist manchmal rot und manchmal blau. Beim Kochen wird Rotkohl blau.

Die Farbe ist abhängig von äußeren Bedingungen.

Gibt man ein Stück Apfel in blauen Rotkohl, so tritt die rote Farbe wieder auf.

Frage: Wodurch wird der Farbumschlag bewirkt?

Vermutung: Der Fruchtzucker aus dem Fruchtfleisch des Apfels bewirkt den Farbumschlag.

Experiment: Blauer Rotkohl wird mit Fruchtzucker versetzt.

Beobachtung: Es erfolgt keine Farbänderung.

Schlussfolgerung: Die Vermutung war falsch.

Neue Vermutung: Die Säure aus dem Fruchtfleisch des Apfels bewirkt den Farbumschlag.

Experiment: Blauer Rotkohl wird mit Essig oder mit Zitronensaft versetzt.

Beobachtung: Die Farbe schlägt nach rot um.

Theorie: Saure Stoffe bewirken im Farbstoff des Rotkohls einen Farbumschlag von blau nach rot.

Wir beobachten Vorgänge und Erscheinungen in der Umwelt.

↓

Wir fragen nach den Ursachen der Erscheinungen und vermuten bestimmte Zusammenhänge.

↓

Wir überprüfen die Vermutungen durch Experimente. Dabei beobachten wir die Erscheinungen genau.

↓

Bestätigen die Experimente die Vermutungen nicht, so müssen wir die Vermutungen als falsch ansehen.

Bestätigen die Experimente die Vermutungen, so können wir die Vermutungen als richtig ansehen.

↓

Eine vielfach bestätigte Vermutung wird zu einer Theorie. Mit Hilfe einer Theorie lassen sich Beobachtungen vorhersagen.

Rotkohl oder Blaukraut?

Zerkleinern und Aufkochen

Filtrieren

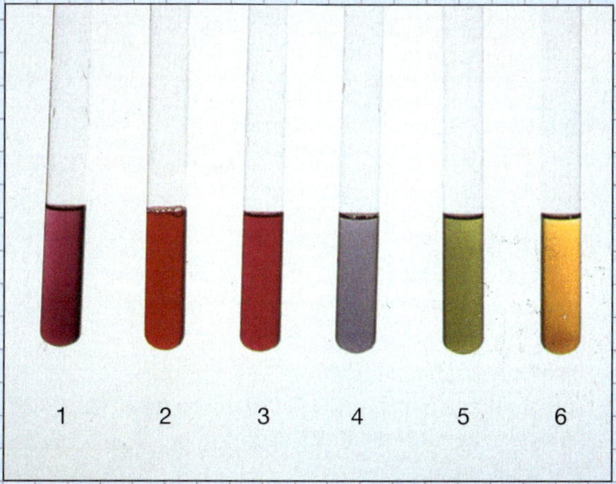

Rotkohlsaft (1). Nach Zugabe von: Essig (2), Zitronensaft (3), Natron (4), Kernseife (5), Natriumhydroxid (6).

V1: Herstellung von Rotkohlsaft

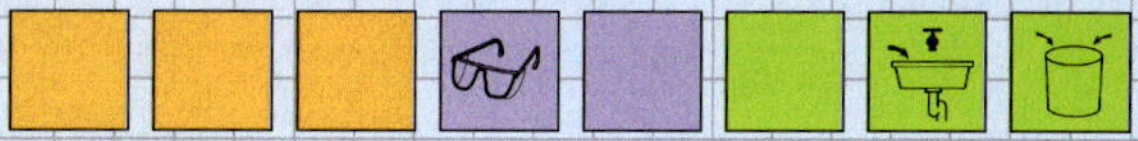

Materialien: Heizplatte, Messer, Becherglas (400 ml, breit), Becherglas (250 ml, hoch), Trichter, Filtrierpapier; Rotkohl.

Hinweis: Geräte, die zu der experimentellen Grundausstattung gehören, werden hier nicht jedes Mal einzeln aufgeführt (Reagenzgläser, Reagenzglashalter, Reagenzglasständer, Spatel, Stativmaterial usw.).

Durchführung:

1. Zerkleinere den Rotkohl und gib die Schnitzel in das große Becherglas.
2. Gib etwa 200 ml Wasser dazu, koche kurz auf und filtriere den Rotkohlsaft ab.

V2: „Rot"kohl contra „Blau"kraut

Materialien: Tropfpipette, Spatel;
Rotkohlsaft, Zitronensaft, Haushaltsessig, Natron (Natriumhydrogencarbonat), Kernseife, Natriumhydroxid (C).

Durchführung:

1. Fülle fünf Reagenzgläser jeweils zu einem Viertel mit Rotkohlsaft.
2. Gib zu der ersten Probe tropfenweise Haushaltsessig, bis sich die Farbe nicht mehr ändert.
3. Versetze die zweite Probe mit Zitronensaft.
4. Gib in die dritte Probe eine Spatelspitze Natron und schüttle. Wiederhole die Natronzugabe, bis sich die Farbe nicht mehr ändert.
5. Gib in die vierte Probe nach und nach kleine Stückchen Kernseife und schüttle jeweils.
6. Gib in die fünfte Probe mit dem Spatel vorsichtig drei Natriumhydroxid-Plätzchen. Das Natriumhydroxid darf dabei nicht mit den Fingern berührt werden. Entsorge die Lösung im Behälter B1.

Experimentelle Hausaufgabe:

1. Untersuche Rotkohlsaft und schwarzen Tee mit folgenden Stoffen: Zitronensaft, Essig, Kernseife, Salz, Zucker, Weißwein.
   Gieße die Lösungen anschließend in den Ausguss.
2. Beschreibe deine Beobachtungen und stelle Vermutungen über die Farbänderungen auf.

Praktikum

Saure und alkalische Lösungen

V1: Der Radieschenindikator

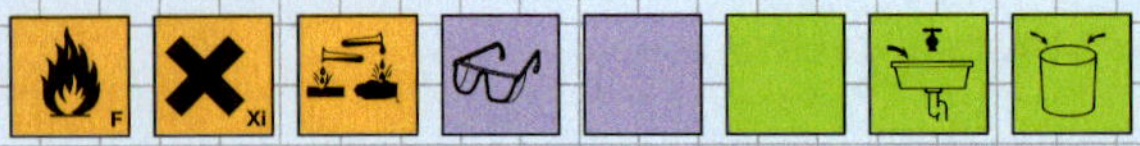

Materialien: Becherglas (100 ml), kleiner Trichter, Filtrierpapier, Tropfflasche (50 ml), Küchenmesser;
5 große Radieschen, Propanol (Xi, F) oder Brennspiritus (F), Salzsäure (verd.), Haushaltsessig, Mineralwasser (kohlensäurehaltig), Leitungswasser, wässerige Lösung von Natriumhydrogencarbonat (Natron), Natronlauge (verd.; C), Universalindikator-Lösung.

Durchführung:

1. Schäle die Radieschen so dünn wie möglich und gib die Schalen in das Becherglas.
2. Gieße so viel Propanol (oder Brennspiritus) in das Becherglas, dass die Schalen gerade bedeckt sind, und lass die Mischung dann mindestens 15 Minuten lang stehen.
3. Filtriere die Farbstofflösung in die Tropfflasche.
4. Fülle in je ein Reagenzglas etwa 2 cm hoch Salzsäure, Essig, Mineralwasser, Leitungswasser, Natriumhydrogencarbonat-Lösung und Natronlauge.
5. Gib in jedes Reagenzglas etwa 10 Tropfen des Radieschenindikators und vergleiche die Farben.
6. Wiederhole Arbeitsschritt 4 und bestimme den pH-Wert der Lösungen mit Universalindikator.

Aufgaben:

a) Notiere deine Beobachtungen bei der Herstellung des Radieschenindikators.
b) Welche Farben nimmt der Radieschenindikator in den einzelnen Lösungen an?
c) Ordne den Farben einen pH-Wert zu.

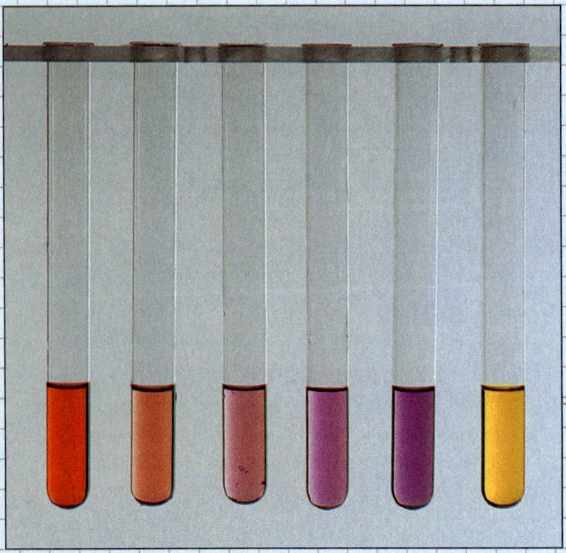

V2: Saure und alkalische Lösungen im Haushalt

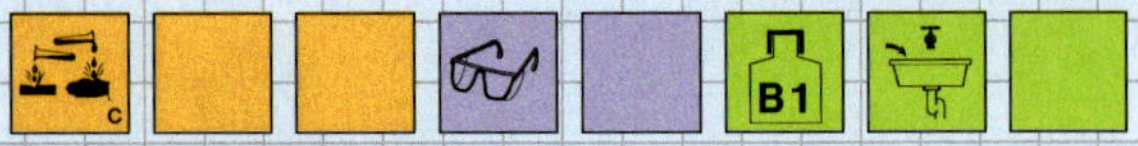

Materialien: Tropfpipette;
Kochsalz, Essig, Zitronensaft, Rhabarbersaft, Buttermilch, Waschpulver, Haushaltsreiniger, Entkalker, Jogurt, Sauerkraut, Natron, Abflussreiniger (C), Bromthymolblau.

Durchführung:

1. Gib jeweils eine kleine Probe in ein Reagenzglas mit 5 ml Wasser und schüttle vorsichtig um.
2. Tropfe in jedes Reagenzglas Bromthymolblau-Lösung und schüttle.

Aufgabe: Notiere deine Ergebnisse in Form einer Tabelle.

V3: Saure und alkalische Lösungen im Wettstreit

Materialien: 2 Tropfpipetten;
Essigsäure (5 %; Xi), Kalkwasser, Bromthymolblau.

Durchführung:

1. Fülle 1 ml Essigsäure in ein Reagenzglas. Gib einige Tropfen Bromthymolblau-Lösung hinzu und schüttle.
2. Füge tropfenweise Kalkwasser hinzu und schüttle nach jeder Zugabe.
3. Gib zu 2 ml Kalkwasser etwas Bromthymolblau-Lösung und tropfe nach und nach Essigsäure zu.

Aufgabe: Notiere und erkläre deine Beobachtungen.

V4: Eigenschaften von Seifen

Materialien: Tropfpipetten, Stopfen;
Universalindikator-Lösung, Kernseife, hautneutrale Seife, Feinseife, Calciumchlorid-Lösung.

Durchführung:

1. Schabe von jeder Seifenart einige Flocken in ein Reagenzglas mit 10 ml Wasser, setze einen Stopfen auf und schüttle stark.
2. Gib Universalindikator hinzu und schüttle.
3. Gib 1 ml Calciumchlorid-Lösung zu 10 ml Wasser. Füge einige Seifenflocken hinzu, setze einen Stopfen auf und schüttle stark.

Aufgabe: Notiere deine Beobachtungen.

Stoffeigenschaften und Teilchenmodell

1. Stoffeigenschaften

Sinneseindrücke. Farbe, Geruch und Geschmack sind Stoffeigenschaften, die man einfach mit den Sinnen wahrnehmen kann. Diese Eigenschaften allein reichen jedoch meist nicht aus, um Stoffe eindeutig zu identifizieren.

Elektrische Leitfähigkeit, Wärmeleitfähigkeit. Metalle, Säuren und Salzlösungen sind elektrisch leitfähig. Porzellan, Glas und viele Kunststoffe leiten den Strom nicht, sie sind Isolatoren. Metalle und Wasser sind gute Wärmeleiter. Kunststoffe leiten die Wärme schlecht.

Dichte. Die Dichte ist der Quotient aus Masse und Volumen einer Stoffportion.

$\text{Dichte} = \frac{\text{Masse}}{\text{Volumen}}$; $\varrho = \frac{m}{V}$; Einheit: $\frac{\text{g}}{\text{cm}^3}$ oder $\frac{\text{g}}{\text{l}}$

Löslichkeit. Viele Stoffe lösen sich im **Lösungsmittel** Wasser. Andere Stoffe sind in Benzin oder Alkohol löslich. Eine Lösung, in der nichts mehr vom gleichen Stoff gelöst werden kann, nennt man **gesättigte Lösung.**

Schmelz- und Siedetemperatur. Reine Stoffe besitzen charakteristische Schmelz- und Siedetemperaturen: Flüchtige Stoffe haben niedrige Schmelz- und Siedetemperaturen, Metalle meist hohe und salzartige Stoffe sehr hohe.
Beim Schmelzen und beim Verdampfen bleibt die Temperatur jeweils konstant. Die dabei aufgenommene Energie bezeichnet man als *Schmelzwärme* beziehungsweise *Verdampfungswärme.*

2. Teilchenmodell

Alle Stoffe bestehen aus unsichtbaren **kleinsten Teilchen.** Die Teilchen verschiedener Stoffe unterscheiden sich in ihrer Größe, ihrer Masse und ihren Anziehungskräften. Mit dieser Vorstellung lassen sich Änderungen der Aggregatzustände sowie Lösungs- und Diffusionsvorgänge erklären.
Als Diffusion bezeichnet man die selbstständige Durchmischung von Stoffen. Ursache ist die Eigenbewegung der Teilchen. Die Diffusion verläuft bei Gasen schneller als bei Lösungen.

3. Aggregatzustand und Teilchenmodell

Aggregatzustand	fest	flüssig	gasförmig
Ordnung der Teilchen	regelmäßige Anordnung	unregelmäßige Anordnung	völlig ungeordnet
Abstand zwischen den Teilchen	Teilchen berühren sich.	Teilchen berühren sich.	Abstand sehr groß
Teilchenbewegung	Teilchen schwingen auf ihren Plätzen.	Teilchen wechseln ihre Plätze.	sehr schnell, ständige Zusammenstöße
Anziehungskräfte zwischen den Teilchen	wirken sehr stark	wirken stark	sind nicht wirksam
Darstellung im Modell	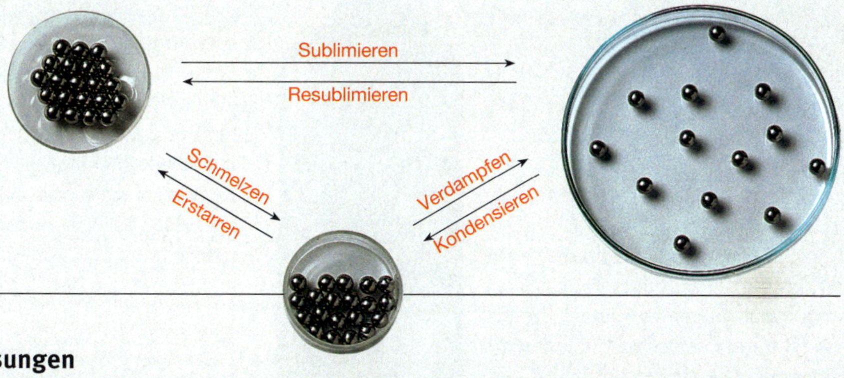		

4. Saure und alkalische Lösungen

Mit Hilfe von Indikatoren lassen sich wässerige saure und alkalische Lösungen nachweisen. Der pH-Wert ist ein Maß, wie stark sauer oder alkalisch eine wässerige Lösung ist. Reines Wasser ist neutral, es hat den pH-Wert 7.

pH-Wert: 0 1 2 3 4 5 6 7 8 9 10 11 12 13 14

stark sauer — schwach sauer — neutral — schwach alkalisch — stark alkalisch

Prüfe dein Wissen

Quiz

A1 a) Erkläre die Begriffe des Fensters.
b) Notiere auf der Vorderseite von Karteikarten den Begriff, auf der Rückseite die Erklärung.

A2 a) Wähle fünf Metalle aus und berechne, welches Volumen jeweils 1 kg des Metalls einnimmt.
b) Nenne zwei Metalle, die in flüssigem Quecksilber schwimmen, und zwei Metalle, die darin versinken.

A3 Ein mit Luft aufgeblasener Fußball wiegt genau 500 g. Wie schwer wird der Ball, wenn weitere fünf Liter Luft dazugepumpt werden?

A4 Erkläre die folgenden Effekte:
a) Hängt man bei Frost nasse Wäsche auf die Leine, so wird sie zunächst hart wie ein Brett. Nach einiger Zeit ist die Wäsche aber dann trocken.
b) An sonnigen Wintertagen wird die Schneedecke auch bei Minusgraden dünner.
c) Bei Frost bildet sich Raureif. Autofahrer müssen daher im Winter häufig vor Fahrtantritt die Scheiben vom Eis befreien.
d) Trockeneis, das in Behältern aufbewahrt wird, hat eine konstante Temperatur von −78 °C.

A5 Die Luft in einer Luftpumpe kann man leicht zusammendrücken, feste Stoffe dagegen nicht. Erkläre mithilfe des Teilchenmodells.

A6 Bei der Zubereitung von Salat breitet sich Essig-Geruch in der Küche aus.
a) Wie kommt es zu der Ausbreitung des Geruchs?
b) Zeichne deine Modellvorstellung der kleinsten Teilchen in Essig-Lösung und im Essigdampf/Luft-Gemisch auf.

Know-how

A7 Im GALILEI-Thermometer sind verschiedene Kugeln enthalten. Die untere der noch schwimmenden Kugeln zeigt die Zimmertemperatur an.
Erkläre, wie die Anzeige funktioniert. Berücksichtige dabei, dass die Dichte von Stoffen mit zunehmender Temperatur abnimmt.

Die wichtigsten Begriffe

- Stoffeigenschaften
- Dichte
- Aggregatzustand, Schmelzen, Erstarren, Sieden, Kondensieren, Sublimieren, Resublimieren
- Schmelztemperatur, Siedetemperatur
- Teilchenmodell, Teilchenbewegung
- Diffusion
- Lösung, Löslichkeit, gesättigte Lösung
- Wärmeleitfähigkeit, elektrische Leitfähigkeit
- pH-Wert
- Indikator

A8 Umfasst man einen „Temperamentmesser" mit der Hand, so sprudelt die Flüssigkeit nach kurzer Zeit nach oben. Bei temperamentvollen Menschen soll das besonders schnell und heftig geschehen. Erkläre die Funktionsweise.

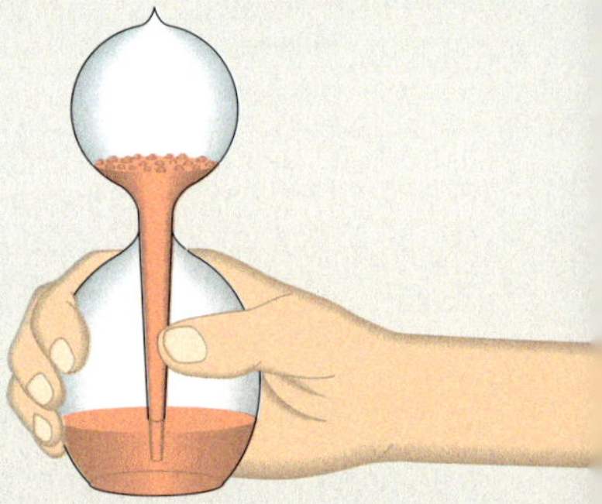

A9 Ein breites, goldfarbenes Armband ist 22 cm lang, 3 cm breit, 2 mm dick und wiegt 118,3 g. Besteht es aus Gold? Wenn nicht: Auf welches Metall (mit Goldüberzug) könnte man aufgrund der Dichte schließen?

Natur – Mensch – Technik

A10 In vielen Haushalten stellt man selbst Mineralwasser her, indem Kohlenstoffdioxid aus einer Stahlpatrone unter Druck in das Leitungswasser eingeblasen wird.
a) Was passiert bei diesem Vorgang mit dem Kohlenstoffdioxid?
b) Warum stellt man häufig die Flasche mit dem Wasser zunächst in den Kühlschrank und leitet das Gas dann in das gekühlte Wasser ein?

A11 Kalte Getränke kann man in der Sonne einige Zeit kühl halten, wenn man die Flasche mit nassem Zeitungspapier umwickelt.
Erkläre diesen Kühleffekt.

A1 Modellexperiment zum Schmelzen und Sieden

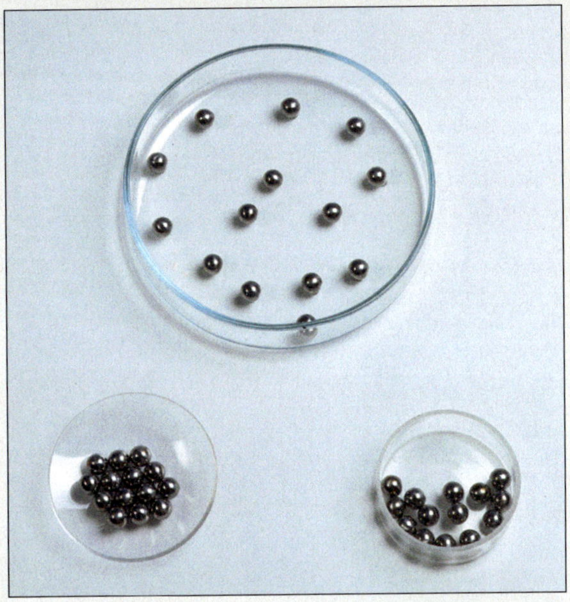

Materialen: kleine, gleich große Kugeln aus Stahl oder Glas, Uhrglas, Petrischale, große Glasschale.

Durchführung:

1. Ordne viele kleine Kugeln symmetrisch auf dem Uhrglas an.
2. Gib die Kugeln aus dem Uhrglas in die Petrischale und bewege die Schale leicht kreisend.
3. Schütte die Kugeln in die große Glasschale und bewege sie heftig hin und her.
4. Gib die Kugeln zurück in die Petrischale.
5. Gib sie schließlich auf das Uhrglas und ordne sie wieder symmetrisch an.

Aufgaben:

a) Erläutere, welche Aggregatzustände und welche Zustandsänderungen in den Arbeitsschritten 1 bis 5 modellhaft dargestellt werden.

b) Nenne zwei weitere Möglichkeiten für den Übergang von einem Aggregatzustand in einen anderen.

c) Entwickle Modellexperimente für diese Zustandsänderungen und führe sie durch.

d) Beschreibe anhand eines selbst gewählten Stoffs, woran sich jeweils der Übergang von einem Aggregatzustand in einen anderen erkennen lässt.

e) Im vorangegangenen Experiment solltest du viele kleine Kugeln auf einem Uhrglas anordnen. Erläutere, warum ein Uhrglas benutzt werden soll. Bedenke dabei, welche Kräfte dargestellt werden sollen. Benutze Fachausdrücke.

A2 Gaspendel schont die Umwelt

Nach genauen Untersuchungen über das Entweichen von Benzindämpfen an Tankstellen kam man um 1988 zu dem Ergebnis, dass in Deutschland jährlich mehr als 50 Millionen Liter Benzin nutzlos verdampfen. Da Benzindämpfe gesundheitsschädlich sind und darüber hinaus die Umwelt gefährden, trat 1990 eine Verordnung des Bundes-Umweltministeriums in Kraft.
Neue Tankstellen mussten danach ab sofort Zapfpistolen verwenden, die während des Tankens die entstehenden Dämpfe absaugen. Bestehende Anlagen wurden innerhalb einiger Jahre nachgerüstet. Zusätzlich wurde auch der Austritt von Benzindämpfen beim Befüllen der Vorratstanks verhindert. Insgesamt lassen sich durch das sogenannte Gaspendelverfahren die Dämpfe zu etwa 85 % zurückhalten.

Aufgaben:

a) Erkläre die Wirkung des Verfahrens beim Nachfüllen des Erdtanks und beim Betanken von Fahrzeugen.

b) Recherchiere, auf welche Gefahren an den Tanksäulen hingewiesen wird. Notiere auch die Sicherheitsratschläge und erläutere sie.

c) Die Vorratstanks einer Tankstelle liegen in der Erde. Erläutere, welche Vorteile und welche Risiken mit der Verwendung solcher Erdtanks verbunden sind.

d) In den Jahren 1992 bis 1995 wurden zahlreiche kleinere Tankstellen stillgelegt. Erläutere, welche Gründe dazu beigetragen haben.

3 Mischen und Trennen

Im Alltagsleben haben wir es nur selten mit reinen Stoffen zu tun. Meist liegen Stoffgemische vor. In vielen Fällen erkennt man sofort einzelne Bestandteile. Das Fruchtfleisch im Orangensaft oder die Gasbläschen in der Limonade sind nicht zu übersehen. Bei klarem Apfelsaft und bei der Milch fällt es dagegen nicht auf, dass es sich um Gemische handelt.

Wenn man Öl aus Oliven oder Farbstoffe und Duftstoffe aus Blüten gewinnen will, müssen die gewünschten Stoffe von den anderen Bestandteilen abgetrennt werden. Es hängt dann von der Art des Gemisches ab, welche Trennverfahren angewendet werden.

Zentrale Fragen:
- In welche Gruppen lassen sich Gemische einteilen?
- Mit welchen Techniken lassen sich Gemische in die Einzelstoffe trennen?
- Welche Eigenschaften der Stoffe nutzt man dabei aus?

3.1 Reinstoffe und Gemische

Zucker – ein Reinstoff

Granit – ein heterogenes Gemisch

Essig – ein homogenes Gemisch

Viele Stoffe aus dem Alltag wie Backpulver, Milch und Schokolade sind keine **Reinstoffe** sondern **Gemische.** Reinstoffe sind nur wenige Stoffe wie beispielsweise Aluminium, Salz und Zucker. Ein **Reinstoff** ist ein Stoff, der aus **einer einzigen Teilchenart** besteht. Der Reinstoff Zucker beispielsweise besteht nach dem Teilchenmodell nur aus unsichtbar kleinen Zucker-Teilchen, der Reinstoff Aluminium nur aus Aluminium-Teilchen.

Es ist allgemein unmöglich, absolut reine Stoffe herzustellen. Sie enthalten immer einen geringen Anteil von Teilchen anderer Stoffe. Wenn man von einem *Reinstoff* spricht, meint man also einen Stoff, der so rein ist, dass die Verunreinigungen die typischen Eigenschaften des Reinstoffs nicht merklich verändern.

Heterogene Gemische. Im Rohrreiniger sind die verschiedenen Bestandteile schon mit bloßem Auge zu erkennen. Mit etwas Geduld kann man dieses Gemisch durch Aussortieren in die drei Reinstoffe zerlegen: Aluminium, Natriumhydroxid und Natriumnitrat. Sehr deutlich lassen sich im Granitgestein die einzelnen Bestandteile erkennen: die glänzenden Blättchen des Glimmers, den farblosen Quarz und den meist gelblichen oder rötlichen Feldspat. Feldspat, Quarz und Glimmer sind Reinstoffe.
Granit und Rohrreiniger sind Beispiele für *heterogene Gemische*. Das altgriechische Wort „heteros" bedeutet „verschiedenartig". Bei den heterogenen Gemischen kann man sehen, dass das Gemisch aus zwei oder mehreren Reinstoffen zusammengesetzt ist.

Homogene Gemische. Bei vielen anderen Gemischen kann man die einzelnen Bestandteile selbst mit dem Mikroskop nicht mehr unterscheiden. Meerwasser oder Essig sehen auch bei *stärkster* Vergrößerung völlig einheitlich aus. Das gilt auch für Gemische wie Weißgold, Traubensaft oder Luft. Solche einheitlichen Mischungen bezeichnet man als *homogene Gemische*. Das griechische Wort „homos" kann man mit „gleichartig" oder „gleich" übersetzen.

Stoffe werden in Reinstoffe und Gemische eingeteilt. Bei den Gemischen unterscheidet man heterogene und homogene Gemische. In heterogenen Gemischen kann man die einzelnen Bestandteile erkennen. In homogenen Gemischen sieht man selbst mit einem Mikroskop keine einzelnen Bestandteile.

1 Nenne je drei Beispiele für homogene und für heterogene Gemische.
2 Unterscheide bei den folgenden Stoffen zwischen Reinstoff und Gemisch: Sonnenblumenöl, wasserfestem Sonnenöl, trübem Apfelsaft, Tee, Zucker, und Schmuckgold.
3 Zeichne im Teilchenmodell einen Reinstoff und ein Gemisch.
4 Informiere dich über die Bestandteile eines Haarshampoos, einer Zahnpasta, einer Limonade und einer Tafel Schokolade.
5 500 g Speisesalz kosten weniger als 0,50 €. 500 g Natriumchlorid zur Analyse kosten im Chemikalienhandel 12,40 €. Für die gleiche Menge der reinsten Form, Natriumchlorid 99,99 Suprapur, muss man sogar 239 € bezahlen. Erkläre die Preisunterschiede.
6 Das abgebildete Etikett einer Chemikalienflasche zeigt, dass das zur Analyse verwendete Natriumchlorid noch einige Verunreinigungen enthält. Bei dem sehr teuren Natriumchlorid 99,99 Suprapur ist die Liste der in sehr geringen Mengen vorkommenden Stoffe noch sehr viel länger. Nenne einen Grund.

Natriumchlorid zur Analyse	
Bromid	‹ 0,005 %
Iodid	‹ 0,001 %
Sulfat	‹ 0, 001 %
Kalium	‹ 0,005 %
Kupfer	‹ 0,005 %
Calcium	‹ 0,002 %
Eisen	‹ 0,0001 %
Blei	‹ 0,005 %
Arsen	‹ 0,00004 %

3.2 Einteilung von Gemischen

Reinstoffe lassen sich auf vielfältige Weise miteinander vermischen. Je nach Aggregatzustand der beteiligten Reinstoffe verwendet man unterschiedliche Bezeichnungen für das Gemisch.

Heterogene Gemische. Uneinheitlich zusammengesetzte Gemische aus festen Stoffen werden als **Gemenge** bezeichnet. So ist Gartenerde ein Gemenge aus verschiedenen festen Bodenbestandteilen wie Sand, Ton und Humus.

Sind feste Stoffe in Wasser aufgeschlämmt, spricht man von einer **Suspension.** Größere und kleinere Partikel des Feststoffes sind dabei in einer Flüssigkeit verteilt. Suspensionen entmischen sich relativ schnell. Schüttelt man eine Flasche mit Orangensaft, so setzt sich das Fruchtfleisch nach kurzer Zeit wieder am Boden ab.

Wasser und Öl lassen sich nur sehr schlecht mischen. Zunächst schwimmt das Öl auf dem Wasser. Erst wenn man kräftig schüttelt, verteilt sich das Öl in feinen Tröpfchen gleichmäßig im Wasser. Es bildet sich eine **Emulsion.** Lässt man diese Emulsion eine Weile stehen, entmischen sich die Bestandteile wieder.
Milch ist eine über längere Zeit stabile Emulsion feiner Fetttröpfchen in Wasser. Sie enthält von Natur aus *Emulgatoren,* die eine Entmischung verhindern. Um auch andere Emulsionen wie Salben oder Cremes zu stabilisieren, setzt man bestimmte Stoffe als Emulgatoren zu.
Milch ist ein Beispiel für eine *Öl-in-Wasser-Emulsion*. Sind dagegen Wassertröpfchen im Öl verteilt, liegt eine *Wasser-in-Öl-Emulsion* vor. Ein Beispiel dafür ist wasserfestes Sonnenöl.

Unter **Rauch** versteht man ein Gemisch von Feststoffpartikeln und einem Gas. Beispiele für solche Gemische sind Dieselabgase mit feinen Rußpartikeln und Staubwolken in der Luft.
Sind feinste Flüssigkeitströpfchen in einem Gas verteilt, spricht man von einem **Nebel.** Im normalen Sprachgebrauch werden aber Rauch und Nebel nicht immer unterschieden. Oft sind auch gleichzeitig feste und flüssige Bestandteile in einem Gas fein verteilt. Fachleute sprechen dann von einem **Aerosol.** Ein Beispiel ist Zigarettenrauch: Neben festen Bestandteilen enthält er überwiegend Flüssigkeitströpfchen.

Ist ein gasförmiger Stoff in einer Flüssigkeit oder in einem Feststoff verteilt, spricht man von einem **Schaum.** Beispiele dafür sind Seifenschaum und Schaumstoffe.

Homogene Gemische. Aus verschiedenen Gasen bildet sich immer ein homogenes Gemisch. Das bekannteste **Gasgemisch** ist die Luft, in der neben Sauerstoff und Stickstoff noch viele andere Gase enthalten sind.

Gemische, die man durch das Zusammenschmelzen verschiedener Metalle erhält, bezeichnet man als **Legierungen.** Meist handelt es sich dabei um homogene Feststoffgemische. Zu den bekanntesten Legierungen gehören Schmuckgold, Messing und Bronze. Messing ist eine Kupfer/Zink-Legierung. Bronze enthält neben Kupfer noch Zinn. Quecksilberhaltige Legierungen bezeichnet man allgemein als *Amalgame*. Das als Zahnfüllung verwendete Amalgam enthält neben Quecksilber und Silber auch Kupfer und Zinn.

Alle anderen homogenen Gemische werden als **Lösungen** bezeichnet. Im Meerwasser sind feste Salze in Wasser gelöst und im Sprudel gasförmiges Kohlenstoffdioxid. Im Wein ist es flüssiger Alkohol. Gase können sich sogar in Feststoffen lösen. So lösen sich in dem Edelmetall Palladium große Mengen an Wasserstoff-Gas und können auf diese Weise gespeichert werden.

Gemenge, Emulsionen, Suspensionen, Schäume und Aerosole sind Beispiele für heterogene Gemische. Gasgemische, Legierungen und Lösungen gehören zu den homogenen Gemischen.

1 Erkläre den Unterschied zwischen Schaum und Nebel.
2 a) Zeichne das Gemisch Luft im Teilchenmodell.
b) Erkläre, warum Gasgemische immer homogen sind.
3 Übertrage die Tabelle in dein Heft und vervollständige sie. Trage die Begriffe für die verschiedenen Gemischtypen ein. Finde für jeden Begriff ein neues Beispiel.

	fest/fest	fest/flüssig	fest/gasförmig	...
homogenes Gemisch				
Beispiel				
heterogenes Gemisch				
Beispiel				

4 Ordne die folgenden Gemische einem Gemischtyp zu: Mayonnaise, Orangensaft, Bronze, Sandstein, Pfützenwasser.
5 *Experimentelle Hausaufgabe:*
Schüttele die folgenden Stoffe jeweils mit Wasser: Mehl, Zucker, Brennspiritus, Öl, Zahnpasta, Waschpulver.
a) Erkläre, welche Gemischtypen entstehen.
b) Stelle eines der entstandenen Gemische im Teilchenmodell dar.

Heterogene Gemische …

Feststoff und Feststoff

Granit: ein **Gemenge**

Feststoff und Flüssigkeit

Wasserfarbe: eine **Suspension**

Flüssigkeit und Flüssigkeit

Milch: eine **Emulsion**

Gas und Feststoff

Grillfeuer: ein **Rauch**

Gas und Flüssigkeit

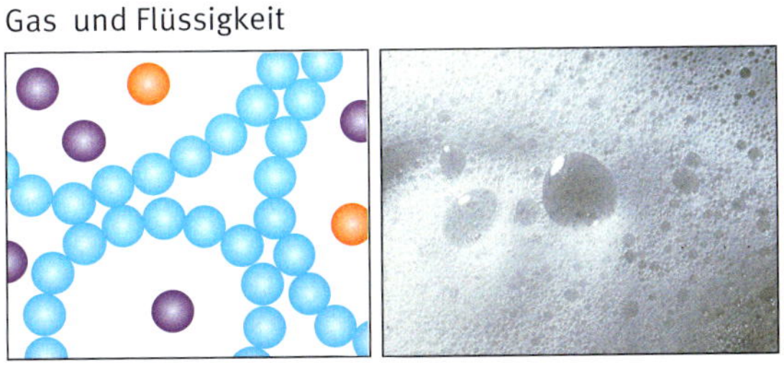

Schaum: Luft in einer Flüssigkeit

… und homogene Gemische

Feststoff und Feststoff

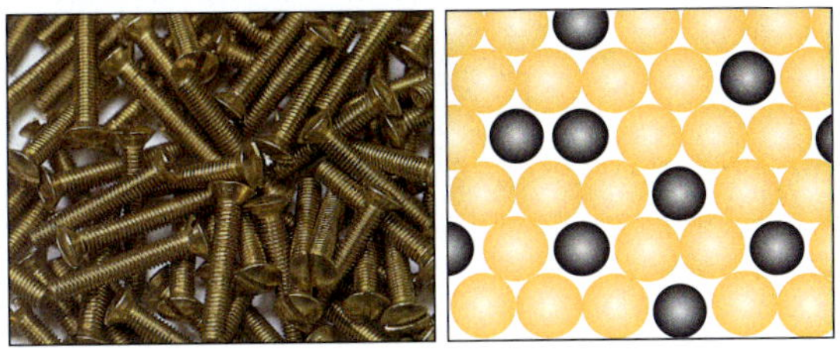

Messing: eine **Legierung**

Feststoff und Flüssigkeit

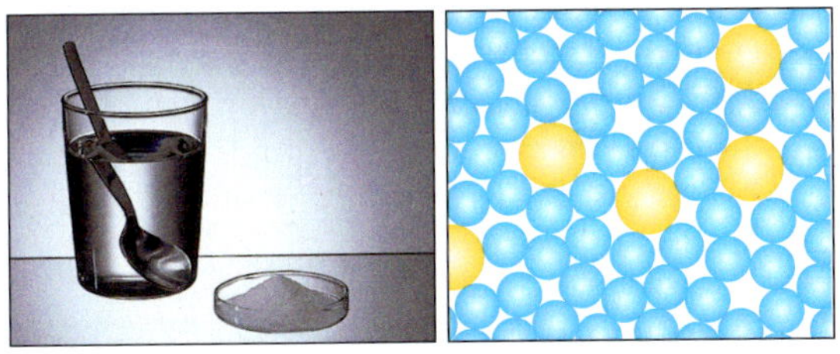

Zuckerwasser: eine **Lösung**

Flüssigkeit und Flüssigkeit

Branntwein: eine **Lösung**

Gas und Feststoff

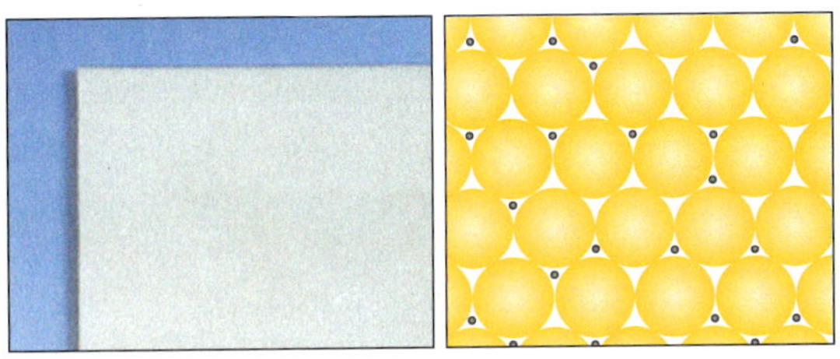

Wasserstoff/Platin: eine **Lösung**

Gas und Flüssigkeit

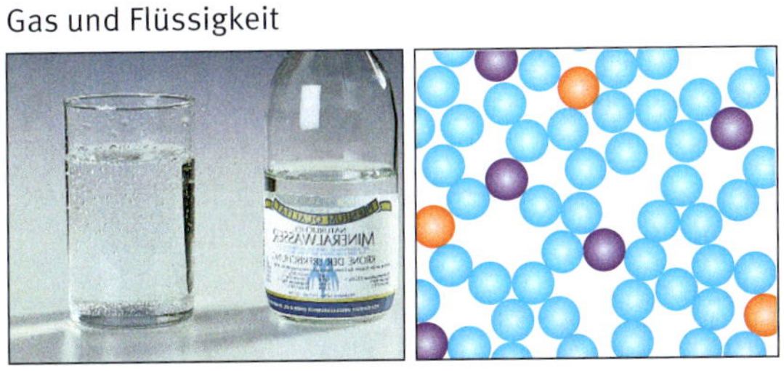

Sprudel: eine **Lösung**

Trennverfahren

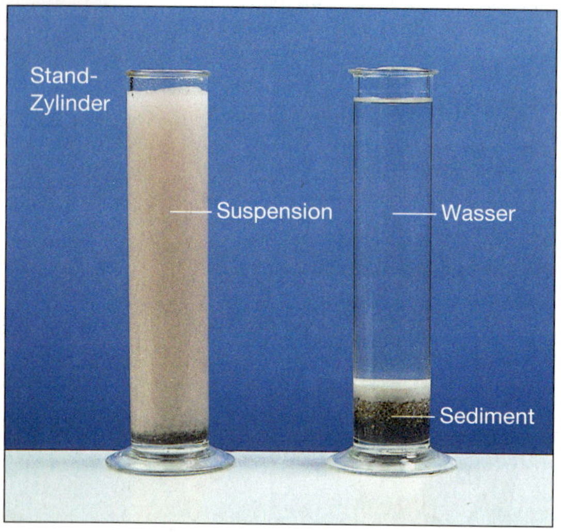

Sedimentieren. Aus einer Suspension lässt sich der Feststoff durch *Sedimentation* von der Flüssigkeit trennen. Der Feststoff muss dazu eine größere Dichte als die Flüssigkeit haben. Nachdem sich der Feststoff abgesetzt hat, kann man die Flüssigkeit vorsichtig abgießen.

Trennprinzip: Unlösliche Feststoffe haben meist eine höhere Dichte als die Flüssigkeit. Aufgrund der Schwerkraft sinken sie deshalb nach unten. Die Absetzgeschwindigkeit hängt dabei von der Dichte und Größe der Feststoffpartikel ab. Das Verfahren lässt sich nur anwenden, wenn die Dichte des Feststoffs wesentlich größer ist als die Dichte der Flüssigkeit. Sehr kleine Teilchen setzen sich nur langsam ab.

Beispiel: Mechanische Klärung von Wasser im Absetzbecken einer Kläranlage.

Filtrieren. Eine andere häufig eingesetzte Methode, um bei einer Suspension Feststoff und Flüssigkeit zu trennen, ist die *Filtration*. Dazu müssen die Poren im Filter kleiner sein als die Feststoffpartikel.

Trennprinzip: Die kleinsten Teilchen von Flüssigkeiten und von gelösten Stoffen sind wesentlich kleiner als die Filterporen. Sie gelangen durch den Filter und bilden das klare *Filtrat*. Die ungelösten Feststoffpartikel dagegen bestehen aus sehr vielen fest zusammenhängenden Teilchen. Die Partikel sind so groß, dass sie nicht durch die Poren des Filters passen. Sie bleiben deshalb als Rückstand auf der Filteroberfläche zurück.

Beispiel: Filtrieren von Kaffee.

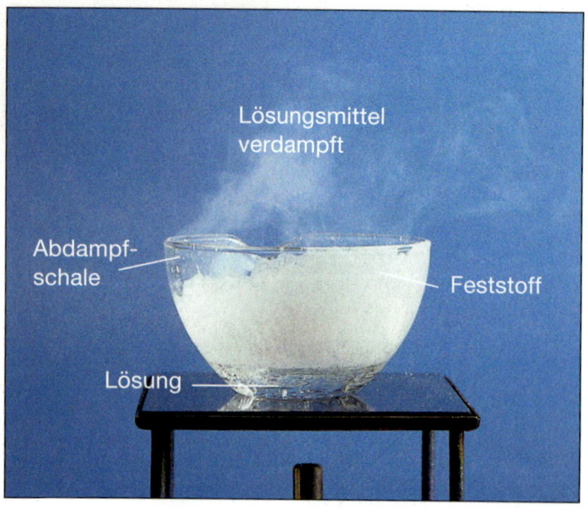

Eindampfen. Aus der Lösung eines Feststoffs kann ein Feststoff durch *Eindampfen* von Lösungsmitteln abgetrennt werden.

Trennprinzip: Beim Erhitzen verdampft zunächst das Lösungsmittel, denn seine Siedetemperatur ist wesentlich niedriger als die des gelösten Stoffs. Die Konzentration des gelösten Stoffs steigt deshalb allmählich an, bis sich die kleinsten Teilchen des Feststoffs wieder zu Kristallen zusammenlagern.

Beispiel: Gewinnung von Salz aus Meerwasser.

Destillieren. Aus einer Lösung zweier Flüssigkeiten lässt sich die Flüssigkeit mit der niedrigeren Siedetemperatur durch *Destillation* abtrennen. Die Siedetemperaturen der beiden Flüssigkeiten müssen sich deutlich unterscheiden.

Trennprinzip: Wenn eine Lösung siedet, verdampft zuerst der Stoff mit der niedrigeren Siedetemperatur. Er kondensiert im Kühler und wird in der Vorlage aufgefangen. Enthält die Lösung zwei Flüssigkeiten mit ähnlichen Siedetemperaturen, so ist auch der Dampf ein Gemisch aus beiden Stoffen. Allerdings ist der Anteil des Stoffs mit der niedrigeren Siedetemperatur im Dampf größer als in der Lösung. Bricht man die Destillation nach einiger Zeit ab, so ist der leichter verdampfbare Stoff im Destillat angereichert.

Beispiel: Gewinnung von Branntwein aus Wein.

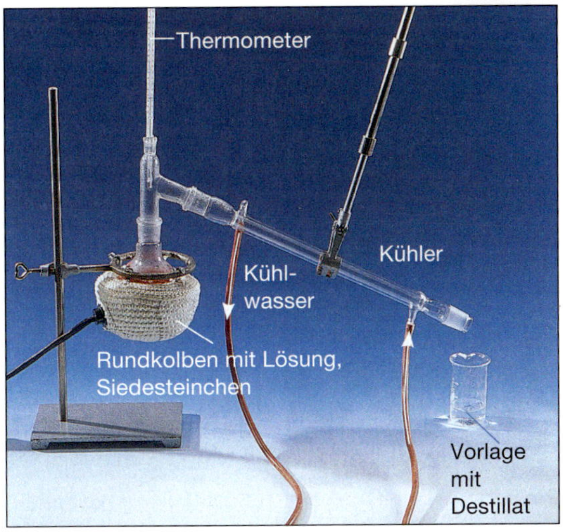

Extrahieren. Häufig lässt sich aus der Mischung zweier Feststoffe ein Feststoff durch *Extraktion* abtrennen. Die Löslichkeiten der beiden Feststoffe müssen sich im Lösungsmittel deutlich unterscheiden. Das Lösungsmittel nennt man in diesem Fall *Extraktionsmittel.*

Trennprinzip: Ein Feststoff löst sich in dem Extraktionsmittel, während der andere abfiltriert werden kann. Anschließend dampft man das Lösungsmittel ab. Auch aus einer Lösung lässt sich ein Stoff extrahieren, wenn er in einem anderen Lösungsmittel besser löslich ist. Dieses Extraktionsmittel darf aber mit der Lösung nicht mischbar sein. Schüttelt man die Lösung mit dem Extraktionsmittel, dann wandert der Stoff in die Flüssigkeit, in der er sich am besten löst.

Beispiel: Teebereitung (Extraktionsmittel: Wasser), Herstellung von alkoholischen Pflanzenauszügen.

Chromatografieren. Stoffgemische lassen sich durch *Chromatografie* in die Reinstoffe zerlegen. Dazu müssen die zu trennenden Stoffe in einem Lösungsmittel, dem *Fließmittel,* löslich sein.

Trennprinzip: Bei der Papierchromatografie wird das Stoffgemisch auf ein saugfähiges Papier als Trägermaterial aufgetragen. Man stellt das Papier in das Fließmittel. Das Fließmittel steigt durch die feinen Poren des Papiers auf. Dabei wird das Stoffgemisch gelöst und mitgenommen. Je nach Stoffart werden die kleinsten Teilchen vom Papier unterschiedlich stark zurückgehalten. Sie wandern verschieden schnell und es bilden sich Zonen, die nur Teilchen eines Stoffs enthalten.

Beispiele: Trennung von Blatt- und Tintenfarbstoffen.

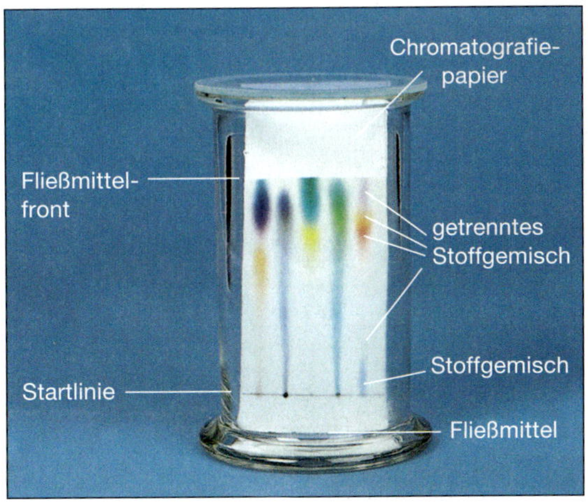

Exkurs

Kaffeeherstellung – ein technisches Trennverfahren

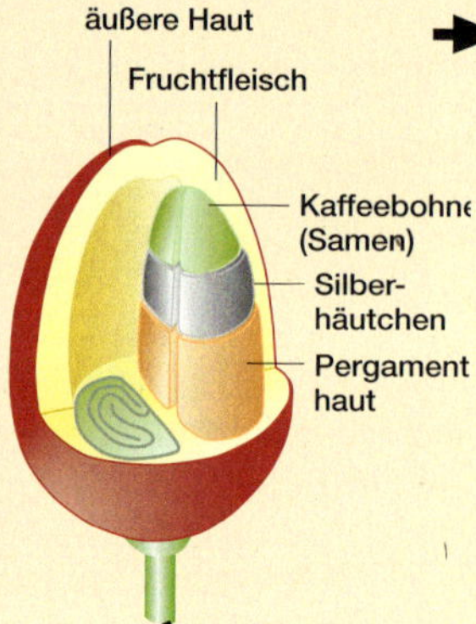

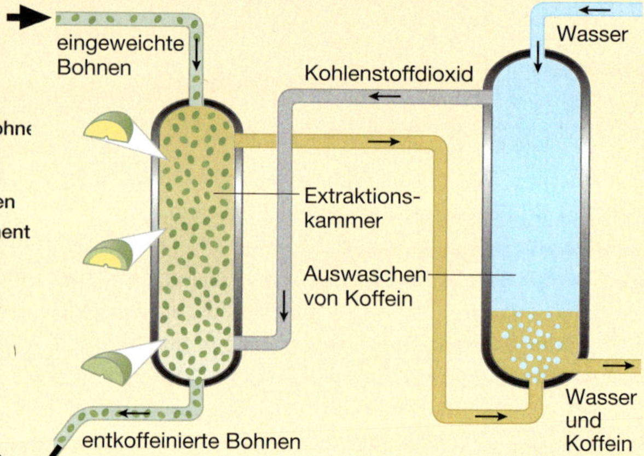

Die Hauptanbaugebiete der Kaffeepflanze liegen in Südamerika und Südostasien. Nach der Ernte werden Haut und Fruchtfleisch der Kaffeefrüchte entfernt. Die Kaffeekirschen werden in der Sonne getrocknet und dann geschält. Der so hergestellte *Rohkaffee* wird nun in die Verbraucherländer verschifft und dort geröstet. Bei 200 °C bis 250 °C dauert das Rösten etwa zehn Minuten. Dabei färben sich die Bohnen dunkelbraun und das typische Aroma des Kaffees entfaltet sich.

Bei der Herstellung von **magenschonendem Kaffee** wird den noch grünen Bohnen ein Teil der magenreizenden Stoffe mit einem Lösungsmittel und mit heißem Wasserdampf entzogen.

RÖSTEN → MAHLEN

Viele Menschen vertragen nur **koffeinfreien Kaffee.** Um den Kaffee zu entkoffeinieren wird das Koffein aus dem Rohkaffee herausgelöst. Die neueste Technik wendet Kohlenstoffdioxid als Extraktionsmittel an. Unter hohem Druck löst flüssiges Kohlenstoffdioxid Koffein heraus, ohne die Aromastoffe zu entfernen. Das gelöste Koffein wird mit Wasser aus dem Kohlenstoffdioxid ausgewaschen.

In einem anderen Verfahren werden die Bohnen mit heißem Wasser extrahiert. Wasser als Lösungsmittel ist zwar preiswerter, bei der hohen Temperatur gehen aber Aromastoffe verloren.

Das anfallende Koffein lässt sich zur Herstellung von Erfrischungsgetränken und Arzneimitteln nutzen.

Um **löslichen Kaffee** herzustellen, wird der Kaffee-Extrakt unter Druck mit 180 °C heißem Wasser aus den gerösteten und zerkleinerten Bohnen herausgelöst. Diese Lösung wird zunächst auf die Hälfte eingeengt. Das restliche Wasser wird schonend entfernt: Bei der *Sprühtrocknung* rieselt der Kaffee-Extrakt von oben in Trockentürme. Von unten wird Heißluft eingeblasen. Die *Gefriertrocknung* ist noch schonender. Der Kaffee-Extrakt wird eingefroren. Unter vermindertem Druck sublimiert das gefrorene Wasser und schlägt sich an kälteren Teilen der Apparatur als Raureif nieder. Zurück bleibt löslicher Kaffee.

Gewinnung von löslichem Kaffee:

Extraktion
⇩
Einengen
⇩
Sprühtrocknen oder Gefriertrocknen

1 Gib die Trennvorgänge an, die beim Kaffeekochen ablaufen.

2 Nenne die Unterschiede von koffeinfreiem Kaffee und Schonkaffee.

3 Beim Gefriertrocknen bleiben die Aromastoffe besser erhalten als beim Sprühtrocknen. Begründe.

4 Erläutere die Aussage: „Unter vermindertem Druck sublimiert das gefrorene Wasser.“

Doping-Kontrolle – eine Anwendung der Chromatografie

Exkurs

Doping-Kontrollen im Leistungssport werden seit den Olympischen Spielen in Mexiko 1968 durchgeführt. In der Regel werden die Erstplatzierten und weitere, nach dem Zufallsprinzip ausgewählte Teilnehmer kontrolliert. Die Sportler müssen sich innerhalb einer Stunde nach Ende des Wettkampfes in der Doping-Kontrollstelle einfinden. Dort müssen sie zwei Urinproben abgeben, die so genannte A-Probe und die B-Probe. Beide Proben werden versiegelt und mit einer Codenummer versehen ins Labor gegeben. Ist die A-Probe positiv, so wird der Sünder über die Codenummer ermittelt und dann über das Ergebnis informiert. Erst dann wird auch die B-Probe untersucht. Bestätigt sich dabei die Analyse der A-Probe, so wird der Dopingsünder – meist für mehrere Jahre – für Wettkämpfe gesperrt.
Die Laboranalyse der Doping-Proben erfolgt nach vorgegebenen Analyseverfahren. Im Mittelpunkt stehen dabei *chromatografische Verfahren*. Dabei handelt es sich um eine moderne Trenn- und Analysetechnik, mit der man kleinste Mengen eines Stoffes aus einem Gemisch abtrennen und identifizieren kann.

Prinzip der Chromatografie. Grundlage der Chromatografie ist ein Wechselspiel von Adsorbierbarkeit und Löslichkeit der zu trennenden Stoffe: Man benötigt ein geeignetes Adsorptionsmittel, an dem die Bestandteile unterschiedlich gut adsorbiert werden, und ein Lösungsmittel, in dem sich die zu trennenden Stoffe unterschiedlich gut lösen.
Das zu trennende Gemisch wird auf das Adsorptionsmittel aufgetragen. Anschließend strömt das Lösungsmittel über die Stoffprobe. Die Bestandteile, die nicht sehr fest absorbiert sind und sich am besten in dem Lösungsmittel lösen, werden dabei mitgeschwemmt. Die Bestandteile, die sehr fest adsorbiert sind und schlecht löslich sind, bleiben dagegen zurück. Auf diese Weise werden die Bestandteile des Gemischs getrennt.

Papier-Chromatografie. Im einfachsten Fall benutzt man bei der Chromatografie als Adsorptionsmittel saugfähiges Papier und als Lösungsmittel Wasser. Mit diesem einfachen Verfahren lassen sich beispielsweise schwarze Tinte und auch manche Filzstift-Farben trennen. In der Praxis hat die Papier-Chromatografie allerdings kaum noch Bedeutung.

Gel-Chromatografie. Heute steht eine große Palette chromatografischer Verfahren zur Verfügung. Bei der Gel-Chromatografie benutzt man anstelle des Adsorptionsmittels eine gelartige Substanz mit Poren ganz bestimmter Größe, in die sich die Teilchen der zu trennenden Stoffe unterschiedlich gut einlagern können.
Das Gel wird in eine senkrecht stehende Röhre eingefüllt, das zu trennende Gemisch wird von oben auf die so vorbereitete *Chromatografie-Säule* gegeben. Mit Wasser oder einem anderen Lösungsmittel wird dann die Probe durch die Säule „gespült". Da sich die Teilchen der einzelnen Mischungsbestandteile unterschiedlich gut in die Poren des Gels einlagern und auch unterschiedlich schnell von dem Lösungsmittel herausgewaschen werden, kommen die einzelnen Bestandteile der Probe nacheinander am unteren Ende der Säule an. Dort können sie dann einzeln entnommen werden.
Auf diese Weise können bei der Doping-Kontrolle einzelne Stoffe aus der Urin-Probe isoliert und dann identifiziert werden.

Die Gel-Chromatografie besitzt auch in der Biochemie eine besondere Bedeutung, denn hier hat man häufig Teilchen ganz unterschiedlicher Größe. Insgesamt sind chromatografische Verfahren aus allen Bereichen der analytischen Chemie nicht mehr wegzudenken. Ihr Einsatz reicht von der Lebensmittelkontrolle über die Umweltanalytik bis zur Entwicklung neuer Arzneimittel und zur Früherkennung angeborener Stoffwechselerkrankungen bei Neugeborenen.

Dopingverdacht im Radsport

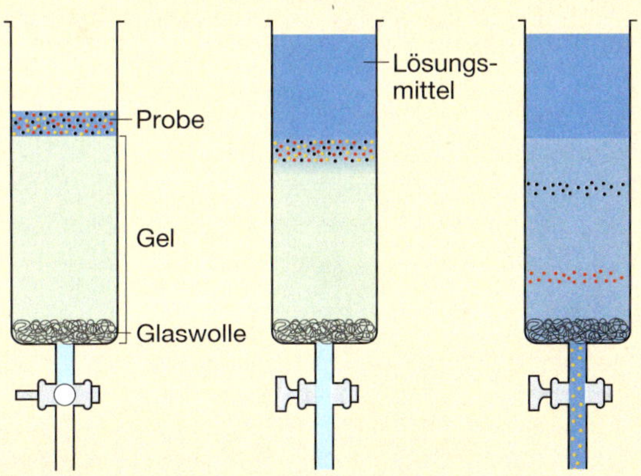

Schema einer Gel-Chromatografie

Praktikum

Trennung von Gemischen

V1: Ermittlung des Gehalts gelöster Stoffe in verschiedenen Wasserproben

Materialien: Abdampfschale, Dreifuß mit Drahtnetz, Waage, Messzylinder (100 ml), Gasbrenner, Tiegelzange, Glasplatte;
Mineralwasser, Leitungswasser, Meerwasser, destilliertes Wasser.

Durchführung:

1. Wiege die leere Abdampfschale.
2. Gib 100 ml einer Wasserprobe in die Abdampfschale und erhitze vorsichtig, bis das gesamte Wasser verdampft ist. Halte zwischendurch mit einer Klammer eine Glasplatte schräg über die Abdampfschale.
3. Lasse die Abdampfschale abkühlen und wiege sie dann erneut.
4. Wiederhole den Versuch mit den anderen Wasserproben.

Aufgaben:

a) Notiere deine Beobachtungen.
b) Berechne den Gehalt der ursprünglich gelösten Stoffe in Gramm pro Liter.

V2: Destillieren von Rotwein

Materialien: Gasbrenner, Messzylinder, Siedesteinchen, Rundkolben mit Ansatz und durchbohrtem Stopfen, Thermometer, Kühler, Becherglas;
Rotwein.

Durchführung:

1. Miss mit einem Messzylinder 100 ml Rotwein ab, gieße ihn in einen Rundkolben und gib einige Siedesteinchen hinzu.
2. Baue eine Destillationsapparatur auf. Orientiere dich dabei an der Abbildung auf Seite 47!
3. Erhitze den Wein, bis die Temperatur etwa 100 °C beträgt. Lies alle 30 Sekunden die Temperatur ab und notiere die Messwerte.

Aufgaben:

a) Stelle deine Messwerte in einem Zeit/Temperatur-Diagramm grafisch dar.
b) Werte deine Beobachtungen aus.
c) Vergleiche deine Ergebnisse mit denen deiner Mitschüler.
d) Erkläre, warum man den unteren Anschluss des Kühlers mit der Wasserzufuhr verbinden muss.

V3: Chromatografie von Lebensmittelfarben

Materialien: Becherglas (100 ml), Becherglas (400 ml), Holzstäbchen, Kapillarröhrchen, Chromatografie-Papier (5 cm × 10 cm), Föhn, Tropfpipette, Messzylinder;
Schokodragees gleicher Farbe (braun oder grün).

Durchführung:

1. Gib zwei Schokodragees gleicher Farbe in ein Reagenzglas mit 1,5 ml Wasser und schüttle vorsichtig, bis sich der Farbstoffüberzug gelöst hat.
2. Dekantiere die Farbstoff-Lösung in ein zweites Reagenzglas.
3. Tauche das Kapillarröhrchen in die Farbstoff-Lösung und tupfe 2 cm vom unteren Rand einen Farbstofffleck auf das Chromatografie-Papier. Trockne den Fleck mit einem Föhn. Wiederhole das Auftragen der Probe noch dreimal.
4. Gib 10 ml Wasser in das Becherglas. Hänge dann den Papierstreifen hinein, sodass mithilfe des Holzstäbchens das Ende in das Wasser taucht.
5. Stülpe das große Becherglas über die Versuchsanordnung.

Aufgaben:

a) Notiere deine Beobachtungen.
b) Überlege dir, aus welchem Grund das Chromatografie-Papier in Schritt 3 zuerst getrocknet werden muss.
c) Ein Stoff wandert auf dem Chromatografie-Papier besonders weit nach oben. Beschreibe sein Verhalten sowohl gegenüber dem Lösungsmittel als auch gegenüber dem Chromatografie-Papier.
d) Auf der Packung mit den Schokolinsen sind bei den Inhaltsstoffen sogenannte E-Nummern angegeben. Erkläre ihre Bedeutung.

V4: Vom Steinsalz zum Kochsalz

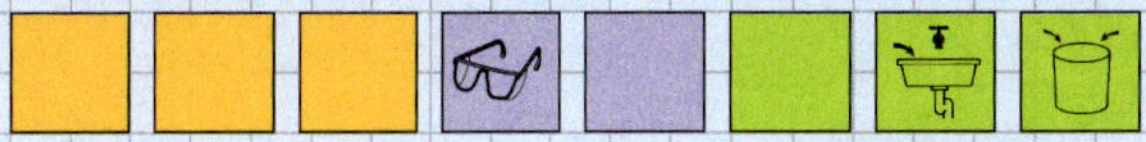

Materialien: Waage, Plastikschale, Tuch, Hammer, Reibschale, Pistill, Abdampfschale, Petrischale, Messzylinder (100 ml), Trichter, Faltenfilter, 2 Erlenmeyerkolben (100 ml) mit Stopfen, Tropfpipette, Gasbrenner;
Steinsalz.

Durchführung:

1. Wiege etwa 25 g Steinsalzstücke in der Plastikschale ab. Wickle die Stücke in das Tuch und zerkleinere sie in der Schale, indem du vorsichtig mit dem Hammer auf das Tuch schlägst.
2. Gib das zerkleinerte Salz in die Reibschale und zerreibe es zu einem feinen Pulver.
3. Wiege auf einem Stück Papier 20 g Steinsalzpulver ab. Gib das Pulver in einen Erlenmeyerkolben mit 50 ml Wasser. Setze den Stopfen auf und löse durch Schütteln möglichst viel von dem Steinsalzpulver.
4. Stelle den Trichter in den zweiten Erlenmeyerkolben und lege den Faltenfilter ein. Filtriere nun die überstehende Flüssigkeit aus dem ersten Erlenmeyerkolben in den zweiten Erlenmeyerkolben.
5. Gib etwa 5 ml des Filtrats in die Petrischale und lass sie bis zur nächsten Chemiestunde offen stehen.
6. Dampfe den Rest des Filtrats in der Abdampfschale ein. Stelle gegen Ende des Eindampfens den Glastrichter umgestülpt in die Abdampfschale.

Aufgaben:

a) Notiere deine Beobachtungen.
b) Nenne die Eigenschaften, die zur Trennung der einzelnen Bestandteile des Gemisches ausgenutzt werden.
c) Erläutere, wie man die Anteile der einzelnen Bestandteile bestimmen kann.
d) Nenne Eigenschaften des gewonnenen Kochsalzes.

Experimentelle Hausaufaufgabe: Chromatografie von Filzstiftfarben

Materialien: Filtrierpapier, Petrischale;
Filzstifte.

Durchführung:

1. Stoße mit einem Bleistift ein Loch in die Mitte des Rundfilters und tupfe mit verschiedenen Filzstiftfarben Punkte rund um das Loch.
2. Rolle ein Stück Filtrierpapier und stecke es als Docht durch das Loch des Rundfilters.
3. Fülle die Petrischale zur Hälfte mit Wasser und lege die Papierscheibe so auf die Petrischale, dass der Docht in das Wasser eintaucht.

V5: Wir untersuchen ein Cola-Getränk

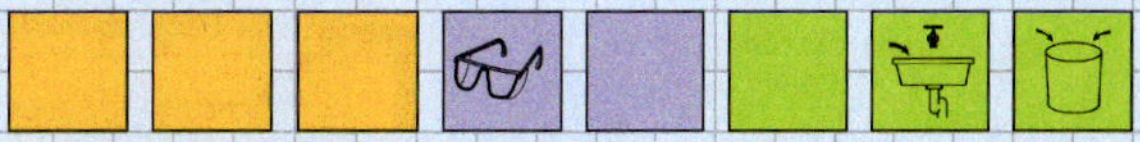

Materialien: Messzylinder (100 ml), Erlenmeyerkolben (200 ml), durchbohrter Stopfen mit gebogenem Glasrohr, Schlauch, Trichter, Heizplatte, Spatel, Glasstab, Faltenfilter, Waage, Abdampfschale;
Cola-Getränk, Kalkwasser.

Durchführung:

1. Gib 50 ml Cola-Getränk in den Erlenmeyerkolben und setze den Stopfen mit Glasrohr und Schlauch auf.
2. Erwärme die Lösung auf der Heizplatte und leite das entstehende Gas in ein Reagenzglas, das zur Hälfte mit Kalkwasser gefüllt ist.
3. Nimm nach einer Minute den Stopfen ab und erhitze die Lösung fünf Minuten lang zum Sieden.
4. Wiege eine Abdampfschale und gieße dann die Lösung hinein. Dampfe das Filtrat langsam und vorsichtig ein.
5. Wiege die Abdampfschale nach dem Abkühlen zusammen mit dem Rückstand.
6. *Zusatzversuch:* Bestimme die Masse von 25 ml des Cola-Getränks.

Aufgaben:

a) Notiere deine Beobachtungen.
b) Erkläre die Bedeutung von Arbeitsschritt 3.
c) Berechne den Feststoffanteil in dem Cola-Getränk.
d) Ermittle mithilfe der Grafik den Zuckergehalt in dem Cola-Getränk.
e) Vergleiche mit dem Ergebnis von Aufgabe c).
f) Berechne die Dichte des Cola-Getränks.

3.3 Trinkwasser – (k)ein Naturprodukt?

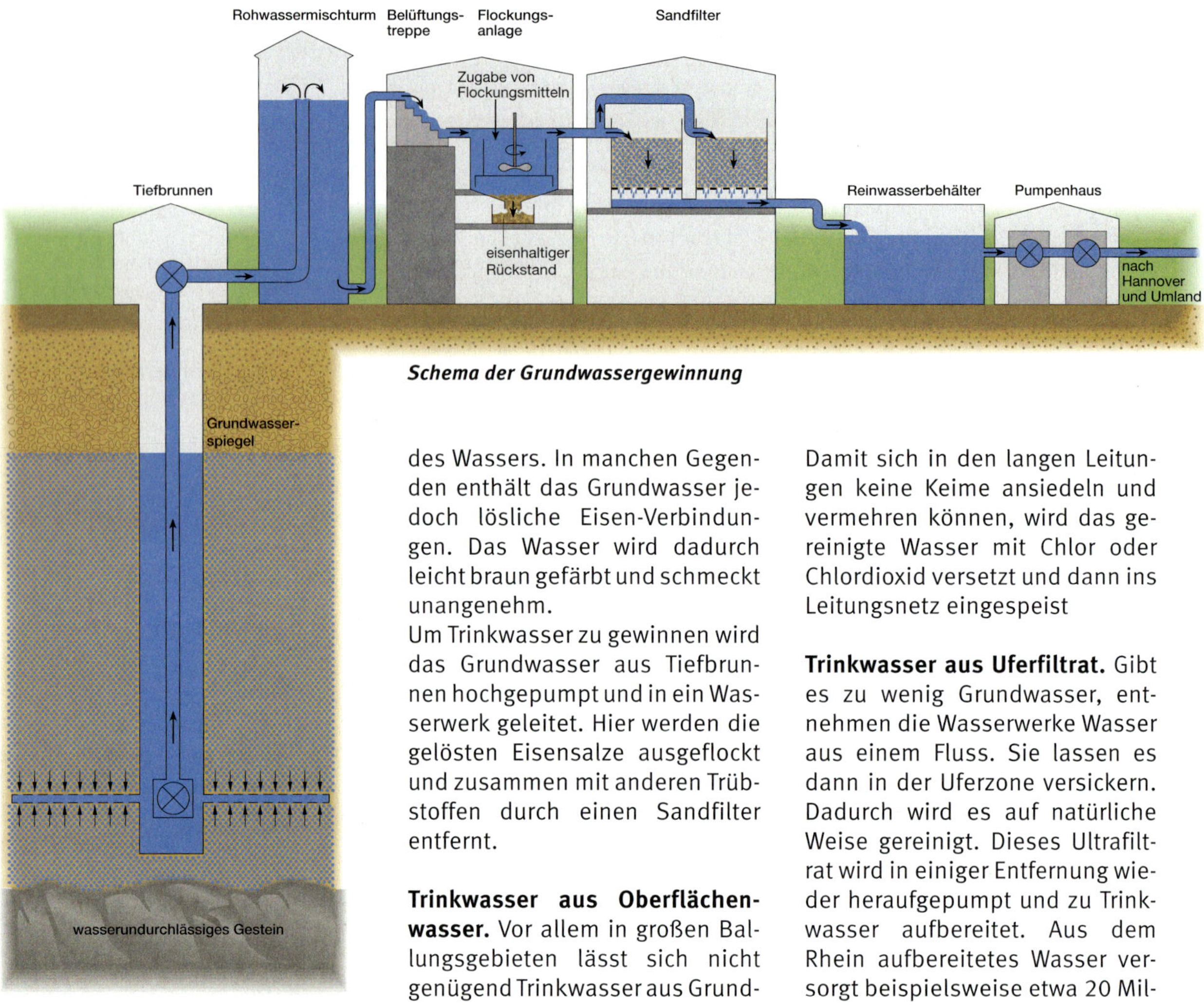

Schema der Grundwassergewinnung

Um die Bevölkerung mit Trinkwasser zu versorgen, wird überwiegend Grundwasser aufbereitet. In manchen Regionen nutzt man auch Oberflächenwasser.

Trinkwasser aus Grundwasser. Grundwasser entsteht durch Versickern von Niederschlägen. Es ist in der Regel besonders rein, denn es wird auf seinem Weg von der Erdoberfläche bis zu den tief liegenden Tonschichten durch die feinen Poren des Untergrunds gefiltert. Die meisten im Grundwasser gelösten Stoffe sind salzartige Stoffe; sie sind unbedenklich und verbessern sogar den Geschmack des Wassers. In manchen Gegenden enthält das Grundwasser jedoch lösliche Eisen-Verbindungen. Das Wasser wird dadurch leicht braun gefärbt und schmeckt unangenehm.

Um Trinkwasser zu gewinnen wird das Grundwasser aus Tiefbrunnen hochgepumpt und in ein Wasserwerk geleitet. Hier werden die gelösten Eisensalze ausgeflockt und zusammen mit anderen Trübstoffen durch einen Sandfilter entfernt.

Trinkwasser aus Oberflächenwasser. Vor allem in großen Ballungsgebieten lässt sich nicht genügend Trinkwasser aus Grundwasser gewinnen. Man muss daher Wasser aus Talsperren, Flüssen und Seen verwenden. Dieses Oberflächenwasser muss aufwändiger gereinigt werden, da es mehr Verunreinigungen enthält: Mehrere dicke Sandschichten und Kiesschichten filtern zunächst das Rohwasser. Im nächsten Schritt leitet man Ozon-Gas in das Wasser ein. Ozon ist eine sehr reaktionsfähige Form des Sauerstoffs und tötet Bakterien und andere Krankheitserreger ab. Außerdem ballen sich in Gegenwart von Ozon kleinste Schmutzteilchen zu größeren Flocken zusammen. Eine dicke Aktivkohle-Schicht adsorbiert anschließend alle Verunreinigungen. Damit sich in den langen Leitungen keine Keime ansiedeln und vermehren können, wird das gereinigte Wasser mit Chlor oder Chlordioxid versetzt und dann ins Leitungsnetz eingespeist

Trinkwasser aus Uferfiltrat. Gibt es zu wenig Grundwasser, entnehmen die Wasserwerke Wasser aus einem Fluss. Sie lassen es dann in der Uferzone versickern. Dadurch wird es auf natürliche Weise gereinigt. Dieses Ultrafiltrat wird in einiger Entfernung wieder heraufgepumpt und zu Trinkwasser aufbereitet. Aus dem Rhein aufbereitetes Wasser versorgt beispielsweise etwa 20 Millionen Menschen.

Trinkwasser kann aus Grundwasser, Oberflächenwasser und Uferfiltrat gewonnen werden. Oberflächenwasser muss weit aufwändiger als Grundwasser gereinigt werden. Zum Schutz vor Keimen wird das Trinkwasser oft mit Chlor versetzt.

1 Erkläre, weshalb Grundwasser besonders rein ist.

2 Erläutere die Gewinnung von Uferfiltrat.

3 Erkundige dich über die Herkunft des Trinkwassers an deinem Wohnort.

3.4 Wasser – ein kostbares Gut

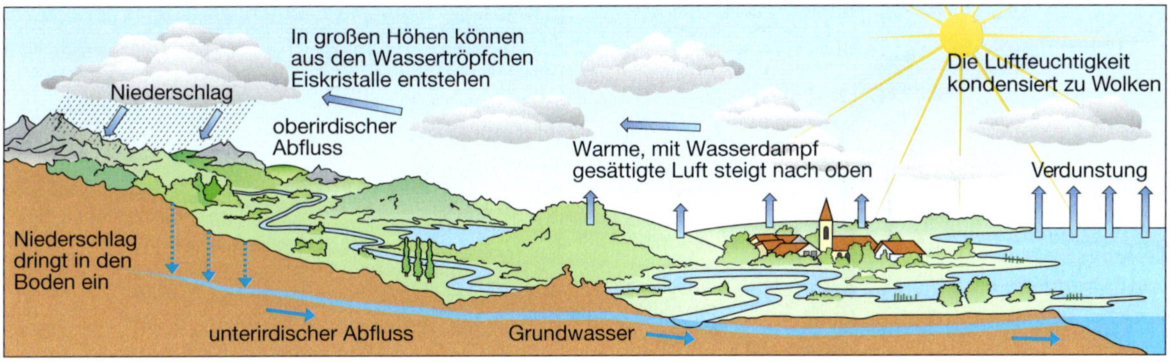

Der Wasserkreislauf in der Natur

Wasser auf der Erde befindet sich in einem ständigen Kreislauf, der durch die Sonne angetrieben wird. So verdunstet jährlich die kaum vorstellbare Menge von 425 000 km^3 Wasser aus den Ozeanen. Das ist etwa die Menge des gesamten Wasserverbrauchs der deutschen Haushalte in 116 Jahren. Allerdings gehen drei Viertel der Menge wieder als Niederschlag über den Ozeanen nieder. Der Rest regnet auf Landflächen: je nach Klima unterschiedlich oft und unterschiedlich viel. Wasser ist daher in vielen Gebieten der Erde sehr knapp.

Wasser ist lebensnotwendig. Für unsere Ernährung ist Wasser sehr wichtig. Zur Not kann der Mensch einige Wochen ohne feste Nahrung auskommen; ohne Wasser kann er nur wenige Tage überleben. Der Körper benötigt das Wasser für den Transport der Nährstoffe und Abfallprodukte. Außerdem ist das Wasser der Hauptbestandteil der Zellen. Bei Wassermangel im Körper ist die Zellfunktion beeinträchtigt und es kommt zu Krankheitserscheinungen wie Schwindelgefühl und Fieber. Unser Körper verliert pro Tag etwa 2,5 l Wasser. Diese müssen durch Flüssigkeitszufuhr ersetzt werden.

Wassernutzung. Mit Trinkwasser wird zu verschwenderisch umgegangen. Für viele Zwecke kann man auch Brauchwasser verwenden, also Grundwasser aus dem Hausbrunnen, Regenwasser oder das Wasser aus Flüssen und Seen.
Durchschnittlich verwendet jeder Deutsche zu Hause 130 l Wasser. Pro Person und Tag kommen im öffentlichen Bereich noch einmal 150 l hinzu.

Von der insgesamt genutzten Wassermenge verbrauchen Haushalte, Landwirtschaft und Kleingewerbe nur etwa 12 %; mehr als die Hälfte wird zur Kühlung von Kraftwerken verwendet. Das Wasser gelangt zwar wenig verschmutzt, aber erwärmt wieder in die Flüsse zurück.
Etwa 22 % werden in der Industrie als Kühlwasser und für die Herstellung von Waren genutzt. Allein die Herstellung eines Autos erfordert mehr als 10 000 l Wasser.

Das Wasser auf der Erde befindet sich in einem ständigen Kreislauf. Nur ein kleiner Teil des Wassers kann als Trinkwasser genutzt werden. Mit Trinkwasser muss sparsam umgegangen werden.

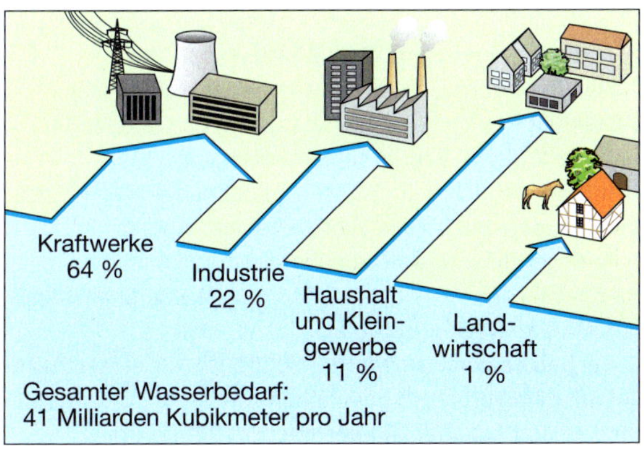

1 Erläutere den abgebildeten Wasserkreislauf in der Natur.

2 **a)** Informiere dich über den Wassergehalt in verschiedenen Lebensmitteln.
b) Überlege dir einen Versuch, mit dem du den Wassergehalt von Äpfeln bestimmen kannst.

3 Überlege, in welchem Bereich Brauchwasser sinnvoll eingesetzt werden könnte.

4 **a)** Aus Untersuchungen der UNO geht hervor, dass 80 % der Krankheiten in Entwicklungsländern durch verschmutztes Wasser verursacht werden. Recherchiere Länder, in denen das Wasser besonders knapp ist.
b) Nenne Krankheiten, die durch verschmutztes Trinkwasser verursacht werden können.

3.5 Unser Wasser – ein Härtefall?

In Geräten, in denen oft Leitungswasser erhitzt wird, bilden sich nach einiger Zeit schmutzigweiße Kalkablagerungen. Leistungswasser muss also gelöste Stoffe enthalten.

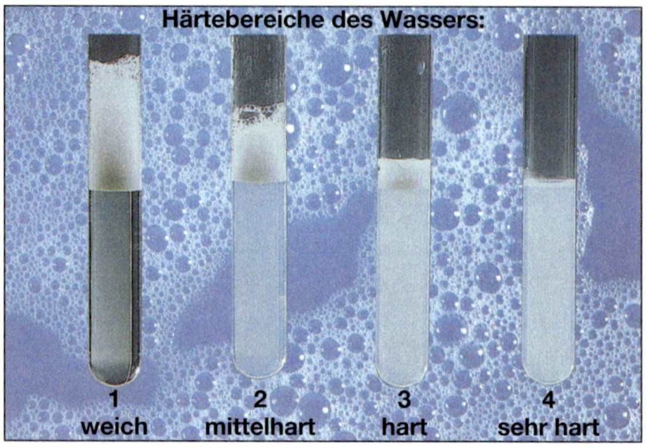

Schaum- und Kalkseifebildung bei verschiedenen Härtebereichen

Weiches und hartes Wasser. Leitungswasser wird je nach Anteil der gelösten Stoffe einem von vier *Härtebereichen* zugeordnet. Man spricht von *weichem* Wasser, *mittelhartem* Wasser, *hartem* Wasser oder *sehr hartem* Wasser. Je härter das Wasser ist, desto mehr Kalk scheidet sich beim Erhitzen auf Heizstäben und beheizten Flächen ab.

Die Wasserhärte kommt dadurch zustande, dass Wasser Salze aus Gesteinsschichten löst. Für die einzelnen Regionen ergeben sich je nach Art des Untergrundes sehr unterschiedliche Wasserhärten. Wasser aus Gesteinsschichten mit geringer Löslichkeit, wie Sandstein oder Granit, ist weich. In Kalk- und Gipslandschaften kann das Wasser dagegen eine erhebliche Härte erreichen. Die Wasserhärte variiert auch mit der Jahreszeit und den klimatischen Verhältnissen. Regenarme Gebiete besitzen in der Regel bei ähnlicher Bodenbeschaffenheit härteres Wasser als regenreiche Gebiete.

Dosierung Trommelwaschmaschine
Fassungsvermögen 4–5 kg Trockenwäsche

Wasser	Härtebereich	Anzahl der Messbecher* Vorwäsche	Hauptwäsche	Gesamtmenge**
weich	1	$\frac{3}{4}$	$\frac{3}{4}$	$1\frac{1}{2}$
mittel	2	$\frac{3}{4}$	1	$1\frac{3}{4}$
hart	3	1	$1\frac{1}{4}$	$2\frac{1}{4}$
sehr hart	4	$1\frac{1}{4}$	$1\frac{1}{4}$	$2\frac{1}{2}$

* 1 Messbecher = 6 Esslöffel
** Bei stark verschmutzter Wäsche nehmen Sie bitte einen halben Messbecher mehr. Bei leicht verschmutzter Wäsche verwenden Sie bitte $\frac{1}{4}$ Messbecher weniger. Spezielle Mittel gegen Kalkablagerungen sind überflüssig.

Dosierungsanweisung auf einer Waschmittelpackung

Hartes Wasser stört auch beim Waschen: Mit Seife bildet sich schwer lösliche und daher unwirksame **Kalkseife.** In hartem Wasser braucht man deshalb mehr Seife, bis sich Schaum bildet. Auch das Waschen von Wäsche könnte durch hartes Wasser gestört werden. Unsere Waschmittel enthalten aber *Enthärter*, die eine Ablagerung von Kalk auf den Fasern oder in der Waschmaschine verhindern.
Die Dosierung des Waschmittels sollte der Wasserhärte angepasst werden. Hersteller von Waschmitteln müssen daher auf ihren Verpackungen eine wasserhärteabhängige Dosierungsempfehlung für die vier Härtebereiche angeben. Dadurch soll der Verbraucher angeleitet werden, mit der richtigen Menge an Waschmittel zu waschen: so viel wie nötig, um die Wäsche sauber zu waschen, aber zugleich so wenig wie möglich, um die Gewässer zu schonen.

Leitungswasser enthält verschiedene gelöste Stoffe.
Je nach Anteil der gelösten Stoffe, die sich beim Erhitzen als Kalk absetzen, spricht man von *weichem*, *mittelhartem*, *hartem* oder *sehr hartem* Wasser.
Mit Seife zusammen bildet hartes Wasser unlösliche *Kalkseife* und behindert so die Waschwirkung.

1 Erläutere den Begriff Wasserhärte.
2 Nenne Faktoren, die die Wasserhärte beeinflussen.
3 Handelt es sich bei Regenwasser um hartes oder um weiches Wasser? Begründe deine Meinung.
4 Informiere dich beim Wasserwerk über den Härtebereich, den das Trinkwasser an deinem Wohnort hat.
5 In Gegenden mit weichem Wasser braucht man beim Händewaschen viel Wasser, um die Seife wieder abzuspülen. Erkläre die Beobachtung.
6 Vergleiche den Waschmittel-Verbrauch in weichem Wasser mit dem Verbrauch in sehr hartem Wasser. Orientiere dich an den Angaben auf der Waschmittelpackung.

Wasser ganz verschiedener Art

Ergebnisse:

→ Wasser aus dem Toten Meer

Das Tote Meer ist eine der Hauptattraktionen in Israel. Viele Touristen machen dort Halt und legen sich in das Wasser. Das ist erstaunlicherweise auch ohne Schwimmbewegungen möglich. Das Wasser des Toten Meeres ist eine *konzentrierte* Salzlösung. Es enthält in einem Liter etwa *250 g gelöstes Salz*. Zum Vergleich: Im *Meerwasser* sind es nur 35 g. Aufgrund des hohen Salzgehalts ist die Dichte dieser Lösung so groß, dass Menschen darin nicht untergehen. Sie können schwimmend ein Buch lesen! Der Salzgehalt des Toten Meeres steigt weiter an, weil über den Jordan immer weniger Wasser zufließt und die Verdunstung unverändert hoch bleibt.

→ Kalkwasser

Gibt man gebrannten Kalk in Wasser, so löst sich ein Teil davon. Die über dem Bodensatz entstehende klare Lösung wird *Kalkwasser* genannt. Leitet man das Gas Kohlenstoffdioxid in Kalkwasser ein, so trübt sich die Lösung, da ein schwerlösliches Salz entsteht. Diesen Effekt nutzt man in der Chemie für den Nachweis von Kohlenstoffdioxid, zum Beispiel in ausgeatmeter Luft.

→ Trinkwasser

Im Wasserbehälter vieler Kaffeemaschinen beobachtet man einen weißen Kalkbelag. Es handelt sich um *Kesselstein,* der sich aus dem Wasser beim Erhitzen oder Eindampfen abscheidet. Unser Trinkwasser ist also kein reines Wasser. Es ist eine Lösung, die verschiedene Stoffe enthält. Kesselstein ist ein schlechter Wärmeleiter. Er wird regelmäßig entfernt.

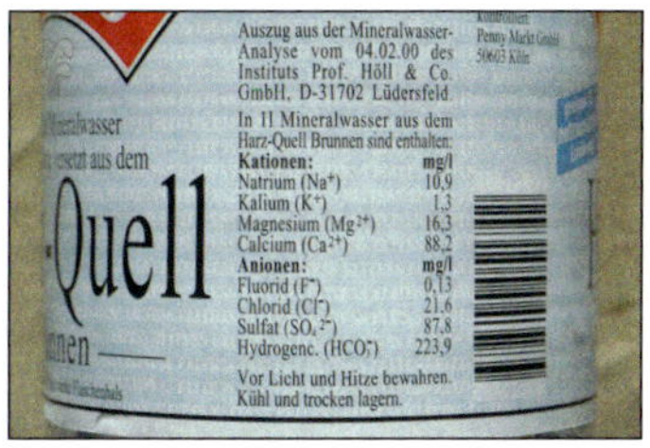

→ Mineralwasser

Wenn Regenwasser im Boden versickert, löst es Mineralstoffe aus den umgebenden Gesteinschichten heraus. Je nach der Art des Untergrunds unterscheiden sich daher die Grundwässer erheblich im Gehalt der jeweils gelösten Stoffe. Mineralstoffreiches Quell- oder Grundwasser wird als Mineralwasser abgefüllt. Auf dem Flaschenetikett muss angegeben werden, welche Mineralstoffe enthalten sind. Das Mineralwasser wird häufig noch künstlich mit Kohlenstoffdioxid versetzt. Es löst sich als Kohlensäure und verleiht dem Wasser einen leicht säuerlichen, erfrischenden Geschmack.

→ Destilliertes Wasser

Bei vielen chemischen Experimenten benötigt man reines Wasser, das man früher durch Destillation von Leitungswasser erhielt; man spricht von *destilliertem* Wasser. In der Praxis verwendet man meist Wasser, dem die gelösten Mineralstoffe vollständig mit anderen Verfahren entzogen wurden. Man spricht dann von *demineralisiertem* Wasser. Im Handel wird oft demineralisiertes Wasser als „Destilliertes Wasser“ zum Verkauf angeboten.

Bei der Herstellung von Tabletten und anderen Arzneimitteln ist höchste Reinheit notwendig. Deshalb wird in der Produktion demineralisiertes Wasser verwendet. Für Dampfbügeleisen ist demineralisiertes Wasser erforderlich, damit keine Ablagerungen entstehen. Als Trinkwasser ist destilliertes und auch demineralisiertes Wasser ungeeignet, da es nicht die lebensnotwendigen gelösten Mineralstoffe enthält.

Aufgaben

1 100 ml Leitungswasser und 100 ml Wasser aus dem Toten Meer werden verdampft. Stelle Vermutungen über die unterschiedlichen Ergebnisse an.

2 Vergleiche den Gehalt der gelösten Stoffe von verschiedenen Mineralwässern mithilfe der Flaschenetiketten.

3.6 Kläranlagen reinigen Abwässer

Abwasser ist verschmutztes Wasser, das aus Haushalten und Betrieben zur Kläranlage kommt. In mehreren Reinigungsstufen wird es dort gereinigt, sodass es wieder in ein Gewässer eingeleitet werden kann.

Mechanische Reinigung. In der ersten Reinigungsstufe wird der gröbere Abfall durch **Rechen** herausgesiebt. Was hier an Papier, Holz, Kunststoffen, Glas und Metall hängen bleibt, wird in großen Behältern gesammelt.
Anschließend läuft das Abwasser langsam durch den **Sandfang** und den **Ölabscheider.** Hier setzen sich Sinkstoffe am Boden ab. Fette, Öle und andere Schwimmstoffe werden an der Oberfläche durch eine Sperre zurückgehalten und abgesaugt.
Durch das sich anschließende **Vorklärbecken** fließt das Abwasser sehr langsam hindurch. Jetzt sinkt auch ein Teil der Schwebstoffe zu Boden. Sie werden als Schlamm entfernt.

Biologische Reinigung. Das vorgeklärte Abwasser wird dann im **Belebungsbecken** durch Kleinstlebewesen weiter gereinigt. Die im Abwasser immer noch reichlich vorhandenen Schwebstoffe und gelösten Stoffe dienen den Bakterien als Nahrung.
Im Belebungsbecken bleibt das Abwasser mehrere Stunden lang stehen. Dabei wird es ständig von unten belüftet und bewegt. So erhalten die Kleinstlebewesen den lebensnotwendigen Sauerstoff. Bei diesen idealen Bedingungen vermehren sie sich gut und bilden einen flockigen **Belebtschlamm.** Gleichzeitig werden dabei auch unerwünschte Pflanzennährstoffe aus dem Abwasser entfernt.
Aus dem Belebungsbecken wird ständig ein Teil des Belebtschlamms in ein **Nachklärbecken** gepumpt. Die Kleinstlebewesen sinken nach unten, viele sterben ab, denn es fehlen ihnen Sauerstoff und Nährstoffe. Am Boden setzt sich der Schlamm ab. Er wird mit einem Schieber in die vertiefte Mitte des Beckens geschoben. Ein Teil davon wird in das Belebungsbecken zurückgepumpt, der andere Teil kommt in den Faulturm.
Das geklärte Abwasser läuft dann über den gezackten Rand des Nachklärbeckens in eine Rinne. Jetzt darf es in einen Bach oder Fluss eingeleitet werden.

Verwertung und Entsorgung. Die von der Rechenanlage herausgesiebten Abfälle werden auf einer Deponie gelagert oder zusammen mit den im Ölabscheider zurückgehaltenen Abfällen verbrannt. Der anfallende Schlamm wird entwässert und in Faultürmen durch Bakterien zersetzt. Das dabei entstehende Gas wird in Gasmotoren verbrannt, um elektrische Energie zu gewinnen. Soweit der ausgefaulte Schlamm keine schädlichen Stoffe enthält, kann er auch als Dünger genutzt werden.

Das Abwasser wird in mehreren Stufen gereinigt. In der mechanischen Stufe wird es von groben Verunreinigungen befreit. In der biologisch-chemischen Stufe werden viele gelöste Stoffe durch Bakterien zersetzt. Der gebildete Schlamm wird ausgefault.

1 Beschreibe die Funktionsweise einer Kläranlage.
2 Stelle die Folgen dar, die ein Ausfall der Kläranlage hätte.
3 Recherchiere, welche Folgen unachtsame Abwassernutzung für eine Kläranlage haben.

Exkurs

Kann Schmutzwasser „von allein" sauber werden?

Verschmutztes Wasser kann nicht nur mit Filtern und anderen technischen Anlagen gereinigt werden. In der Natur reinigt sich das Wasser anscheinend auch von allein. Das Wasser in Bächen, Flüssen und Seen ist nämlich sehr lebendig. Es enthält unzählig viele, winzig kleine Lebewesen, die die Reinigungsarbeit übernehmen.
Unter einem guten Mikroskop kannst du sie sehen. Die kleinsten sind die Bakterien. Etwas größer sind die Einzeller. Es sind Amöben, Pantoffeltierchen, Wimperntierchen und Geißeltierchen.

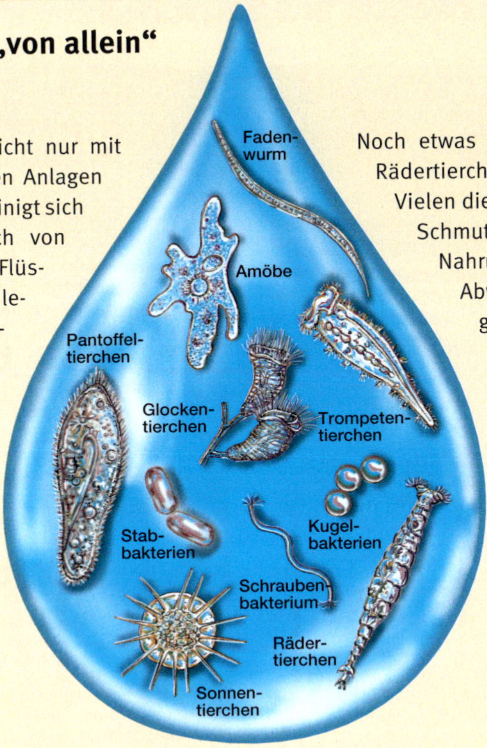

Noch etwas größer sind die Mehrzeller wie Rädertierchen oder Fadenwürmer.
Vielen dieser Kleinstlebewesen dienen die Schmutzteilchen aus dem Wasser als Nahrung, vor allem der Schmutz aus Abwasser – wenn sie sich nicht gerade gegenseitig auffressen. Auf diese Weise reinigen die Kleinstlebewesen das Wasser. Man spricht deshalb von der *Selbstreinigung* der Gewässer.

Die Reinigungsarbeit der Kleinstlebewesen wird auch in den *Klärwerken* zur Abwasserreinigung genutzt.

Exkurs

Muscheln kontrollieren das Wasser

Abwasser darf nur dann in ein Gewässer eingeleitet werden, wenn der Schadstoffgehalt gesetzlich festgelegte Höchstwerte nicht überschreitet. Zur Kontrolle überwachen in Deutschland etwa 150 Messstellen die Gewässer rund um die Uhr. Die Überwachung der Wasserqualität erfolgt in zwei Stufen.

Stufe 1: Die Messstation entnimmt ständig Wasserproben und misst vollautomatisch die Temperatur, den Sauerstoffgehalt und den Gehalt an Salzen und Säuren.

Stufe 2: Wenn sich bei einer Untersuchung auffällige Veränderungen der Messwerte ergeben, wird automatisch eine weitere Probe entnommen und Alarm ausgelöst. Die Probe wird dann umfassend in einem Labor auf Schadstoffe (giftige Schwermetallsalze, Schädlingsbekämpfungsmittel) untersucht.
Auch Art und Anzahl von Kleinstlebewesen geben Hinweise auf die Wassergüte.

Eine ständige und sehr empfindliche Kontrolle des Wassers ermöglichen Muscheln: Sie schließen sofort ihre Schalen, wenn sie Schadstoffe im Wasser feststellen.

Ein magnetisch gesteuerter Bewegungsmelder an der Muschelschale registriert, wie weit sie geschlossen ist. Über einen Zentralrechner kann dann gegebenenfalls Umweltalarm ausgelöst werden.

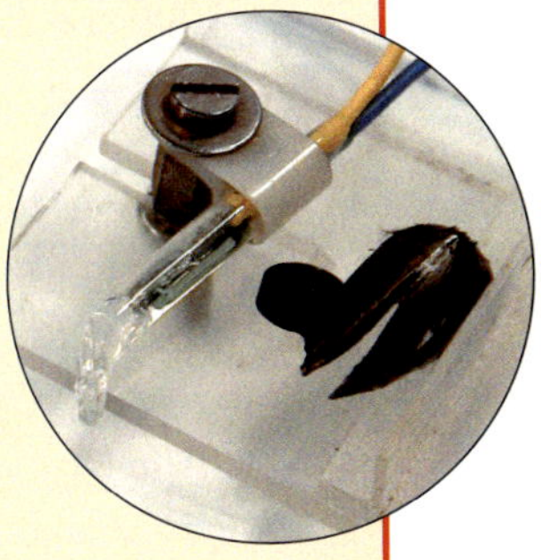

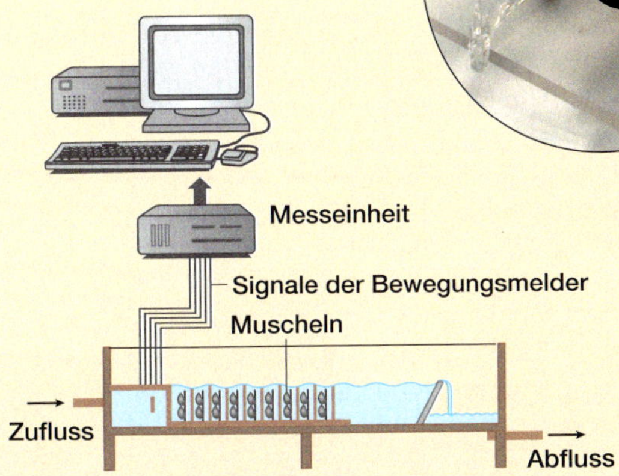

3.7 Destillation – Trinkwasser aus Salzwasser

Etwas Wasserdampf kühlt ab und kondensiert

Dauerkühlung mit dem Liebig-Kühler

Meerwasser ist als Trinkwasser nicht geeignet. Wegen seines hohen Salzgehaltes ist es sogar gesundheitsschädlich, wenn man größere Mengen davon trinkt. Um Trinkwasser aus Meerwasser zu gewinnen, müsste man Meerwasser zum Sieden erhitzen und den entstehenden Wasserdampf wieder zu flüssigem Wasser kondensieren und das Wasser auffangen.
Ein ganz einfaches Experiment zeigt dieses Verfahren: Man verbindet einen Kolben mit einem gebogenen Glasrohr, stellt am Ende des Rohres ein kleines Becherglas auf und erhitzt das Meerwasser im Kolben mit einem Gasbrenner. Der beim Sieden entstehende Wasserdampf kondensiert an der kühleren Wand des Rohres. In das Becherglas fallen aber nur wenige Tropfen, weil der heiße Dampf das Rohr rasch erwärmt. Das heiße Glasrohr kann den Wasserdampf dann nicht mehr genügend abkühlen. Er entweicht in die Luft.
Um für eine dauerhafte Kühlung des Wasserdampfes zu sorgen, wurde ein Kühler entwickelt, bei dem durch ein zusätzliches äußeres Rohr ständig Kühlwasser strömt. Das Kühlwasser strömt in entgegengesetzter Richtung wie der Wasserdampf. Auf diese Weise trifft das kälteste Kühlwasser mit dem schon teilweise kondensierten und abgekühlten Wasserdampf zusammen. Durch dieses Verfahren der *Gegenstromkühlung* wird der Wasserdampf nahezu vollständig zu reinem Wasser kondensiert.

Das Gerät aus innerem und äußerem Glasrohr heißt zu Ehren seines Erfinders **Liebig-Kühler.** Justus von LIEBIG war ein berühmter Chemiker. Er lebte von 1803 bis 1873.
Wird aus einer Lösung Flüssigkeit verdampft und der Dampf anschließend durch Abkühlen kondensiert, spricht man von **Destillieren.** Das Wasser, das bei der *Destillation* von salzhaltigem Wasser gewonnen wird, nennt man **destilliertes Wasser.** Allgemein wird die verdampfte und wieder zurückgewonnene Flüssigkeit **Destillat** genannt. Die **Destillation** ist eines der wichtigsten Trennverfahren der Chemie.

Neben Salzlösungen lassen sich auch andere Gemische destillieren. Eine besonders große Rolle spielt die Destillation von Erdöl. In riesigen Anlagen, den Erdölraffinerien, werden dabei Benzin, Kerosin, Dieselkraftstoff und Schmieröl gewonnen.

Durch Verdampfen und Kondensieren lässt sich aus salzhaltigem Wasser mithilfe der Destillation destilliertes Wasser herstellen.

1 Nenne Lösungen und Gemische, die durch Destillation getrennt werden können.
2 Überlege dir einen Versuch, mit dem sich beweisen lässt, dass destilliertes Wasser keinerlei Salz mehr enthält.

Trinkwasser aus dem Meer

Exkurs

In vielen Küstenregionen herrscht Mangel an Trinkwasser, obwohl es in den angrenzenden Meeren ausreichend Wasser gibt. Meerwasser ist jedoch wegen seines Salzgehaltes von etwa 3 % als Trinkwasser und zur Bewässerung unbrauchbar. Auch die Industrie kann Meerwasser nicht verwenden, da Rohre durch Salzwasser schnell rosten. Es wurden deshalb verschiedene Verfahren entwickelt, um Meerwasser zu entsalzen.

Verdunstungsverfahren. Das einfachste und preisgünstigste Verfahren, Meerwasser zu entsalzen, nutzt die Energie der Sonne aus. Dazu leitet man Meerwasser in große, mit schwarzer Folie ausgelegte Becken, die mit Glasscheiben überdacht sind.
Durch die Wärme verdunstet das Wasser allmählich. Es kondensiert dann an den kühleren Glasscheiben und wird als salzfreies Wasser aufgefangen.
Auf diese Weise können am Tag pro Quadratmeter nur etwa fünf Liter Trinkwasser gewonnen werden. Um größere Mengen Trinkwasser zu gewinnen, benötigt man neben ausreichend Sonnenschein daher ausgedehnte Flächen für solche Anlagen.

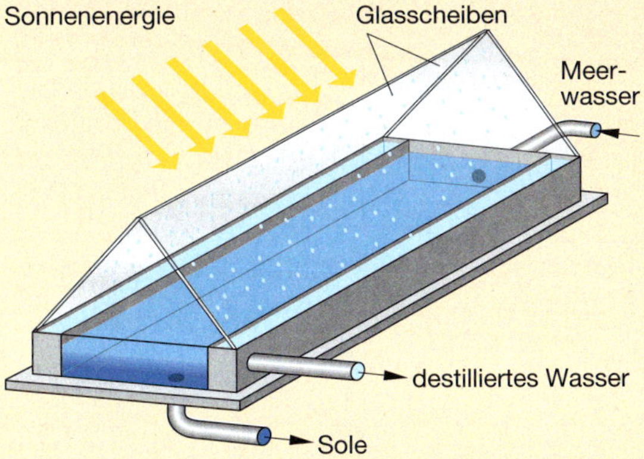

Destillationsverfahren. Um große Mengen Wasser zu entsalzen, wird Meerwasser in Kesseln zum Sieden erhitzt. Man erzeugt dazu mit Ölbrennern oder Gasbrennern Wasserdampf mit einer Temperatur von etwa 120 °C. Der heiße Wasserdampf wird durch ein System von mehreren hintereinandergeschalteten Kesseln geleitet. Damit die so zugeführte Wärme ausreicht, das Wasser auch im zweiten und dritten Kessel zum Sieden zu bringen, greift man zu einem verfahrenstechnischen Trick: Man erzeugt einen Unterdruck in den Kesseln. Unter diesen Bedingungen siedet das Wasser bereits bei einer Temperatur unterhalb von 100 °C. Das Kondensat fängt man als Trinkwasser auf.

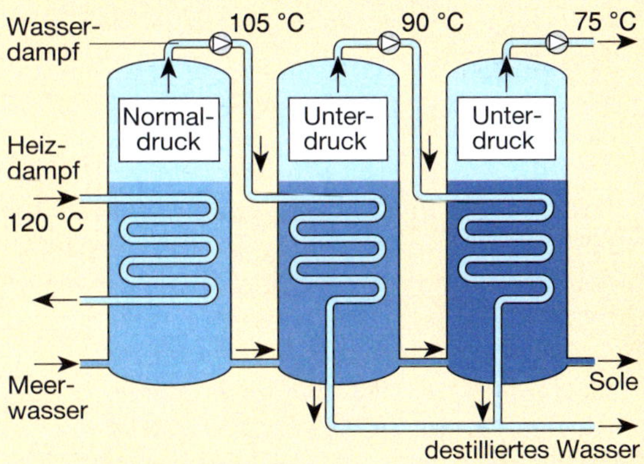

Membranverfahren. Bei dem modernsten Verfahren zur Trinkwassergewinnung wird Meerwasser unter hohem Druck durch dünne Kunststofffolien mit sehr feinen Poren gepresst. Diese Membranen sind undurchlässig für die Teilchen des Salzes, nur die Wasser-Teilchen können durch die Poren hindurchtreten. Die Höhe des notwendigen Druckes hängt vom Salzgehalt des Wassers ab. Deshalb eignen sich diese Anlagen vor allem zur Entsalzung von salzarmem Brackwasser.
Das Membranverfahren hat einen wichtigen Vorteil: Man kann auch kleine transportable Anlagen bauen.

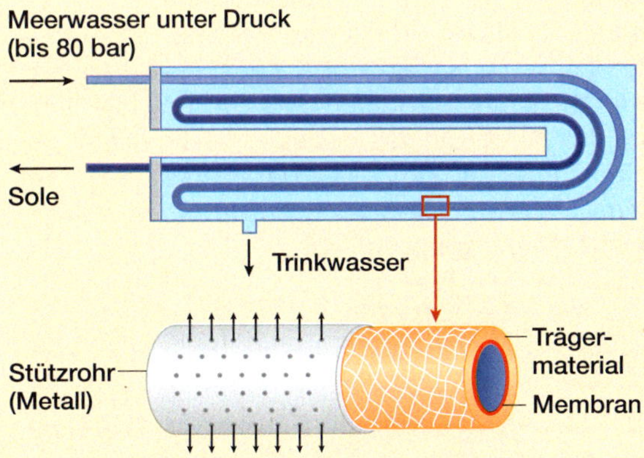

1 Stelle die Vor- und Nachteile der drei Methoden zur Trinkwassergewinnung aus dem Meer zusammen.
2 Beim Destillationsverfahren wird mit Unterdruck, beim Membranverfahren mit Überdruck gearbeitet. Erkläre.

Methode Mindmap

Immer, wenn es darum geht, Ideen zu einem Thema oder umfangreiche Sammlungen von Begriffen übersichtlich zu ordnen, können zwei Arbeitsmethoden weiterhelfen: das *Mindmapping* und das *Conceptmapping*.

Das **Mindmapping** kannst du nutzen, um Ideen zu sammeln oder dir einen Überblick zu verschaffen.

Beim Erstellen einer Mindmap beginnst du mit dem zentralen Begriff, beispielsweise „Stoffe". Du gehst dann folgendermaßen vor:

- Notiere den Begriff in einem Feld in der Mitte eines weißen Blattes.
- Überlege dir einige wichtige, zu diesem Thema gehörige Gesichtspunkte und ordne sie in Feldern rund um den zentralen Begriff an. Verbinde diese Felder mit dem zentralen Feld durch Linien. Diese Linien bezeichnet man auch als *Hauptäste*.
- Notiere Begriffe, die mit den einzelnen Gesichtspunkten zusammenhängen. Ordne die entsprechenden Felder durch sogenannte Nebenäste den Gesichtspunkten zu.
- Fällt dir ein weiterer Begriff ein, überlege, ob er durch einen neuen Hauptast oder durch einen Nebenast eingeordnet werden muss. Wenn nötig, kannst du auch weitere Verzweigungen vornehmen.
- Der Gesamtüberblick kann durch farbige Markierungen verbessert werden.

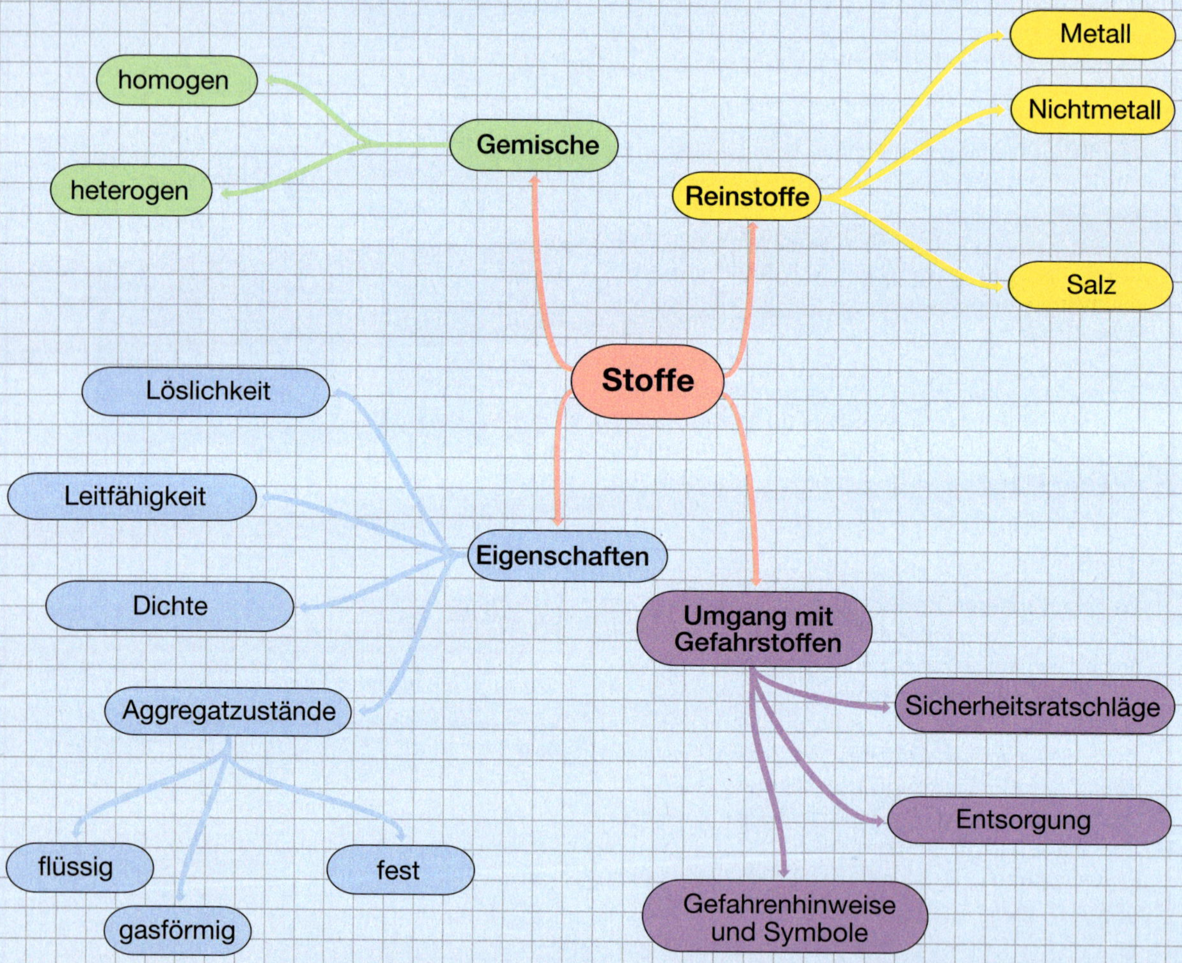

1 Ergänze die Mindmap durch weitere Aspekte.
2 Erstelle eine Mindmap mit dem Thema „Berufe in der chemischen Industrie". Vergleiche deine Mindmap mit der deines Nachbarn.
3 Erstellt in Gruppenarbeit eine Mindmap zum Stichwort „Chemie im Haushalt".
4 Vergleicht eure Mindmap mit den Ergebnissen der anderen Gruppen. Sucht nach Gemeinsamkeiten und Unterschieden.

Conceptmap

Ähnlich wie bei einer Mindmap werden auch bei einer **Conceptmap** Begriffe und ihre Beziehungen zueinander dargestellt. Während es bei einer Mindmap oft nur um eine Ideensammlung geht, soll eine Conceptmap den Aufbau eines größeren Wissensgebiets erfassen. Insgesamt ergibt sich eine Art von *Begriffslandkarte*, in der die Begriffe und ihre Beziehungen – ähnlich wie Orte und Wege auf einer Landkarte – wiedergegeben werden.

Meist geht man deshalb von zwei oder drei zentralen Begriffen aus und notiert an den Verbindungslinien, welcher Gesichtspunkt die Beziehung zwischen den Begriffen herstellt.

Bei der Erarbeitung einer Conceptmap sind die folgenden Punkte zu beachten:

- Notiere die zentralen Begriffe mit möglichst großem Abstand auf einem weißen Blatt.
- Sammle Begriffe, die wichtige Aspekte der zentralen Begriffe herausstellen. Ordne sie durch Verbindungslinien jeweils den übergeordneten Begriffen zu.
- Stelle wichtige Beziehungen zwischen verschiedenen Aspekten durch Verbindungslinien dar und verdeutliche sie durch ein Stichwort.
- Bei der Einordnung zusätzlicher Begriffe darf die Übersichtlichkeit nicht gestört werden. Häufig ist es erforderlich, die Conceptmap neu aufzubauen.
- Der Gesamtüberblick kann durch farbige Markierungen und Pfeilspitzen erleichtert werden. Auch Symbole und kleine Bilder können hilfreich sein.

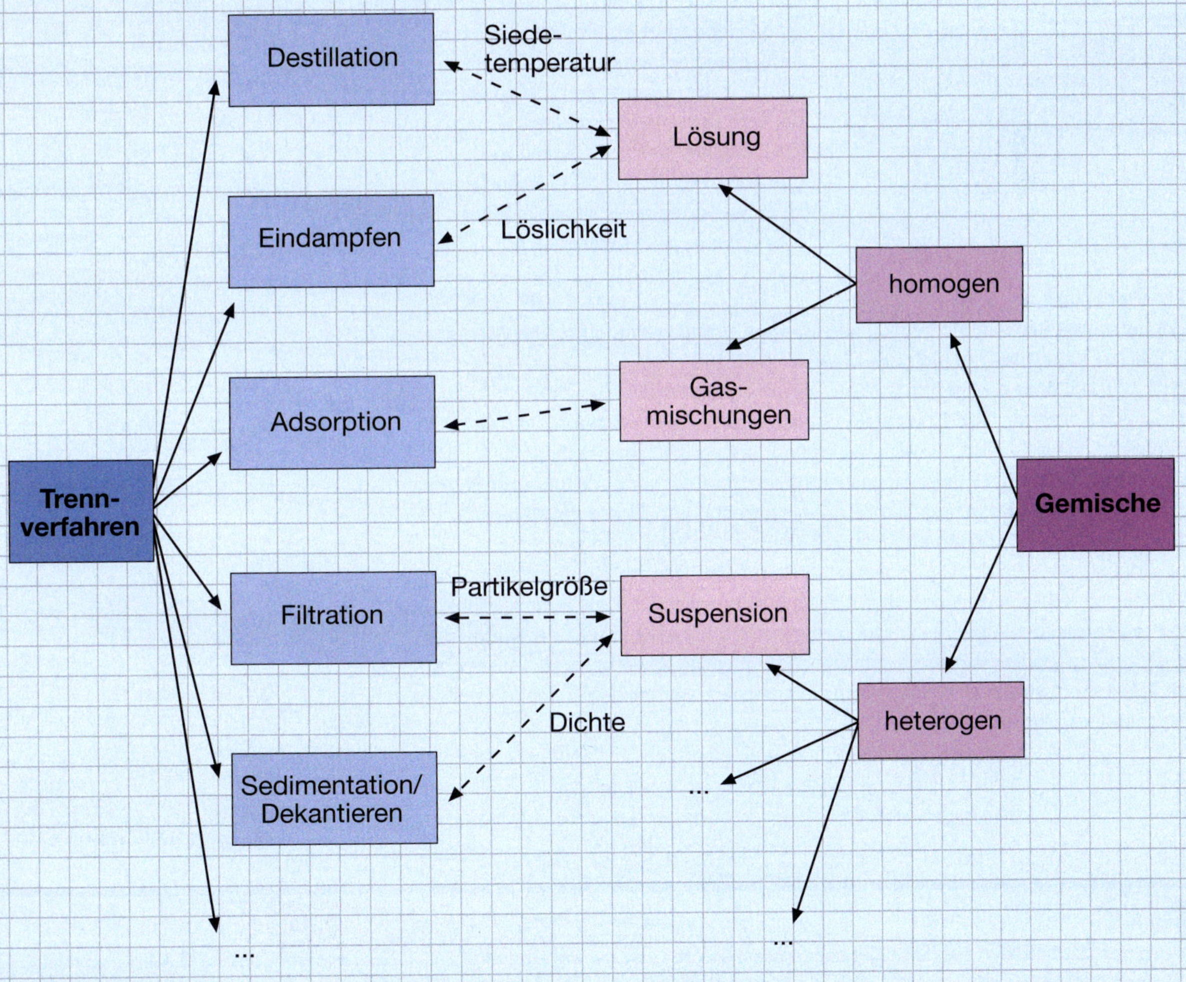

1 Ordne die folgenden Stichworte in die oben gezeigte Conceptmap ein:
Abflussreiniger, Eisen, Stoffeigenschaften, Mineralwasser, Schwefel.

2 Finde selber weitere Stichworte und ordne sie sinnvoll ein.

3 Nenne die Vorteile, die die Conceptmap gegenüber der Mindmap hat. Ergänze die Conceptmap durch weitere Begriffe.

Trennverfahren in der Technik

Ergebnisse:

→ Gewinnung von Speiseöl

Speiseöl stammt aus den Samen oder Früchten verschiedener Ölpflanzen. Neben Oliven und Sonnenblumen spielen auch Soja und Raps eine wichtige Rolle. Zur Gewinnung des Öls wird das Pflanzenmaterial zerquetscht und gepresst. Das *kaltgepresste* Öl enthält hohe Anteile an Aromastoffen und Vitaminen. Aber bleibt fast ein Drittel des Pflanzenöls in dem Fruchtbrei zurück. Die Öl-Ausbeute kann erhöht werden, indem man das Pflanzenmaterial beim Pressen erwärmt. Noch mehr Öl erhält man durch Extraktion mit einem fettlösenden Lösungsmittel. Das extrahierte Öl muss dann jedoch sehr sorgfältig vom Lösungsmittel befreit werden.

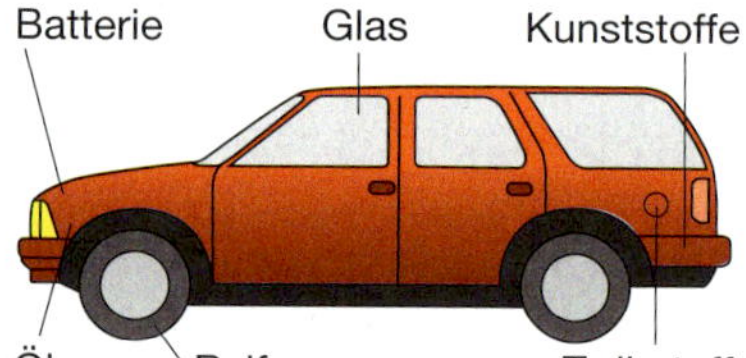

→ Druckfilterpresse

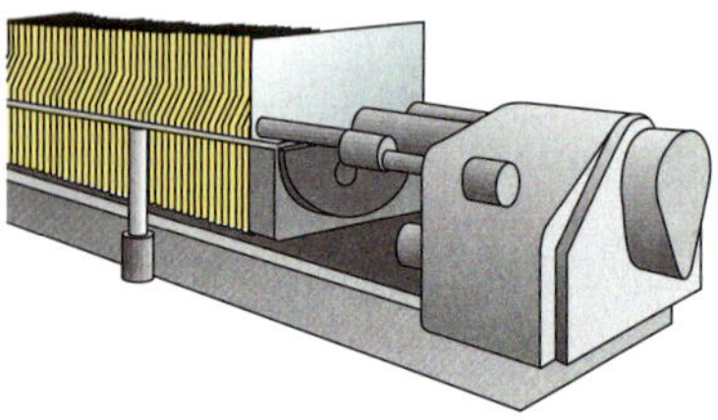

Die im Labor üblichen Filtrationsverfahren eignen sich nicht für die Trennungen in Industriebetrieben; denn die Filtration würde viel zu lange dauern. Man setzt deshalb *Druckfilterpressen* ein: Die Filtrationsgeschwindigkeit wird durch Anwendung von Druck und die Hintereinanderschaltung vieler Filterelemente deutlich gesteigert.

→ Auto-Recycling

Millionen von Autos werden jährlich verschrottet. Voraussetzung für eine Wiederverwertung ist dabei die Trennung der einzelnen Bestandteile.
Zunächst baut man bestimmte Teile aus. Anschließend zerkleinert ein Schredder die Karosserie. Leichtmüll aus Kunststoff, Gummi und Textilien wird durch ein Gebläse abgetrennt und deponiert. Ein Magnet entfernt sodann die eisenhaltigen Teile. Sie werden in Stahlwerken wieder eingeschmolzen. Der Rest wird in ein Wasserbecken transportiert. Kunststoffe und Gummi mit einer geringeren Dichte als Wasser schwimmen auf und können abgeschöpft werden. Die Metallteile gelangen in eine hochkonzentrierte Salzlösung, in der Aluminium aufschwimmt. Kupferhaltige und zinkhaltige Restmetalle setzen sich ab. Im Schmelzofen wird das Zink herausgeschmolzen.
Ein Problem bei der Wiederverwertung ist der hohe Kunststoffanteil der Autos, der zurzeit noch deponiert werden muss. Um das Recycling zu verbessern, müssen zukünftige Autos mehr sortenreine Kunststoffteile enthalten, die vor dem Zerkleinern leicht abmontiert werden können.

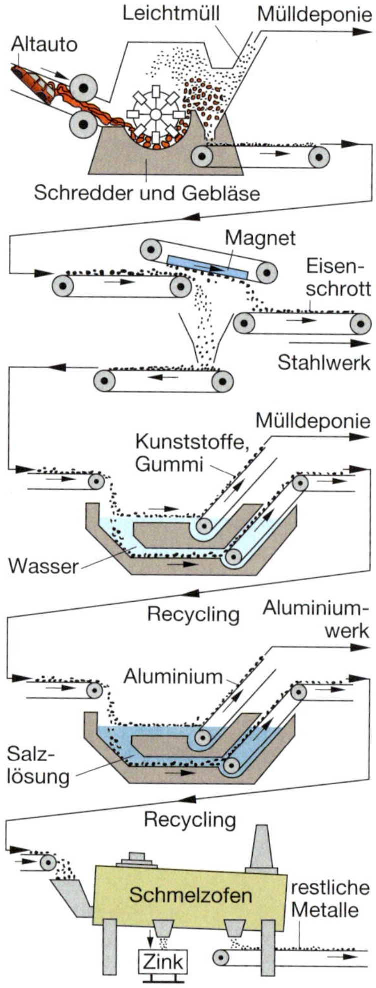

Aufgaben

1 Gib den Gemischtyp an, der in Druckfilterpressen getrennt werden kann.

2 In zahlreichen technischen Verfahren, beispielsweise bei der Gewinnung von Rapsöl, müssen Suspensionen weiterverarbeitet werden. Nenne weitere Beispiele.

3 Recherchiere, welches Trennverfahren bei der künstlichen Niere angewendet wird.
Erläutere das Funktionsprinzip.

4 **a)** Benenne alle Trennverfahren, die beim Auto-Recycling eine Rolle spielen.
b) Gib die Dichte an, die eine Salzlösung mindestens haben muss, damit sich Aluminium von anderen Metallen trennen lässt.

5 Das dargestellte Verfahren für das Recycling von Autos verliert immer mehr an Bedeutung. Informiere dich über neuere Verfahren.

Mischen und Trennen

1. Reinstoffe und Gemische

Stoffgemische bestehen aus mehreren Reinstoffen. Ihre Eigenschaften hängen von der Art der beteiligten Stoffe und vom Mischungsverhältnis ab.

heterogene Gemische ← **Gemische** → **homogene Gemische**

heterogene Gemische
Die Bestandteile sind erkennbar.

homogene Gemische
Die Bestandteile sind selbst mit dem stärksten Mikroskop nicht erkennbar.

Aggregatzustand der Bestandteile		Bezeichnung
fest	fest	Gemenge
fest	flüssig	Suspension
fest	gasförmig	Rauch, Schaum
flüssig	flüssig	Emulsion
flüssig	gasförmig	Nebel, Schaum

Aggregatzustand der Bestandteile		Bezeichnung
fest	fest	Legierung
fest	flüssig	Lösung
flüssig	flüssig	Lösung
gasförmig	fest	Lösung
gasförmig	flüssig	Lösung
gasförmig	gasförmig	Gasgemisch

2. Stofftrennungen

Stoffgemische können mit Hilfe unterschiedlicher Verfahren getrennt werden.

Trennverfahren	Trennung erfolgt aufgrund unterschiedlicher …	Beispiel
Sieben	Partikelgröße	Gartenerde aufbereiten
Filtrieren	Partikelgröße	Kaffee zubereiten
Extrahieren	Löslichkeit	Kaffee zubereiten
Sedimentieren	Dichte	Schlammwasser trennen
Chromatografieren	Löslichkeit	Farbstoffgemische trennen
Eindampfen	Siedetemperatur	Gewinnung von Salz
Destillieren	Siedetemperatur	Herstellung von Branntwein
Schwimm/Sink-Verfahren	Dichte	Mülltrennung

3. Wasserhärte

Wasser enthält immer gelöste Gase wie Sauerstoff und Kohlenstoffdioxid und gelöste Feststoffe.
Je nach Menge an gelösten Stoffen, die sich beim Erhitzen von Wasser an beheizten Flächen als Kalk absetzt, unterscheidet man vier Härtebereiche. Je härter das Wasser ist, desto mehr Kalk scheidet sich ab. Da Kalk ein schlechter Wärmeleiter ist, verbrauchen verkalkte Elektrogeräte mehr Energie. Mit Seife bildet sich in hartem Wasser schwer lösliche Kalkseife.

4. Abwasserreinigung in der Kläranlage

Abwasserzulauf →

Mechanische Stufe:
Rechen
Sandfang
Vorklärbecken

→

Biologisch-chemische Stufe:
Belebungsbecken
Nachklärbecken
Entfernen von Stickstoff-Verbindungen
Phosphatfällung
Filtration

→ gereinigtes Abwasser
→ Faulgas, Faulschlamm

5. Trinkwassergewinnung

Rohwasser → Filtrieren → Ausflocken → Adsorption an Aktivkohle → Chlorung → Trinkwasser

Prüfe dein Wissen

Quiz

A1 a) Erkläre die Begriffe des Fensters.
b) Notiere auf der Vorderseite von Karteikarten den Begriff, auf der Rückseite die Erklärung.

A2 Suche aus der folgenden Liste die Stoffe heraus, bei denen es sich um Gemische handelt:
Edelstahl, Diamant, Backpulver, Marmelade, Kaffeepulver, Aluminium, Leitungswasser, Mineralswasser, Benzin, Kupfer.

A3 Nenne je zwei Beispiele für Suspensionen, Emulsionen, Legierungen und Lösungen.

A4 a) Ordne folgende Gemische einem Gemischtyp zu: Beton, Bodylotion, Apfelsaft, Sekt, Tinte, Ketchup, Styropor, Hausmüll, Schlagsahne.
b) Zeichne für jedes der Gemische ein Teilchenmodell.

A5 Gib Verfahren an, mit denen sich die einzelnen Bestandteile aus dem folgenden Gemisch abtrennen lassen:
a) Wasser/Alkohol/Farbstoff-Gemisch
b) Sand/Salz/Eisenspäne

Know-how

A6 Wasser ist durch Tinte blau gefärbt. Durch welche Verfahren könnte man den Farbstoff vom Wasser trennen? Gib die Vorteile und Nachteile der Verfahren an.

A7 Manche Medikamente muss man vor Gebrauch schütteln. Nenne den Gemischtyp, zu dem sie gehören. Erkläre, was geschieht, wenn man sie längere Zeit stehen lässt.

A8 Beschreibe, wie man Luft in ihre einzelnen Bestandteile zerlegen kann.

A9 Es macht einen geschmacklichen Unterschied, ob du Tee drei oder fünf Minuten ziehen lässt. Begründe.

A10 Beim Destillieren von Wein wird der Alkohol im aufgefangenen Destillat nur angereichert. Erkläre, warum man keinen reinen Alkohol erhält.

A11 Manche Flüsse führen im Sand und Schlamm kleine Goldkörnchen mit sich. Beschreibe das Verfahren des Goldwaschens. Welche Eigenschaft wird zum Trennen genutzt?

Die wichtigsten Begriffe

- heterogenes Gemisch
- homogenes Gemisch
- Reinstoff
- Gemenge
- Legierung
- Lösung
- Emulsion
- Suspension
- Rauch, Nebel, Aerosol
- Schaum
- Sedimentation
- Filtration
- Extraktion
- Adsorption
- Destillation
- Chromatografie

Natur – Mensch – Technik

A12 a) Autowaschanlagen müssen mit Ölabscheidern ausgerüstet sein. Nenne die Gründe.
b) Erkläre das Trennprinzip.

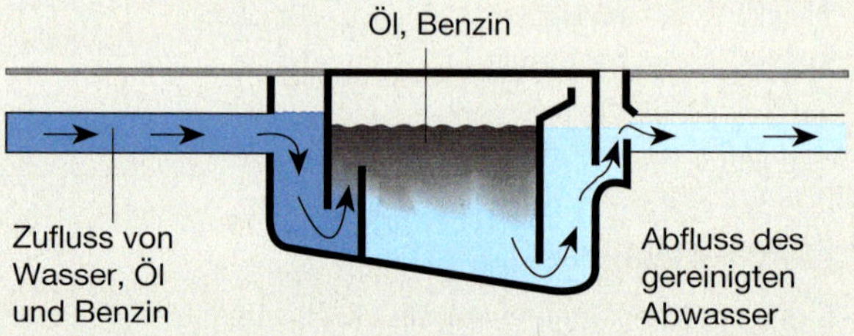

A13 Zähle die Nachteile auf, die hartes Wasser im Haushalt hat.

A14 Ein Gemisch aus den Kunststoffen Polypropylen, Polyethylen, Polystyrol und Polyvinylchlorid soll getrennt werden.
a) Das Schwimm/Sink-verfahren ist eine Möglichkeit. Beschreibe den Ablauf des Verfahrens mithilfe der Tabelle rechts.
Erkläre das Wirkungsprinzip des Verfahrens.
b) Eine andere Möglichkeit ist die Trennung der Stoffe in einem Hydrozyklon. Bei diesem Verfahren werden die Kunststoffe zunächst gemahlen und dann mit Wasser in den Hydrozyklon gegeben. Erläutere das Wirkungsprinzip.

Kunststoffe	Dichte ($\frac{g}{cm^3}$)
Polypropylen	0,91
Polyethylen	0,95
Polystyrol	1,05
Polyvinylchlorid	1,30

Trennmittel	Dichte ($\frac{g}{cm^3}$)
Wasser	1,0
Kochsalz-Lösung	1,2
Fixiersalz-Lösung	1,28

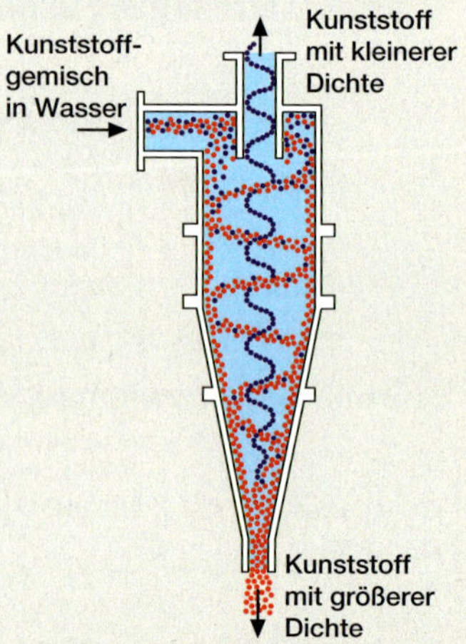

A1 Salzgewinnung

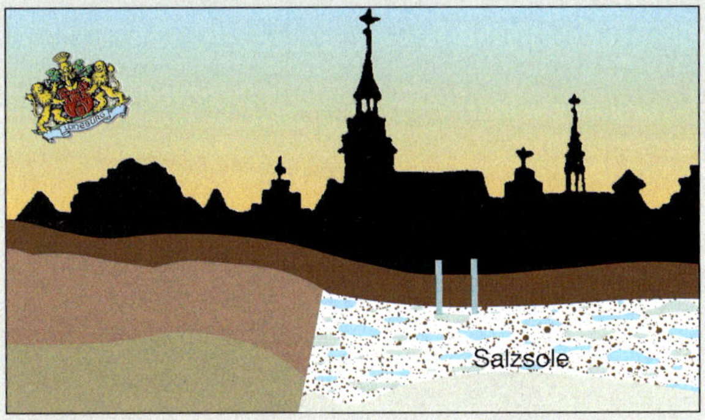

Lüneburg, eine Stadt in der Lüneburger Heide, verdankte ihren früheren Reichtum dem Salz aus einem Salzstock, der unmittelbar unter der Altstadt liegt. Das Grundwasser löste das Steinsalz heraus. Diese Sole wurde hochgepumpt und in großen, mit Holz beheizten Siedepfannen eingedampft. Das zum Heizen der Öfen benötigte Holz musste in mühsamer Arbeit aus den Wäldern der Umgebung herangeschafft werden.
Salz war früher ein kostbares Gut und sehr teuer. Die Arbeit an den Siedepfannen war hart. Jeder musste mit anfassen! Der Siedemeister überwachte den Siedeprozess. Frauen und Kinder führten Hilfsarbeiten aus. Sie sorgten für das Feuer, leerten die Siedepfannen und füllten das Salz in Säcke.

a) Viele Orte, an denen Salz gefunden wurde, haben die Silbe „hall“ oder „salz“ im Namen. Suche im Atlas nach solchen Orten.
b) Heute wird Salz aus unterirdischen Steinsalz-Lagerstätten gewonnen. Suche im Atlas Orte, an denen in Deutschland Steinsalz abgebaut wird.
c) Informiere dich über die Entstehung der Lüneburger Heide. Stelle einen kurzen Bericht zusammen.
d) Vergleiche die Bedeutung des Salzes im Mittelalter mit seiner Bedeutung heute.
e) Auf den Verpackungen von Speisesalz für den Haushalt findet man meist Angaben über Zusatzstoffe. Stelle die Angaben für einige Handelsprodukte zusammen. Gib dabei auch an, welchen Zweck die einzelnen Zusatzstoffe haben.

A2 Zuckerherstellung

Bis Anfang des 19. Jahrhunderts konnte Zucker nur in tropischen Ländern aus Zuckerrohr gewonnen werden. In Europa blieb Zucker deshalb ein Luxusprodukt. Die erste kleine Fabrik zur Gewinnung von Zucker aus Rüben wurde 1802 in Schlesien errichtet.

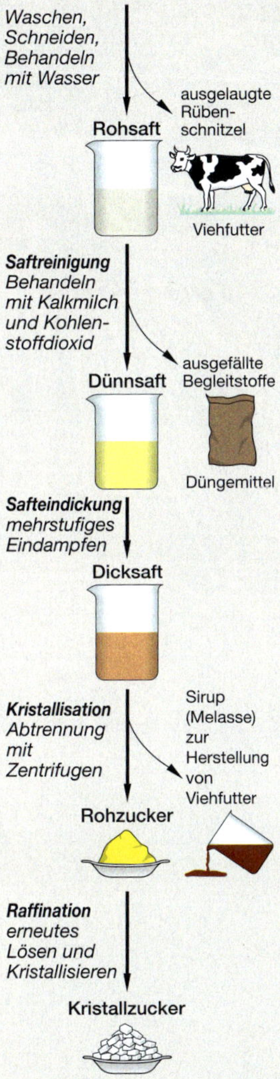

a) Stelle die einzelnen Schritte der Gewinnung von Zucker aus der Zuckerrübe in einer Tabelle zusammen. Gib an, welche Trennverfahren dabei angewendet werden.
b) Erläutere, was mit den Nebenprodukten der Zuckerherstellung geschieht.
c) Frage deine Mutter, wie viel an Haushaltszucker monatlich in eurer Familie verbraucht wird. Vergleiche diesen Wert auch mit den Angaben deiner Klassenkameraden.

4 Chemische Reaktionen

Seit mehr als tausend Jahren lassen sich Menschen durch Feuerwerke faszinieren. Die ältesten Berichte stammen aus China. In Europa entwickelte sich das Feuerwerk seit dem 16. Jahrhundert. Damit wurde aus der kriegerischen Anwendung von Schießpulver ein erfreuliches Spektakel.
Die Geheimnisse des Feuerwerks wurden lange von einigen wenigen Familien gehütet. Erst im 19. Jahrhundert stellten Chemiker ihr Wissen in den Dienst der Feuerwerkerei – der Pyrotechnik.
Die Pyrotechnik ist heutzutage durchaus ein wichtiger Wirtschaftsfaktor: Allein in Deutschland werden mehr als 150 Millionen Euro für das jährliche Silvesterfeuerwerk in die Luft gejagt.

Zentrale Fragen:
- **An welchen Merkmalen erkennt man eine chemische Reaktion?**
- **Welcher Zusammenhang besteht zwischen chemischen Reaktionen und Energieumwandlung?**
- **Welche Rolle spielt Luft bei Verbrennungsvorgängen?**
- **Was geschieht bei einem Brand und wie lässt er sich bekämpfen?**
- **Was versteht man unter einem Reaktionsschema?**

4.1 Chemische Reaktionen im Alltag

Das Abbrennen einer Feuerwerksrakete ist ein faszinierender Vorgang. Die Lunte glüht auf und zündet das Antriebsgemisch. Die dabei entstehenden Gase befördern die Rakete in den Nachthimmel. Dort explodiert sie und erzeugt bunte Lichterscheinungen. Beim Abbrennen einer Feuerwerksrakete finden Stoffumwandlungen statt und es wird Energie freigesetzt. Es handelt sich um **chemische Reaktionen.**

Ein Streichholz wird entzündet.

Weniger heftig verläuft das Entzünden eines Streichholzes. Der Streichholzkopf und die Reibfläche enthalten Stoffe, die leicht miteinander reagieren. Wenn man mit dem Zündkopf über die Reibfläche streicht, entsteht so viel Reibungswärme, dass sich der Streichholzkopf entzündet. Das Streichholz flammt auf, der Streichholzkopf verändert sich und es entstehen Gase.

Eine Brausetablette löst sich in Wasser auf.

Auch wenn sich eine Brausetablette in Wasser auflöst, läuft eine chemische Reaktion ab. An der Oberfläche der Tablette bilden sich kleine Gasbläschen. Sie werden größer, lösen sich ab und steigen auf. Es bildet sich ein Wirbel von Gasblasen und schließlich hat sich die Tablette aufgelöst. Dabei ist als Reaktionsprodukt ein neuer gasförmiger Stoff entstanden, Kohlenstoffdioxid.

Ein Tintenkiller bringt die Tinte nicht um. Diese Stifte enthalten eine Flüssigkeit, die mit blauer Tinte chemisch reagiert. Dabei wird die Tinte in einen farblosen Stoff umgewandelt, den man auf dem Papier fast nicht mehr sieht.

Nährstoffe liefern Energie zum Leben.

Auch in unserem Körper laufen chemische Reaktionen ab. Wir nehmen Nährstoffe wie Kohlenhydrate, Fette oder Eiweißstoffe mit der Nahrung auf. Als Reaktionspartner dient Sauerstoff, den wir mit der Luft einatmen. Nährstoffe und Sauerstoff werden mit dem Blut bis in die einzelnen Zellen transportiert. Dort finden dann chemische Reaktionen statt, die uns lebenswichtige Stoffe und die Energie zum Leben liefern. Die Reaktionsprodukte Kohlenstoffdioxid und Wasser werden ausgeschieden.

Vorgänge, die mit einer Stoffumwandlung und mit einem Energieumsatz verknüpft sind, bezeichnet man als chemische Reaktionen.

1 Erläutere die Kriterien für chemische Reaktionen.

2 **a)** Nenne Vorgänge, die keine chemische Reaktion sind.
b) Nenne Vorgänge, bei denen es schwer ist zu erkennen, ob es sich um eine chemische Reaktion handelt. Begründe deine Entscheidungen.

Praktikum

Chemische Reaktionen

V1: Reaktion von Kupfer mit Schwefel

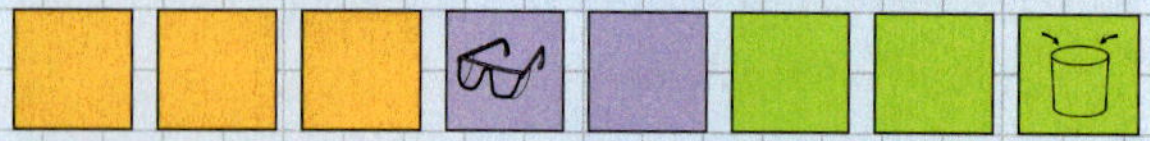

Materialien: Spatel, Pinzette, Luftballon, Gasbrenner; Kupferblech (etwa 1 cm × 7 cm), Schwefelpulver.

Durchführung:

1. Gib einige Spatel Schwefelpulver in ein Reagenzglas, füge dann einen Streifen Kupferblech hinzu und verschließe das Reagenzglas mit dem Luftballon.
2. Erhitze das Reagenzglas kräftig, bis die Reaktion zwischen Kupfer und Schwefel einsetzt.
3. Lass das Reagenzglas nach der Reaktion abkühlen und entnimm das Reaktionsprodukt.

Hinweis: Falls das Reaktionsprodukt mit Schwefel verklebt ist, muss nochmals kräftig erhitzt werden.

Aufgaben:

a) Beschreibe deine Beobachtungen.
b) Woran erkennst du, dass eine chemische Reaktion stattgefunden hat?
c) Begründe, dass bei der Reaktion Energie frei wird.
d) Gib an, in welchen Eigenschaften sich das Reaktionsprodukt von den Ausgangsstoffen unterscheidet. Nenne die neuen Eigenschaften.

V2: Reaktion von Eisen mit Schwefel

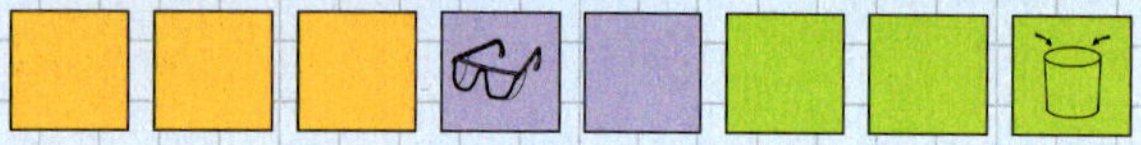

Materialien: Gasbrenner, Reagenzglasklammer, Spatel, Luftballon;
Schwefelpulver, feine Eisenwolle.

Durchführung:

1. Gib einige Spatel Schwefelpulver in ein Reagenzglas.
2. Drücke etwas lockere Eisenwolle in das Reagenzglas und schiebe sie bis auf 2 cm über das Schwefelpulver.
3. Verschließe das Reagenzglas mit dem Luftballon.
4. Erhitze den Schwefel im Reagenzglas kräftig, bis die Eisenwolle vollständig reagiert hat.

Aufgaben:

a) Notiere deine Beobachtungen.
b) Beschreibe den Ablauf der Reaktion zwischen Schwefel und Eisen.
c) Nenne die Unterschiede zwischen dem Reaktionsprodukt und den Ausgangsstoffen.
d) Erläutere die Kennzeichen einer chemischen Reaktion an diesem Beispiel.
e) Erkläre, ob bei dieser Reaktion Energie frei wird oder benötigt wird.

V3: Erhitzen von Kupfersulfat-Hydrat

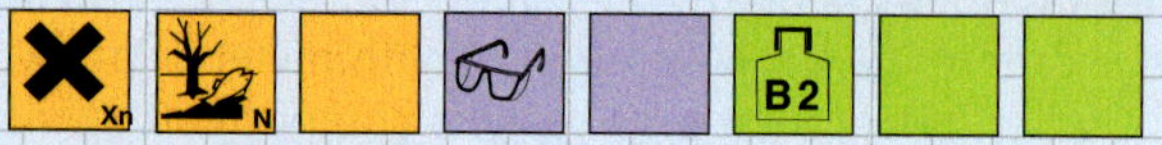

Materialien: Reagenzglasklammer, Gasbrenner;
Kupfersulfat-Hydrat (Xn, N; B2).

Durchführung:

1. Gib ungefähr 2 cm hoch Kupfersulfat-Hydrat in ein Reagenzglas.
2. Erhitze das Reagenzglas vorsichtig mit der nicht leuchtenden Brennerflamme. Halte das Reagenzglas dabei waagerecht.

Aufgaben:

a) Notiere deine Beobachtungen.
b) Stelle Vermutungen über das gasförmige Reaktionsprodukt an.
c) Plane Versuche, mit denen du deine Vermutung beweisen kannst.
d) Erläutere, ob eine chemische Reaktion stattgefunden hat.

V4: Reaktion von weißem Kupfersulfat mit Wasser

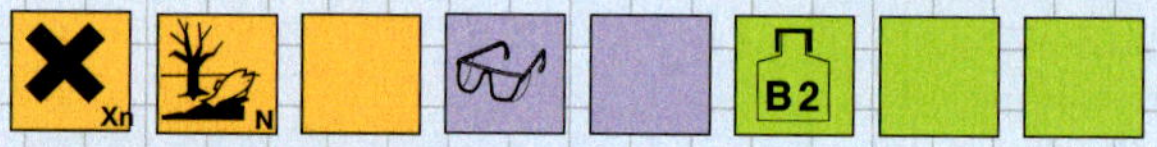

Materialien: Thermometer, Spatel, Tropfpipette mit Wasser;
weißes Kupfersulfat (Xn, N; B2).

Durchführung:

1. Gib einen halben Zentimeter weißes Kupfersulfat in ein Reagenzglas und stecke ein Thermometer hinein.
2. Gib tropfenweise Wasser auf das weiße Kupfersulfat, bis sich die Temperatur nicht mehr verändert.

Hinweis: Miss die Temperatur nach Zugabe jedes Tropfens und notiere die Werte.

Aufgaben:

a) Notiere deine Beobachtungen.
b) Nenne den Unterschied zwischen Ausgangsstoff und Reaktionsprodukt.
c) Begründe, dass bei dieser Reaktion Energie frei wird.
d) Stelle deine Messwerte in einem Diagramm dar.
e) Vergleiche die Versuche 3 und 4 und erläutere die Beziehungen zwischen ihnen.
f) Verdeutliche den Begriff: „Umkehrbarkeit einer chemischen Reaktion“.
g) Plant in eurer Gruppe einen Versuch, mit dem sich eine möglichst große Temperaturerhöhung erreichen lässt.
h) Führt den Versuch durch und vergleicht euer Ergebnis mit dem der anderen Gruppen.

Chemische Reaktionen im Alltag

Experimentielle Hausaufgabe

V1: Auflösen einer Brausetablette

Materialien: Wasserglas;
Brausetablette.

Durchführung: Gib die Brausetablette in ein Glas mit Wasser.

Aufgaben:
a) Notiere deine Beobachtungen.
b) Nenne die Stoffeigenschaften der bei der Reaktion entstehenden Stoffe.
c) Plane einen Versuch, bei dem kein Reaktionsprodukt verloren gehen kann.
d) Informiere dich über die wesentlichen Inhaltsstoffe von Brausetabletten.
e) Stelle Vermutungen über mögliche Ausgangsstoffe der Reaktion an. Plane Versuche, mit denen du deine Vermutungen überprüfen kannst.
f) Führe die Versuche durch.

V2: Herstellung von Brausepulver

Materialien: Löffel, Wasserglas;
Zucker, Zitronensäure, Natron.

Durchführung:
1. Gib nacheinander jeweils eine kleine Menge Zucker, Zitronensäure und Natron auf ein Stück Papier und prüfe den Geschmack.
2. Vermische zwei Teelöffel Zucker, zwei Teelöffel Zitronensäure und einen Teelöffel Natron in einem Glas.
3. Schütte etwas von diesem Gemisch auf ein Blatt Papier und prüfe erneut das Aussehen und den Geschmack.
4. Stelle Brause her, indem du einen Teelöffel des Gemisches in ein Glas mit Wasser gibst.

Aufgabe: Vergleiche die Zusammensetzung von Brausepulver und von Brausetabletten und deren Reaktion in Wasser.

V3: Backen von Pfannkuchen

Materialien: Rührschüssel, Schneebesen;
Eiklar, Mehl, Backpulver.

Durchführung:
1. Vermische alle drei Backzutaten mit etwas Wasser zu einem Teig.
2. Vermische jeweils nur zwei Zutaten mit etwas Wasser.
3. Versetze jede der Backzutaten allein mit etwas Wasser.
4. Gib von jeder Mischung einen Esslöffel in eine gefettete Pfanne und backe so lange, bis eine der Proben gelbbraun wird.

Aufgaben:
a) Notiere deine Beobachtungen.
b) Erkläre, welche Reaktionspartner erforderlich sind, damit ein Gebäck goldgelb und locker wird.
c) Informiere dich über die Reaktion von Backpulver beim Erhitzen und erläutere seine Bedeutung für den Backvorgang.

V4: Untersuchung von Zündhölzern

Materialien: Schleifpapier, Streichholzschachtel;
Sicherheitszündhölzer, Überallzünder.

Durchführung:
1. Reibe die Zündholzköpfe auf dem Schleifpapier.
2. Wiederhole den Versuch mit der Reibfläche der Streichholzschachtel.

Aufgaben:
a) Notiere deine Beobachtungen und vergleiche.
b) Man muss annehmen, dass beim Anreiben des Streichholzkopfes auf der Reibfläche der Streichholzschachtel eine chemische Reaktion abläuft. Begründe diese Aussage.
c) Informiere dich über die reagierenden Stoffe.
d) Erläutere die Begriffe „Sicherheitszündholz“ und „Überallzünder“.

V5: Untersuchungen an Wärmekissen

Materialien: Kochtopf, Spaghettizange;
käufliches Wärmekissen.

Durchführung:
1. Knicke das Metallplättchen und warte, bis das Wärmekissen wieder Zimmertemperatur erreicht hat.
2. Erhitze Wasser in dem Kochtopf, bis es kocht, und halte das Wärmekissen mit der Zange einige Minuten in das kochende Wasser.
3. Nimm das Wärmekissen aus dem Topf und lasse es wieder bis auf Zimmertemperatur abkühlen.

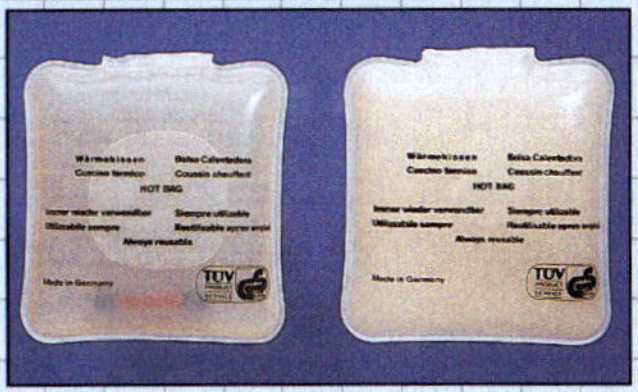

Aufgaben:
a) Notiere deine Beobachtungen.
b) Erläutere, dass eine umkehrbare Reaktion abgelaufen ist.
c) Gib die energieaufnehmende und die energiefreisetzende Reaktion an.
d) Informiere dich über den Stoff, der sich in einem Wärmekissen befindet.

4.2 Woran sind chemische Reaktionen zu erkennen?

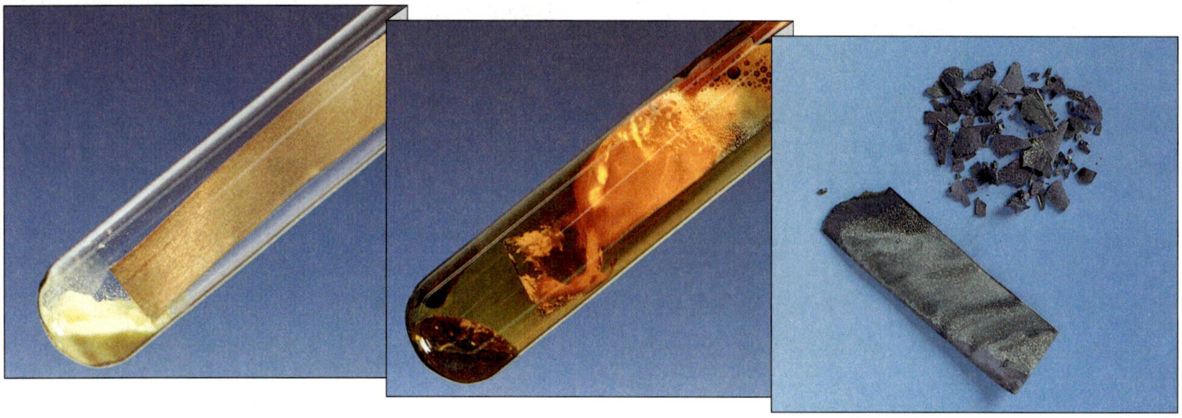

Kupfer reagiert mit Schwefel zu Kupfersulfid.

Eigenschaften von Kupfer:
charakteristisch roter Metallglanz
Dichte: $8{,}9\,\frac{g}{cm^3}$
Schmelztemperatur: 1083 °C

Eigenschaften von Schwefel:
gelbe Farbe
Dichte: $2{,}1\,\frac{g}{cm^3}$
Schmelztemperatur: 113 °C

Eigenschaften von Kupfersulfid:
schwarze Farbe
Dichte: $5{,}8\,\frac{g}{cm^3}$
Schmelztemperatur: 1130 °C

Wenn sich eine Brausetablette auflöst oder wenn sich ein Streichholzkopf entzündet, beobachtet man Veränderungen der Stoffe. Neue Stoffe mit neuen Eigenschaften entstehen; eine **chemische Reaktion** ist abgelaufen. Einfache Experimente können verdeutlichen, was für eine chemische Reaktion allgemein charakteristisch ist.

Stoffumwandlung. Erhitzt man ein Kupferblech in Schwefel-Dampf, so glüht das Blech rot auf, sobald es mit dem Schwefel-Dampf in Berührung kommt und es entsteht ein blauschwarzer Feststoff. Schon die Farbe zeigt an, dass kein Kupfer mehr vorliegt. Auch ein Teil des Schwefels ist verschwunden. Der gebildete blauschwarze Streifen ist spröde und zerbricht sehr leicht in kleine Stücke.
Aus den *Ausgangsstoffen* Kupfer und Schwefel wurde also ein neuer Stoff gebildet, das *Reaktionsprodukt:* Kupfersulfid. Es kommt dabei nicht darauf an, ob Kupferblech, Kupferdraht oder Kupferpulver mit Schwefel reagieren, in allen Fällen erhält man als Produkt blauschwarzes Kupfersulfid. Der Name Kupfersulfid weist darauf hin, dass sich der neue Stoff aus Kupfer und Schwefel (lat. *sulfur*) gebildet hat. Kupfersulfid hat weder die Eigenschaften von Kupfer noch die von Schwefel. Es unterscheidet sich von ihnen beispielsweise in der Farbe, der Dichte und der Schmelztemperatur. Kupfersulfid ist daher kein *Gemisch* der beiden Stoffe Kupfer und Schwefel, sondern ein neuer *Reinstoff,* der durch eine chemische Reaktion aus Kupfer und Schwefel gebildet wird.
Anders als bei einem Kupfer/Schwefel-Gemisch lässt sich Kupfersulfid nicht durch Trennverfahren wieder in Kupfer und Schwefel zerlegen. Aus Kupfersulfid kann nur durch eine chemische Reaktion wieder Kupfer gewonnen werden.

Wiegt man Ausgangstoffe und Produkte einer chemischen Reaktion, so stellt man fest, dass die Masse gleich geblieben ist. Bei chemischen Reaktionen gilt somit das Gesetz von der **Erhaltung der Masse.**

Änderungen des Aggregatzustands sind keine chemischen Reaktionen, denn es entstehen keine neuen Stoffe. Erhitzt man Schwefel auf 120 °C, so bildet sich erst eine Schmelze, dann Schwefel-Dampf. Ist die Probe wieder abgekühlt, liegt der Schwefel wieder unverändert als Feststoff vor.

Kupfergewinnung. Metallisches Kupfer kommt in der Natur nur in kleinen Mengen vor. Kupfer wird deshalb aus Kupfererzen gewonnen, an deren Aufbau vor allem Schwefel beteiligt ist. Zu diesen sulfidischen Kupfererzen gehören der eisenhaltige Kupferkies und der Kupferglanz, ein Kupfersulfid. Die Erze werden zunächst an der Luft erhitzt. Dabei entsteht Schwefeldioxid, das als Gas entweicht und zu Schwefelsäure verarbeitet wird.
Durch Erhitzen des zurückgebliebenen Gemisches aus Kupfersulfid und Kupferoxid erhält man Rohkupfer, das noch gereinigt werden muss.

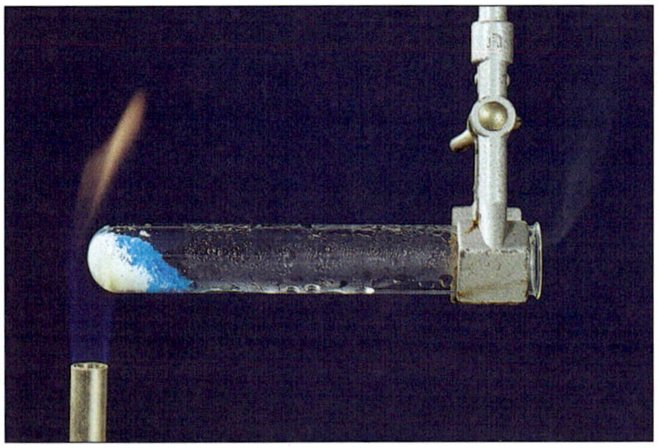

Blaues Kupfersulfat-Hydrat wird erhitzt.

Weißes Kupfersulfat reagiert mit Wasser.

Energieumsatz. Sobald die Reaktion von Kupfer mit Schwefel beginnt, glüht das Kupferblech auf. Bei der Reaktion von Kupfer mit Schwefel wird Energie in Form von Wärme frei. Diese Energie wird beim Abkühlen von der Umgebung aufgenommen. Ein solcher *Energieaustausch* ist neben der Stoffumwandlung charakteristisch für chemische Reaktionen.

Besonders einfach lassen sich Aufnahme und Abgabe von Wärme an Experimenten mit Kupfersulfat untersuchen:
Erhitzt man blaues *Kupfersulfat-Hydrat,* so verschwindet die blaue Farbe; gleichzeitig entstehen Tröpfchen einer farblosen Flüssigkeit. Sie erweist sich als Wasser. Außerdem bildet sich bei dieser Reaktion das *weiße wasserfreie Kupfersulfat.*
Diese Reaktion ist *umkehrbar:* Tropft man Wasser auf den entstandenen Stoff, so bildet sich der blaue Stoff zurück und die Temperatur steigt an. Aus dem Stoff Kupfersulfat ist in einer chemischen Reaktion wieder der Stoff Kupfersulfat-Hydrat geworden.

Eine Reaktion, bei der Wärme frei wird, bezeichnet man als **exotherme Reaktion.** Um Wasser aus dem blauen Kupfersulfat-Hydrat abzuspalten, muss dagegen ständig Wärme zugeführt werden. In diesem Fall spricht man von einer **endothermen Reaktion.**

Reaktionsschema. Eine chemische Reaktion wird in Kurzform durch ein Reaktionsschema beschrieben: Man notiert die Namen der Ausgangsstoffe und setzt ein Plus-Zeichen dazwischen. Es folgen der Reaktionspfeil und dann die Namen der Reaktionsprodukte. Der Pfeil gibt also die Richtung der Reaktion an. Angaben zum Energieumsatz werden nach einem Semikolon hinzugefügt:

Kupfer + Schwefel ⟶ Kupfersulfid; exotherm

Das Plus-Zeichen wird als „und" gelesen, der Reaktionspfeil als „reagieren zu". Das Reaktionsschema heißt daher in Worten: „Kupfer und Schwefel reagieren zu Kupfersulfid; die Reaktion verläuft exotherm."

Das Reaktionsschema für die Bildung von weißem Kupfersulfat lautet:

Kupfersulfat-Hydrat ⟶
Kupfersulfat + Wasser; endotherm

„Kupfersulfat-Hydrat reagiert zu Kupfersulfat und Wasser; die Reaktion verläuft endotherm."

Bei chemischen Reaktionen bilden sich neue Stoffe mit charakteristischen Eigenschaften, die Masse bleibt erhalten. Gleichzeitig findet ein Energieaustausch in Form von Wärme statt: Bei exothermen Reaktionen wird Wärme abgegeben; bei endothermen Reaktionen wird Wärme aufgenommen.
Viele chemische Reaktionen sind umkehrbar.

1 Nenne die Kennzeichen einer chemischen Reaktion.
2 Nenne vier Beispiele für chemische Reaktionen.
3 **a)** Definiere die Begriffe „exotherme Reaktion" und „endotherme Reaktion".
b) Nenne jeweils ein Beispiel für eine exotherme Reaktion und für eine endotherme Reaktion.
4 Diskutiere, ob es sich bei den nachfolgenden Vorgängen um chemische Reaktionen handelt. Nenne Argumente, die dafür oder dagegen sprechen.
a) Zucker löst sich in Wasser.
b) Schnee schmilzt.
c) Eine Rakete wird gestartet.
d) Ein Wasser/Alkohol-Gemisch wird destilliert.
e) Eisen rostet.
5 Diskutiere, ob es sich beim Auflösen einer Brausetablette um eine chemische Reaktion handelt.

4.3 Chemische Energie und Energieerhaltung

Reaktion von Zink und Schwefel zu Zinksulfid

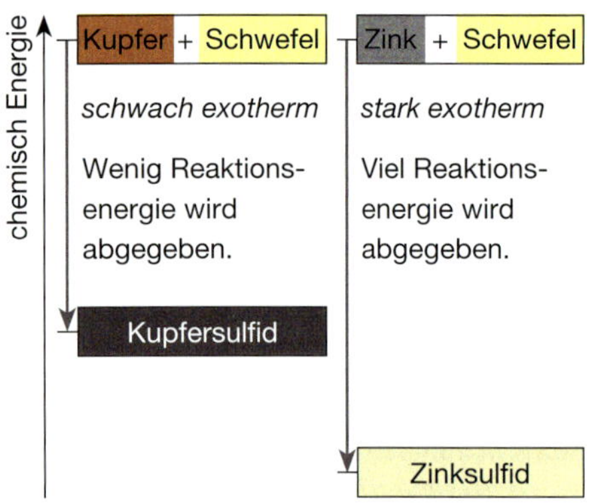

Energiediagramm der Reaktionen von Kupfer und Zink mit Schwefel

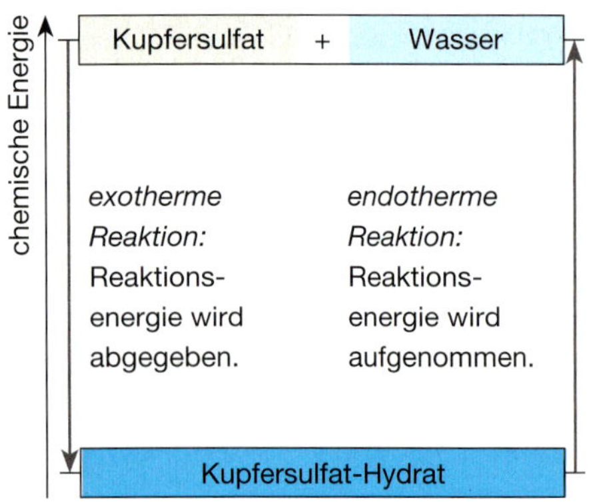

Energiediagramm bei einer chemischen Reaktion und ihrer Umkehrung

In Alltag und Technik spricht man von *Energiegewinnung* und *Energieverbrauch* und manchmal auch von *Energieverschwendung*. In den Naturwissenschaften geht man aber schon seit 150 Jahren davon aus, dass Energie weder neu geschaffen noch verbraucht werden kann. Energie kann lediglich von einer Energieform in eine andere Energieform umgewandelt werden, beispielsweise von elektrischer Energie in Wärme oder in Licht. Insgesamt gesehen bleibt die Menge der Energie dabei unverändert.

Damit sich dieses Prinzip von der **Erhaltung der Energie** auch auf den Energieaustausch bei chemischen Reaktionen anwenden lässt, ordnet man den Stoffen selbst eine besondere Form der Energie zu, die **chemische Energie.** Der Energiegehalt einer Stoffportion hängt demnach von der Art der Stoffe und ihrer Menge ab. Die chemische Energie einer einzelnen Stoffportion kann allerdings nicht gemessen werden. Messbar sind dagegen *Änderungen* der chemischen Energie, wie sie sich bei chemischen Reaktionen bemerkbar machen:
Die bei einer Reaktion abgegebene oder aufgenommene Energie entspricht dem Unterschied in der chemischen Energie von Ausgangsstoffen und Reaktionsprodukten. Bei einer exothermen Reaktion entstehen jeweils Produkte mit kleinerem Energiegehalt. Endotherme Reaktionen führen zur Bildung energiereicherer Stoffe. Man sagt auch: Bei einer endothermen Reaktion wird die zugeführte Energie als chemische Energie in den Produkten gespeichert.

Energiediagramme. Energieumsätze bei chemischen Reaktionen lassen sich übersichtlich darstellen und vergleichen, wenn man eine Grafik zu Hilfe nimmt. In einem solchen *Energiediagramm* ordnet man den Ausgangsstoffen zunächst willkürlich eine bestimmte chemische Energie zu. Im Falle einer exothermen Reaktion liegt die chemische Energie der Reaktionsprodukte dann entsprechend niedriger.
Das Ausmaß dieser Energieumwandlung deutet man durch die Länge eines abwärtsgerichteten Pfeils an. Die Umwandlung der bei einer endothermen Reaktion zugeführten Energie wird entsprechend durch einen nach oben weisenden Pfeil gekennzeichnet.

Der bei chemischen Reaktionen beobachtete Energieumsatz ergibt sich aus der Umwandlung von chemischer Energie in andere Energieformen. Der Energieerhaltungssatz gilt somit auch für chemische Reaktionen.

1 Erläutere den Zusammenhang zwischen der chemischen Energie von Stoffen und dem bei einer Reaktion beobachteten Energieumsatz.
2 Gib für die Reaktion von Kupfer mit Schwefel und für die Reaktion von Zink mit Schwefel jeweils das Reaktionsschema an. Welche Reaktion ist stärker exotherm?
3 Erkläre, warum die beiden Pfeile im Energiediagramm für die Bildung und die Zerlegung von Kupfersulfat-Hydrat gleich lang sind.
4 Stelle den Energieumsatz für die verschiedenen Aggregatzustandsänderungen des Wassers schematisch durch ein Energiediagramm dar.

Chemie-Recherche

Location: http://www.schroedel.de/chemie_heute.html

Suche:

Chemie und Energie

Ergebnisse:

Energie und Energieform

Physikalisch gesehen ist Energie die Fähigkeit, Arbeit zu verrichten. Energie tritt in verschiedenen Formen auf: als *Wärme, Lichtenergie, Bewegungsenergie, elektrische Energie, chemische Energie* oder *Kernenergie.*
Je nach Temperatur enthält eine Stoffportion eine bestimmte Menge an Wärme; diese Energie steckt in der Bewegung der Teilchen: je höher die Temperatur ist, desto schneller bewegen sich die Teilchen.

Energieerhaltung und Energieumwandlung

Energie kann weder neu geschaffen noch verbraucht werden; sie kann aber von einer Energieform in eine andere überführt werden. So wird in der Muskulatur die chemische Energie der Nährstoffe in Bewegungsenergie und Wärme umgewandelt. Beim Fahrradfahren wird ein Teil der Bewegungsenergie über den Dynamo in elektrische Energie umgewandelt; in der Fahrradlampe wird aus der elektrischen Energie schließlich Lichtenergie. Bei jeder Energieumwandlung geht ein Teil der Energie als Wärme weitgehend nutzlos verloren. In einer Glühlampe beispielsweise wird elektrische Energie nur zu 5 % in Lichtenergie umgewandelt.

Chemische Systeme und Energieaustausch

Von ihrer Umgebung abgegrenzte Stoffportionen bezeichnet man als *chemische Systeme.* Ein System kann ein Reagenzglas mit Inhalt sein, eine Flüssigkeit in einem Becherglas oder ein Gas in einem Kolbenprober.
Bei einer exothermen Reaktion wird Energie in Form von Wärme oder Licht von dem System an die Umgebung abgegeben. Bei einer endothermen Reaktion nimmt das System Energie aus der Umgebung auf. Die aufgenommene Energie wird dabei in chemische Energie umgewandelt. Die Reaktionsprodukte einer endothermen Reaktion sind deshalb energiereichere Stoffe als die Ausgangsstoffe.

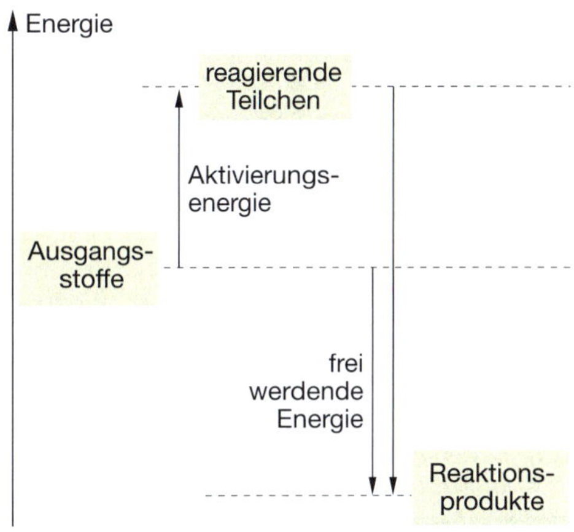

Aktivierungsenergie (E_A)

Bevor eine exotherme Reaktion abläuft, muss in vielen Fällen zunächst von außen Energie zugeführt werden. Die Energie, die man benötigt, um eine exotherme Reaktion in Gang zu bringen, nennt man *Aktivierungsenergie.* Oft reicht dazu ein kleiner Zündfunke aus. Es reagieren zunächst nur wenige Teilchen. Die dabei frei werdende Wärme liefert die Aktivierungsenergie für die Reaktion benachbarter Teilchen. Auf diese Weise breitet sich die Reaktion schrittweise immer weiter in ihrer Umgebung aus und die Temperatur steigt an.

Katalysator

Bei manchen Reaktionen ist die Aktivierungsenergie so hoch, dass sie in der Praxis nicht oder nur langsam ablaufen. Ein Beispiel ist die Umwandlung von gefährlichen Autoabgasen in ungefährliche Stoffe. Um die Reaktion zu ermöglichen benutzt man den „Kat". Er enthält einen Stoff, den man als *Katalysator* bezeichnet. Ein Katalysator vermindert die Aktivierungsenergie und die Reaktion kann rascher ablaufen. Der Katalysator nimmt zwar an der Reaktion teil, wird aber selbst nicht dauerhaft verändert. Tiere und Pflanzen nutzen Bio-Katalysatoren für ihren Stoffwechsel, die sogenannten *Enzyme.*

Aufgaben

1 Nenne jeweils ein Beispiel für eine exotherme Reaktion, bei der Energie in den folgenden Formen frei wird:
a) Wärme, **b)** Bewegung, **c)** Licht.

2 In einem Kraftwerk wird Kohle verbrannt. Informiere dich, welche Energieformen auftreten, bis schließlich elektrische Energie an den Kunden geliefert wird.

Chemische Reaktionen im Alltag (1)

Chemie beim Kuchenbacken

Wenn der Hefeteig angerührt ist, stellt man ihn zur Seite und wartet, bis er „aufgegangen“ ist. Das dauert etwa eine halbe oder dreiviertel Stunde. In dieser Zeit nimmt das Volumen des Teiges deutlich zu. Ursache dafür ist die Bildung eines gasförmigen Stoffes, dessen Bläschen den Teig aufblähen. Bei dem Gas handelt es sich um Kohlenstoffdioxid. Es wird durch die Hefe aus Zucker gebildet. Je höher die Temperatur ist, desto schneller geht der Teig auf. An diesem Beispiel zeigt sich, dass die Geschwindigkeit einer chemischen Reaktion von der Temperatur abhängt. Je höher die Temperatur ist, desto schneller erfolgt in diesem Fall die Gasentwicklung.

Vom Brot zum Zucker

Jeder kennt das: Kaut man lange genug auf einem Stück Brot, so schmeckt es süß. Aufgrund des süßen Geschmacks als neuer Eigenschaft kann man schließen, dass ein neuer Stoff entstanden ist. Es handelt sich um Glucose, eine Zuckerart.
Es muss also eine chemische Reaktion abgelaufen sein.
Chemisch gesehen besteht Brot im Wesentlichen aus Stärke, einem wichtigen Nährstoff. Stärke ist aus sehr großen Teilchen aufgebaut, die durch Speichel in Glucose-Teilchen gespalten werden.

vor 1900:

1969:

Wirkung von Entkalkern

Im Leitungswasser sind mehr oder weniger große Mengen an Kalk gelöst. Wenn das Wasser verdampft oder verdunstet, setzt sich der Kalk ab und bildet einen unlöslichen Belag. So verkalken Kaffeemaschinen oder Wasserkocher langsam.
Die Kalkablagerungen können mit *Entkalkern* entfernt werden. Entkalker enthalten Säuren, die mit dem Kalk zu dem Gas Kohlenstoffdioxid reagieren. Außerdem entsteht ein leicht wasserlöslicher Stoff, der problemlos weggespült werden kann.

Wirkung von saurem Regen auf Kalkstein

Durch Abgase aus Kraftwerken, Industrie und Verkehr wird Regenwasser sauer. Es entsteht saurer Regen. Gebäude aus Kalkstein und Kunstwerke aus Marmor werden durch sauren Regen im Laufe der Zeit zerstört. Dabei laufen ähnliche chemische Reaktionen ab wie beim Entkalken von Küchengeräten.
Auch ganz natürliche Vorgänge führen zur Bildung von Säuren, die Kalkstein oder Beton zerfressen: Verschiedene Bakterien wandeln das nach faulen Eiern riechende Schwefelwasserstoff-Gas in Schwefelsäure um. Schwefelwasserstoff kommt in vulkanischen Gasen vor; es entsteht auch bei Fäulnisprozessen. Abwasserkanäle aus Beton werden durch die von Bakterien gebildete Schwefelsäure erheblich geschädigt.

Experimentelle Hausaufgabe:
Zersetzen von Eierschalen

Materialien: Wasserglas;
gekochtes Ei, Speiseessig, Zahncreme.

Durchführung:

1. Fülle das Glas etwa 3 cm hoch mit Speiseessig.
2. Lege das Ei hinein und beobachte.
3. Nimm das Ei nach fünf Minuten aus dem Glas, spüle es mit Leitungswasser ab und untersuche die Eierschale auf Veränderungen.
4. Bestreiche einen Teil der Eierschale mit Zahncreme. Trage dabei die Zahncreme nur ganz dünn auf.
5. Lege das Ei erneut in das Glas mit Speiseessig und lasse es über Nacht stehen.

Aufgaben:

a) Notiere und erkläre deine Beobachtungen.
b) Übertrage deine Erkenntnisse aus den Arbeitsschritten 4 und 5 auf die Zahnpflege: Wo liegen hier die Parallelen?

Chemische Reaktionen im Alltag (2)

Ergebnisse:

→ **Silvesterfeuerwerk**

Chemie ist, wenn es knallt und...
Dieser alte Spruch trifft heute nur noch selten zu, aber *ohne* Chemie gäbe es auch keine Feuerwerksraketen. Jede Rakete enthält mehrere Stoffgemische, in denen chemische Reaktionen ausgelöst werden: den Treibsatz, den Sprengsatz und einige Leuchtsätze.
Die glimmende Zündschnur zündet zunächst den Schwarzpulver-Treibsatz aus Salpeter, Holzkohle und Schwefel. In einer stark exothermen Reaktion entstehen als Reaktionsprodukte heiße Gase. Sie entweichen mit hoher Geschwindigkeit und der Rückstoßeffekt treibt die Rakete in die Höhe. Dort wird der Sprengsatz ausgelöst. Weitere Zünder starten dann Reaktionen in den Leuchtsätzen aus dem Kopf der Rakete, sodass sich verschiedene Farbeffekte ergeben.

→ **Schneiden und Schweißen**

Um Stahlplatten oder Stahlträger fest miteinander zu verbinden, setzt man *Schweißbrenner* ein. Für ihren Betrieb benötigt man ein brennbares Gas wie Wasserstoff sowie Sauerstoff. Beide Gase werden über Schläuche aus Druckgasflaschen in den Brenner geleitet. Zündet man das ausströmende Gemisch, so reagieren die beiden Gase miteinander; es entsteht eine Stichflamme mit Temperaturen bis zu 3000 °C.

Um große Stahlteile zu zerlegen, benötigt man einen *Schneidbrenner.* Ähnlich wie beim Schweißbrenner erzeugt man zunächst eine heiße Stichflamme. Damit wird der Stahl bis zur Weißglut erhitzt. Dann öffnet man ein weiteres Ventil und leitet zusätzlichen Sauerstoff unter hohem Druck auf das glühende Metall. Durch den überschüssigen Sauerstoff reagiert das heiße Eisen rasch; es entsteht ein Funkenregen aus geschmolzenem Eisenoxid. Die Erfindung des Brennschneidens wird übrigens einem Geldschrankknacker zugeschrieben, der 1890 in Hannover erstmals auf diese Weise die Wand eines stählernen Safes aufschnitt.

→ **Zweikomponentenkleber**

Um Materialien miteinander zu verbinden, verwendet man häufig Klebstoffe. Besonders wirkungsvoll sind Zweikomponentenkleber. Beide Komponenten werden getrennt voneinander aufbewahrt und erst kurz vor der Anwendung in einem bestimmten Verhältnis miteinander vermischt. Das Gemisch muss meist innerhalb von zehn Minuten auf den zu verklebenden Flächen verteilt werden, denn schon nach kurzer Zeit setzt im Kleber eine chemische Reaktion ein. Aus den Teilchen der Komponenten entsteht dabei ein festes Netzwerk.

Aufgaben

1 **a)** Informiere dich über die Zusammensetzung von Entkalkern.
b) Plane eine Versuchsreihe zur Wirkung verschiedener Säuren oder säurehaltiger Nahrungsmittel auf Kalk und führe die Versuche durch.
c) Erkläre, warum eine übrig gebliebene Zitronenhälfte nicht in Alufolie verpackt werden sollte.

2 Recherchiere, mit welchen Zusätzen man die verschiedenen Farben bei Feuerwerksraketen erreicht.

3 Ein Rezept, wie du einen Hefeteig anrühren kannst, findest du in jedem Backbuch.
a) Plane eine Versuchsreihe, mit der du die Aussage der Recherche zur Temperaturabhängigkeit der Wirkung von Hefe überprüfen kannst, und führe sie durch.
b) Werte deine Versuche aus und nimm kritisch Stellung zu der Aussage über die Temperaturabhängigkeit der Gasentwicklung im Text.

4.4 Sauerstoff – Reaktionspartner aus der Luft

Eine Kerze erlischt bei Luftabschluss

Massenzunahme bei der Verbrennung

Jeder weiß, dass wir ohne Luft nicht leben können. Genauer gesagt, nehmen wir beim Atmen den lebensnotwendigen *Sauerstoff* aus der Luft auf. Dieses Gas spielt auch eine entscheidende Rolle bei Verbrennungsvorgängen. Stülpt man beispielsweise ein Becherglas über eine brennende Kerze, so erlischt die Flamme schon nach kurzer Zeit, weil der Sauerstoffgehalt zu klein geworden ist.

Ein klareres Bild über die Beteiligung des Sauerstoffs an der Verbrennung ergibt sich aus einigen einfachen Experimenten mit Eisenwolle:

- Erhitzt man Eisenwolle mit der Brennerflamme, so glüht sie auf und es bildet sich ein schwarzblaues, sprödes Produkt.
- Ein Experiment mit Eisenwolle an einer Waage zeigt, dass das entstehende Produkt eine größere Masse hat als das ursprüngliche Eisen. Bei der Reaktion kommt demnach ein Stoff aus der Luft hinzu.
- Hält man glühende Eisenwolle in einen Standzylinder mit reinem Sauerstoff, so verläuft die Reaktion wesentlich heftiger.

Verbrennung von Eisen und von Holzkohle in Sauerstoff

Die Beobachtungen verdeutlichen, dass es sich bei der Verbrennung von Eisen tatsächlich um eine Reaktion mit Sauerstoff handelt. Da Luft neben Sauerstoff viel Stickstoff enthält, läuft die Verbrennung mit Luft erheblich langsamer ab als mit reinem Sauerstoff.

Die verbrennungsfördernde Wirkung von Sauerstoff zeigt sich auch bei anderen brennbaren Stoffen: Man erhitzt ein Stück Holzkohle mit der Brennerflamme, bis es an der Luft glüht. Hält man es dann in einen Standzylinder mit reinem Sauerstoff, so glüht es heller und man erkennt eine Flammenzone. Noch deutlicher ist der Effekt, wenn man Sauerstoff aus einer Druckgasflasche auf die glühende Holzkohle leitet.

Oxidation. Die bei einer Verbrennung mit reinem Sauerstoff oder mit Sauerstoff aus der Luft ablaufende exotherme Reaktion bezeichnet man als *Oxidation*. Abgeleitet ist dieser Begriff von *Oxygenium*, dem wissenschaftlichen Namen für Sauerstoff. Die Reaktionsprodukte heißen dementsprechend **Oxide:**

Eisen + Sauerstoff ⟶ Eisenoxid; exotherm
Kohlenstoff + Sauerstoff ⟶ Kohlenstoffdioxid; exotherm

Bei Metalloxiden handelt es sich immer um Feststoffe. Die Verbrennung nichtmetallischer Stoffe führt dagegen meist zu gasförmigen oder flüssigen Oxiden.

Bei einer Verbrennung reagiert ein Stoff mit dem Sauerstoff aus der Luft zu einem Oxid. Diese Reaktion nennt man Oxidation. Alle Oxidationen verlaufen exotherm.

1 Erläutere, wie die beschriebenen Versuche zusammen zeigen, dass bei einer Verbrennung der brennende Stoff mit dem Luftsauerstoff reagiert.

2 Der Sauerstoffanteil in der Luft des Heizungskellers bleibt auch bei längerer Betriebszeit der Heizung unverändert. Erkläre, auf welche Weise das erreicht wird.

4.5 Die Luft – ein Gasgemisch

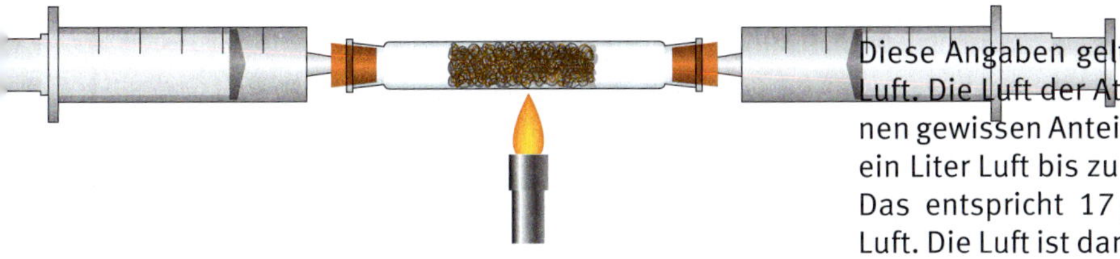

Ein bestimmtes Luftvolumen wird von einem Kolbenprober mehrfach über die erhitzte Eisenwolle in den anderen Kolbenprober geleitet. Nach dem Abkühlen der Apparatur bleiben $\frac{4}{5}$ des Volumens der Luft zurück.

Verbrennt man Eisen in einem abgeschlossenen Luftraum, so verringert sich das Volumen um rund ein Fünftel. Bei diesem Anteil der Luft handelt es sich um Sauerstoff. Dieses Gas bildet mit Eisen Eisenoxid:

Eisen + Sauerstoff ⟶ Eisenoxid; exotherm

Die Luft enthält etwa 21 % **Sauerstoff.** Hauptbestandteil ist mit 78 % ein Stoff, der die Verbrennung nicht unterhält. Eine Flamme erstickt in diesem Gas. Man bezeichnet es als **Stickstoff.** Neben Stickstoff und Sauerstoff enthält Luft noch zu etwa 1 % **andere Gase.** Den größten Teil davon nimmt das Edelgas Argon ein. Kohlenstoffdioxid macht etwa 0,04 % des Luftvolumens aus.

Diese Angaben gelten nur für saubere und *trockene* Luft. Die Luft der Atmosphäre enthält aber immer einen gewissen Anteil an Wasserdampf: Bei 20 °C kann ein Liter Luft bis zu 23 ml Wasserdampf aufnehmen. Das entspricht 17 g Wasserdampf pro Kubikmeter Luft. Die Luft ist dann bei dieser Temperatur mit Wasserdampf gesättigt. Man sagt: Die *relative Luftfeuchtigkeit* beträgt 100 %.
Bei höheren Temperaturen kann die Luft noch mehr Wasserdampf aufnehmen. Kühlt man warme, feuchte Luft ab, so scheiden sich Wassertröpfchen ab: Es bilden sich Nebel, Tau oder Regen.

Auch viele andere gasförmige Bestandteile und große Mengen Staub gelangen auf natürliche Weise in die Atmosphäre: Bei Fäulnisprozessen bilden sich neben Kohlenstoffdioxid Gase wie Schwefelwasserstoff, Methan und Ammoniak. Wald- und Steppenbrände erzeugen Staub und Verbrennungsgase. Aus Vulkanen entweichen Staub, chlorhaltige Gase, Schwefeldioxid und Schwefelwasserstoff.
Ein erheblicher Anteil an Fremdstoffen wird jedoch auch durch Verkehr, Industrie und Haushalte in die Luft abgegeben. Dazu gehören auch gesundheitsschädliche Gase wie Kohlenstoffmonooxid, Stickstoffoxide, Schwefeldioxid und Kohlenwasserstoffe.

Gas	Anteil in 1000 ml Luft
Stickstoff	780,8 ml
Sauerstoff	209,5 ml
Argon	9,3 ml
Kohlenstoffdioxid	0,4 ml
sonstige Edelgase	0,024 ml
Methan	0,0016 ml
Wasserstoff	0,0005 ml
Kohlenstoffmonooxid	0,0002 ml
Stickstoffoxide	0,0000005 ml
Ozon	0,0000004 ml

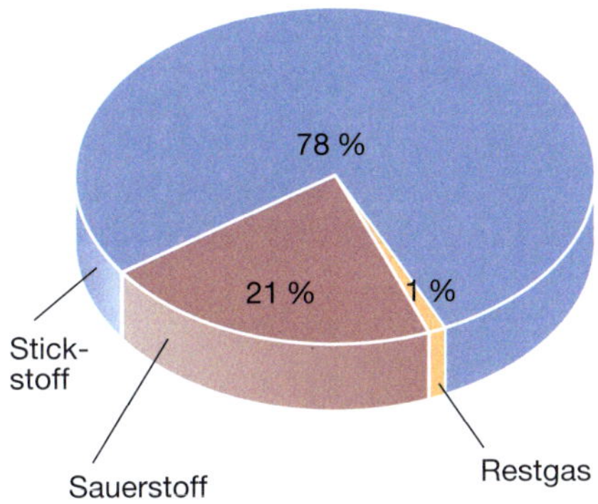

	Sauerstoff	Stickstoff
Entdecker	SCHEELE/PRIESTLEY, 1774	CAVENDISH/RUTHERFORD, 1772
Eigenschaften	farb- und geruchloses Gas	farb- und geruchloses Gas
Siedetemperatur	–183 °C	–196 °C
Schmelztemperatur	–219 °C	–210 °C
Dichte bei 20 °C und 1013 hPa)	$1{,}33\ \frac{g}{l}$	$1{,}16\ \frac{g}{l}$
Reaktionsverhalten	reagiert mit vielen Stoffen zu Oxiden	reaktionsträge, erstickt Flammen
Vewendung	Atemgas in Atemgeräten, beim Schweißen	Kältemittel (flüssig), Herstellung von Ammoniak

Die Luft ist ein Gasgemisch aus 78 % Stickstoff, 21 % Sauerstoff und 1 % sonstigen Gasen. Daneben enthält Luft stets Wasserdampf. Außerdem sind Schadstoffe in der Atmosphäre, die teils bei natürlichen und teils bei technischen Vorgängen entstehen.

1 Vergleiche die Reaktionsfähigkeit von Sauerstoff und Stickstoff.

2 a) Begründe, dass der oben gezeigte Versuch nur aussagefähig ist, wenn am Ende des Versuchs noch unverbrannte Eisenwolle erkennbar ist.

b) Erkläre, dass dann $\frac{4}{5}$ des Volumens an Luft zurückbleiben.

3 Begründe die Beobachtung bei der Glimmspanprobe

a) in normaler Luft,

b) in mit Sauerstoff angereicherter Luft.

4 Begründe, dass man mit der Glimmspanprobe Stickstoff und Argon nicht unterscheiden kann.

Übersicht Einfache Nachweisreaktionen

Nur wenige Stoffe lassen sich – ähnlich wie Kupfer oder Gold – direkt an ihrem Aussehen erkennen. Eisen verrät sich unter den vielen silberglänzenden Metallen erst allmählich durch die Bildung einer Rostschicht, also durch die Reaktion mit dem Sauerstoff aus der Luft. Ähnlich wie Eisen kann man auch verschiedene farblose Gase oder farblose Flüssigkeiten an ihrem Reaktionsverhalten gegenüber anderen Stoffen unterscheiden. Geeignet für den *Nachweis* von Stoffen sind Reaktionen, die rasch einen deutlichen Effekt ergeben. Dieser Effekt sollte im Idealfall *spezifisch* für einen ganz bestimmten Stoff sein und sich schon mit geringen Mengen gut erkennen lassen.

Nachweis von Sauerstoff mit der Glimmspanprobe

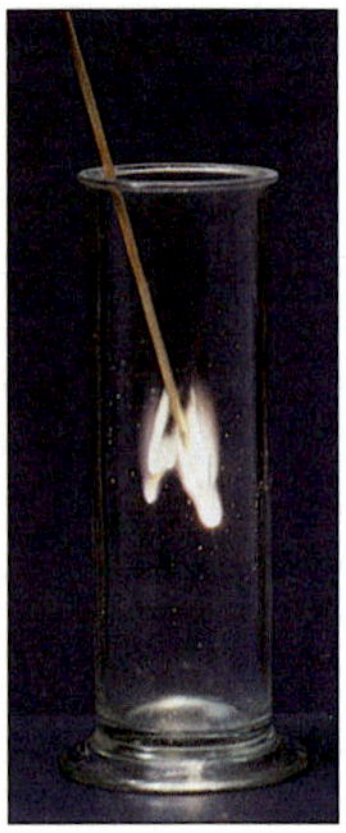

Ein glimmender Holzspan flammt auf, hält man ihn in einen Standzylinder mit reinem Sauerstoff. Ganz ähnlich ist der Effekt in Gasgemischen, soweit der Sauerstoffanteil wesentlich größer ist als in Luft.

Nachweis von Kohlenstoffdioxid mit Kalkwasser

Leitet man Kohlenstoffdioxid oder ein kohlenstoffdioxidhaltiges Gasgemisch in klares Kalkwasser, so bildet sich eine weiße Trübung. Dieser Test ergibt auch mit dem geringen Kohlenstoffdioxid-Anteil der Raumluft einen deutlichen Effekt.

Nachweis von Wasser mit weißem Kupfersulfat

Wasser bildet mit weißem Kupfersulfat das blaue Kupfersulfat-Hydrat. Eine Blaufärbung mit der zu untersuchenden Flüssigkeit weist deshalb auf Wasser oder eine wasserhaltige Lösung hin.

Exkurs Verflüssigung der Luft

Zur Gewinnung von Sauerstoff und reinem Stickstoff aus Luft muss die Luft zunächst verflüssigt werden.
Man wendet dazu das LINDE-Verfahren an: Im ersten Schritt wird die Luft zusammengepresst: Das Volumen nimmt ab, die Temperatur steigt. Die verdichtete Luft wird nun in einem Kühler abgekühlt. Anschließend wird der Druck verringert: Das Volumen nimmt zu, die Temperatur sinkt weiter ab. Dieser Vorgang wird in einem Kreislauf mehrfach wiederholt, bis die Luft schließlich bei etwa −200 °C verflüssigt ist.

Für die Gewinnung von reinem Stickstoff und reinem Sauerstoff nutzt man den Unterschied in den Siedetemperaturen: Stickstoff siedet bereits bei −196 °C, Sauerstoff erst bei −183 °C. Der Dampf über siedender flüssiger Luft enthält deshalb nur wenig Sauerstoff; der Sauerstoffgehalt der Flüssigkeit nimmt entsprechend zu.

In der Technik arbeitet man mit einer Destillationsanlage, in der sich das Verdampfen und Kondensieren mehrfach nacheinander wiederholt. Endprodukte des Verfahrens sind flüssiger Stickstoff und flüssiger Sauerstoff in reiner Form. Als Nebenprodukt kann dabei auch das bei

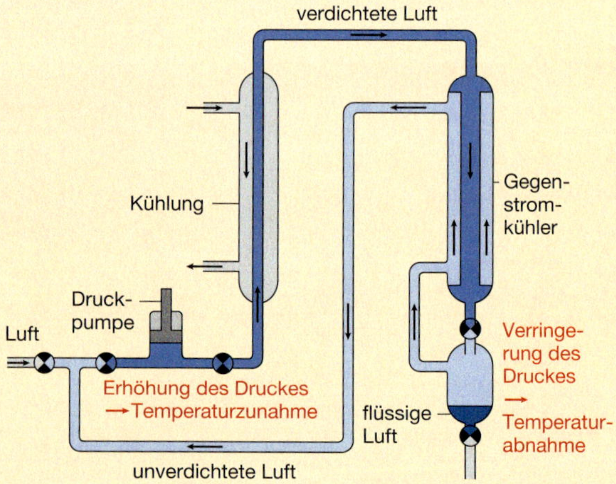

−186 °C siedende Edelgas Argon gewonnen werden. Ein erheblicher Teil dieser Flüssigkeiten wird verdampft und unter Druck in farblich gekennzeichnete Stahlflaschen abgefüllt.

1 Erkläre, warum sich Sauerstoff und Stickstoff durch Destillation trennen lassen.

4.6 Sauerstoff und Stickstoff in Labor und Technik

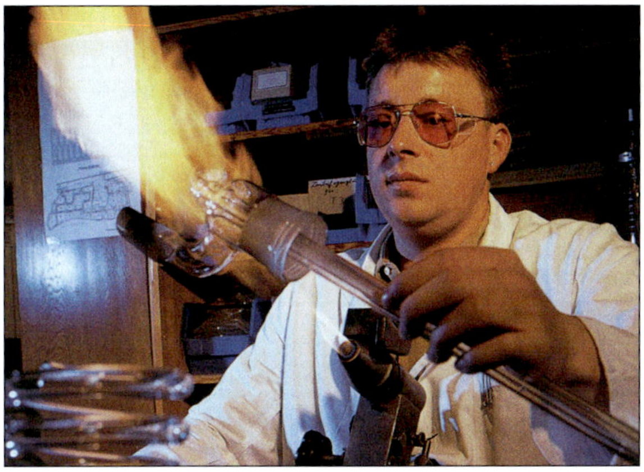

Glasbearbeitung mit einem Brenner

Fleischverarbeitung mit flüssigem Stickstoff

Als Hauptbestandteile der Luft stehen Sauerstoff und Stickstoff für technische Anwendungen praktisch unbegrenzt zur Verfügung. Obwohl jährlich mehrere Hundert Millionen Tonnen Sauerstoff und Stickstoff aus der Luft abgetrennt werden, bleibt der Vorrat in der Luft unverändert: Beide Gase werden durch Vorgänge in der Natur wieder nachgeliefert.
Für die Gewinnung von reinem Sauerstoff und reinem Stickstoff wird Luft bei –200 °C verflüssigt und dann durch Destillation getrennt. Je nach Anwendungsbereich setzt man Sauerstoff und Stickstoff als tiefkalte Flüssigkeiten ein oder man arbeitet mit den Gasen aus Druckgasflaschen.

Sauerstoff. Bei Raumtemperatur ist Sauerstoff ein farbloses Gas. Kühlt man es auf –183 °C ab, so bildet sich eine hellblaue Flüssigkeit; auch fester Sauerstoff ist hellblau.
Technisch eingesetzt wird Sauerstoff immer dann, wenn Verbrennungsvorgänge oder andere Oxidationsreaktionen gefördert werden sollen. So mischt man bei Schweißbrennern oder Brennern für die Glasbearbeitung das Brenngas mit Sauerstoff, um ausreichend hohe Temperaturen zu erreichen. In der Hüttentechnik spielt Sauerstoff eine entscheidende Rolle bei der Gewinnung von Stahl: Man leitet Sauerstoff auf das flüssige Roheisen, um störende Verunreinigungen zu verbrennen. Lebensnotwendig sind Druckgasflaschen mit Sauerstoff oder sauerstoffhaltigen Gemischen im Tauchsport, für die künstliche Beatmung sowie in der Raumfahrt.

Stickstoff. Stickstoff, anders als Sauerstoff ist nur wenig reaktionsfähig, er wird deshalb vielfach eingesetzt, um unerwünschte Reaktionen zu verhindern. So werden brennbare Dämpfe durch Einleiten von Stickstoff vertrieben, um die Explosionsgefahr in technischen Anlagen zu verringern. Lebensmittelverpackungen enthalten Stickstoff als *Schutzgas,* das die Haltbarkeit verlängert.
Besonders vielseitig genutzt wird *flüssiger Stickstoff* mit seiner niedrigen Temperatur (–196 °C): In Forschungslabors ist er das wichtigste *Kältemittel* für Untersuchungen bei niedrigen Temperaturen. Kliniken und Labors verwenden ihn zur Lagerung von Blutkonserven oder biologischen Präparaten. Bei der Herstellung von Tiefkühlkost werden Lebensmittel mit flüssigem Stickstoff rasch und schonend eingefroren. Die Eiskristalle bleiben dabei so klein, dass sie die Zellwände nicht durchstoßen. Gewürze werden vor dem Mahlen tiefgekühlt, damit sie weniger Aromastoffe verlieren.

Sauerstoff wird zum Schweißen, bei der Stahlgewinnung sowie zur Beatmung in der Medizin und beim Tauchen verwendet. Stickstoff dient als Schutzgas; flüssiger Stickstoff wird in vielen Bereichen als Kältemittel eingesetzt.

1 Erstelle eine Übersicht über die Verwendung von Sauerstoff und Stickstoff in Labor und Technik.

2 Erkläre die folgende Beobachtung: Ein leeres Reagenzglas wurde in ein Gefäß mit flüssigem Stickstoff gestellt. Nach einiger Zeit hatte sich in dem Reagenzglas eine bläuliche Flüssigkeit gesammelt.

3 a) Recherchiere, welche Rolle Sauerstoff bei der Aufbereitung von Abwasser spielt.

b) Erkläre, warum neben der Kläranlage eines Chemiewerks häufig ein Vorratstank mit flüssigem Sauerstoff steht.

4 Informiere dich, wie Stickstoff und Sauerstoff zu ihrem deutschen Namen gekommen sind.

5 Recherchiere, durch welche Vorgänge Sauerstoff und Stickstoff in der Natur gebildet wird.

4.7 Atmen und Rosten – langsame Oxidation

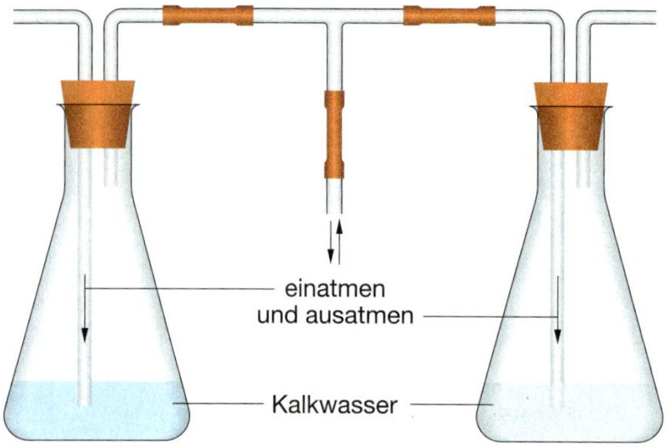

Nachweis von Kohlenstoffdioxid in ausgeatmeter Luft

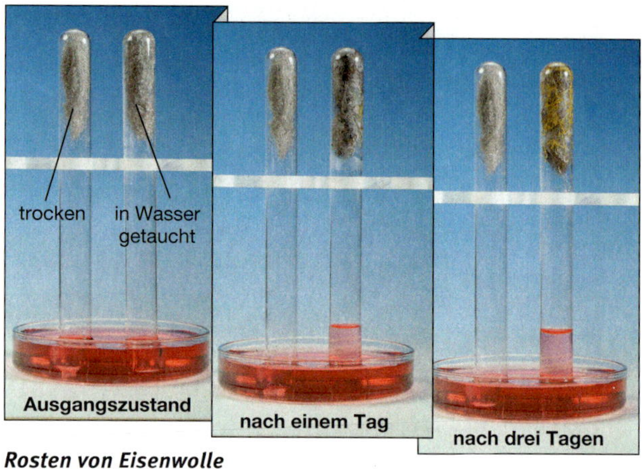

Rosten von Eisenwolle

Als Reaktionspartner von zahlreichen Reaktionen ist Sauerstoff der wichtigste Bestandteil der Luft. Viele Stoffe reagieren jedoch nicht spontan mit ihm, sondern in einer langsamen Oxidationsreaktion.

Atmung. Die Luft der Atmosphäre enthält etwa 21 % Sauerstoff und 0,04 % Kohlenstoffdioxid. In der ausgeatmeten Luft findet man dagegen nur noch 16 % Sauerstoff, aber bis zu 5 % Kohlenstoffdioxid. Unser Körper tauscht also beim Atmen einen Teil des Sauerstoffs gegen Kohlenstoffdioxid aus.
Über die Lunge diffundiert der Sauerstoff in das Blut und wird so zu den einzelnen Körperzellen transportiert. Dort findet die **Zellatmung** statt: Sauerstoff reagiert mit den *Nährstoffen,* die überwiegend aus Kohlenstoff und Wasserstoff bestehen. Die Nährstoffe werden dabei zu Kohlenstoffdioxid und Wasser oxidiert. Das Kohlenstoffdioxid gelangt über das Blut zur Lunge und wird ausgeatmet.
Die biologische Oxidation der Nährstoffe ist eine langsame exotherme Reaktion. Ein großer Teil der in den Nährstoffen enthaltenen chemischen Energie wird als Wärme abgegeben und hält so die Körpertemperatur konstant. Den kleineren Anteil verwenden die Zellen zur Herstellung von Stoffen, in denen kurzfristig Energie gespeichert wird. Sie werden für alle Körperfunktionen benötigt.

Rosten. Feine Eisenwolle reagiert nach dem Entzünden lebhaft mit Sauerstoff; sie verbrennt zu Eisenoxid. Die Oxidation des Eisens kann aber auch sehr langsam ablaufen; man sagt, das Eisen rostet.
Vor allem bei Anwesenheit von Wasser bildet sich auf ungeschützten Eisenteilen ein Rostüberzug. Er besteht aus rotem, wasserhaltigem Eisenoxid, das porös und durchlässig für Luft und Wasser ist. Ein Eisenblech kann daher durch weitere langsame Oxidation nach und nach durchrosten. Die langsame Zerstörung von metallischen Werkstoffen bezeichnet man als Korrosion.
Anders als Eisen bilden Metalle wie Aluminium, Zink und Chrom *zusammenhängende* Oxidschichten. Sie schützen das Metall vor weiterer Korrosion, indem sie den Zutritt von Luft und Wasser verhindern.

Um die Korrosion von Werkstücken aus Eisen zu verhindern, muss der Kontakt mit Sauerstoff und Wasser unterbunden werden. Dazu bringt man Lackschichten oder schützende Metallüberzüge auf das Metall auf. Ein Beispiel ist *verzinktes* Eisen bei Blechen, Schrauben oder Laternenmasten.

Konservendosen bestehen aus verzinntem Eisenblech. Dieses Weißblech ist auf der Innenseite meist zusätzlich durch eine Lackschicht geschützt.

Korrosionsvorgänge bei Metallen und die Stoffwechselvorgänge bei der Atmung sind langsam ablaufende Oxidationsreaktionen.

1 Erkläre das abgebildete Experiment zum Rosten von Eisen. Erläutere, wie hoch das Wasser maximal steigen kann.
2 Formuliere das Reaktionsschema für die Oxidation von Eisen.
3 Stelle das Reaktionsschema für die Oxidation des Nährstoffs Traubenzucker auf.
4 **a)** Stelle ein Reaktionsschema für die Oxidation von Aluminium auf.
b) Recherchiere, wie man den Korrosionsschutz von Aluminium durch das Eloxal-Verfahren verbessern kann.
5 Nenne Metallgegenstände aus Alltag und Technik, die durch Metallüberzüge geschützt sind.

Wissenschaftliche Betrachtungen auf einer Grillparty

Exkurs

Grillen – eine Wissenschaft für sich: Anzünden, Qualmbildung und Glut

Markus feiert Geburtstag, und man beschließt, im Freien zu grillen. Markus holt Grillkohle und Streichhölzer herbei. „Wir brauchen noch Zeitungspapier und trockenes Holz“, meint Sebastian, „damit machen wir zuerst ein Holzfeuer. Wenn das richtig brennt, können wir nach und nach Holzkohle auflegen.“

Trotz des guten Ratschlags kommt das Kohlenfeuer schlecht in Gang. Es qualmt und droht immer wieder auszugehen. „Wir müssen Luft zufächeln“, bemerkt Carola, „sonst wird es heute nichts mehr mit unseren Würstchen!“ Mit einem Kehrblech schlägt Carola vor der spärlichen Glut auf und ab. Mit jedem Mal, wenn dadurch ein Luftstrom entsteht, leuchtet die Gut heller auf. Schließlich brechen erste Flammen hervor. „Noch ein bisschen Wind, und wir können noch mehr Kohle auflegen“, sagt sie.

Feuermachen ist gar nicht so einfach: Zunächst benötigt man die passenden **Brennstoffe** wie Papier, trockenes Holz und Holzkohle.

Für jeden Brennstoff muss die **Zündtemperatur** erreicht werden: Ein Streichholzkopf entzündet sich bereits, wenn man mit ihm fest genug über die Reibfläche der Streichholzschachtel streicht.
Die Streichholzflamme kann Papier anzünden. Das brennende Papier lässt Holz entflammen. Durch das Holzfeuer wird schließlich auch die Zündtemperatur der Holzkohle erreicht.

Holzspäne lassen sich leichter anzünden als dicke Holzstücke. Der **Zerteilungsgrad** des Brennstoffs spielt also auch eine Rolle. So gelingt es kaum, einen Packen Zeitungspapier vollständig zu verbrennen. Am besten ist es, wenn man die Blätter einzeln anzündet oder sie zu einem lockeren Haufen aufschichtet. Das Feuer benötigt nämlich ständig Frischluft. Bei schlechter **Luftzufuhr** erstickt das Feuer. Nur in locker geschichtetem Brennmaterial erreicht die Frischluft die brennbaren Stoffe gleichzeitig an vielen Stellen.

Am Grillfeuer macht man einige weitere Beobachtungen: Solange das Feuer noch nicht richtig brennt, bildet sich viel **Qualm.** Hält man einen brennenden Holzspan in den dichten Qualm, so entzündet er sich und bildet eine Flamme. Qualm enthält also flüchtige, brennbare Stoffe. Sie entstehen, wenn sich der Brennstoff bei hoher Temperatur zersetzt.
Solange das Feuer noch qualmt, sollte man kein Fleisch grillen. Qualm enthält nämlich giftige Stoffe, die sich am Fleisch absetzen.

Nach einiger Zeit bildet das Holzkohlenfeuer eine **Glut,** die nur wenig qualmt. Jetzt kann man die Würstchen und das Fleisch auflegen. Durch abtropfendes Fett entstehen gelegentlich wieder Flammen, die das Fleisch versengen können. Man löscht dann das brennende Fett vorsichtig mit etwas Wasser. Die Würstchen und das Fleisch dürfen natürlich nicht zu lange gegrillt werden. Sie verkohlen sonst an der Oberfläche; dabei können giftige Stoffe entstehen.

Am Schluss bleibt von den Brennstoffen nur noch **Asche** zurück. Sie besteht aus den nicht brennbaren Stoffen, die in Papier, Holz oder Holzkohle und den Oxiden von Mineralsalzen enthalten sind. Reine Holzkohlenasche sieht weiß aus. Sie kann anschließend als Pflanzendünger verwendet werden.

1 Begründe das Anfächern der Glut.
2 Schreibe den Absatz über die Zündtemperatur in wissenschaftliche Fachsprache um.

Praktikum

Luft und Verbrennungsvorgänge

V1: Vergleich der Brennbarkeit von Metallen

Materialien: Tiegelzange, Gasbrenner;
Kupferdraht, Eisennagel, Eisenwolle, Magnesiumband.

Durchführung: Halte die Proben einige Zeit über den Innenkegel einer Brennerflamme.
Hinweis: Sieh beim Versuch mit Magnesium nicht direkt in die Flamme.

Aufgaben:
a) Notiere deine Beobachtungen in einer Tabelle. Achte dabei besonders auf die Stoffeigenschaften vor dem Erhitzen, das Verhalten beim Erhitzen und die Stoffeigenschaften nach dem Erhitzen.
b) Erkläre, warum sich der Eisennagel und die Eisenwolle unterschiedlich verhalten.
c) Stelle für alle abgelaufenen Reaktionen die Reaktionsschemata auf.
d) Ordne die Metalle nach der bei der Oxidation frei werdenden Energie.

V2: Verbrennung von Magnesium

Materialien: Glaswanne, Standzylinder, Hülse von einem Teelicht, Gasbrenner, Tiegelzange;
Magnesiumband.
Hinweis: Besprecht in eurer Gruppe zunächst den Ablauf des Versuchs und verteilt dann die Arbeitsaufgaben.

Durchführung:
1. Das Stückchen Magnesiumband wird so in die Teelichthülse gesteckt, dass ein Stück herausragt.
2. Die Hülse wird auf die Wasseroberfläche gelegt.
3. Das Magnesiumband wird entzündet und der Standzylinder wird schnell darübergestülpt.
   Die Öffnung des Standzylinders muss während des Versuchs unter der Wasseroberfläche bleiben.

Aufgaben:
a) Notiere deine Beobachtungen.
b) Schätze den Wasserstand im Standzylinder nach dem Abkühlen.
c) Stelle in mehreren Skizzen den Ablauf des Versuchs dar.
d) Stelle das Reaktionsschema für die abgelaufene Reaktion auf.
e) Begründe, weswegen die Öffnung des Standzylinders während des Versuches unter der Wasseroberfläche sein soll.

V3: Der Kupferbrief

Materialien: Gasbrenner, Tiegelzange;
Kupferblech (Dicke: 0,1 mm, Größe: 4 cm × 5 cm).

Durchführung:

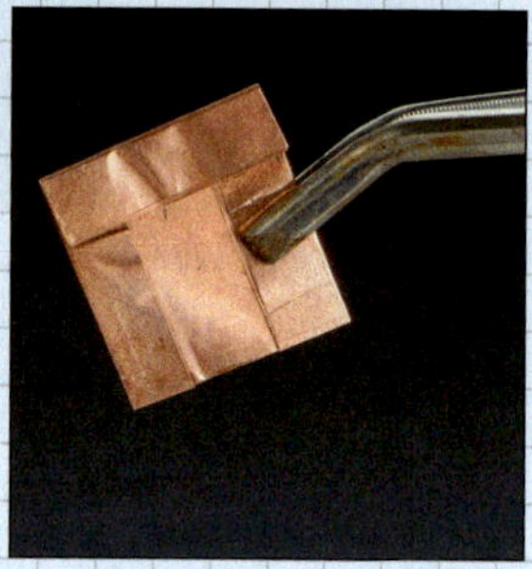

1. Falte das Kupferblech zu einem Brief und knicke es an den Rändern um, sodass keine Luft eindringen kann.
2. Halte diesen Kupferbrief mit der Tiegelzange in die nicht leuchtende Brennerflamme und erhitze ihn bis zur Rotglut.
3. Öffne den Kupferbrief, wenn er vollständig abgekühlt ist.

Aufgaben:
a) Notiere deine Beobachtungen.
b) Erkläre das unterschiedliche Aussehen von Innenfläche und Außenfläche des Kupferbriefes.
c) Prüfe, ob sich der Belag an der Außenseite abschaben lässt, und erkläre dein Ergebnis.
d) Stelle das Reaktionsschema für die abgelaufene Reaktion auf.

V4: Massenzunahme beim Erhitzen von Kupfer

Materialien: Gasbrenner, Tondreieck, Porzellantiegel, Tiegelzange, Waage;
Kupferpulver, Eisendraht.

Durchführung:
1. Bestimme die Masse des Tiegels. Gib einen gehäuften Spatel Kupferpulver in den Tiegel und wiege erneut.
2. Erhitze den Tiegel etwa fünf Minuten lang. Rühre während des Erhitzens mit dem Eisendraht um.
3. Lasse den Tiegel abkühlen und wiege erneut.

Aufgaben:
a) Notiere deine Beobachtungen.
b) Stelle das Reaktionsschema für die abgelaufene Reaktion auf.
c) Berechne die Massenänderung in Prozent.
d) Stelle die Ergebnisse aller Gruppen zusammen und bilde den Mittelwert.
e) Erläutere mögliche Ursachen für Unterschiede zwischen den einzelnen Ergebnissen.

Bildung und Untersuchung von Gasen

V1: Entstehung von Gasen beim Erhitzen

Materialien: Reagenzgläser, Reagenzglashalter, Stopfen, durchbohrter Stopfen, Winkelrohr, Spatel, Holzspan, Spritzflasche;
Backpulver, Mineralwasserflasche, Kaliumpermanganat (O), Natron, Kalkwasser.

Hinweis: Besprecht in eurer Gruppe zunächst den Ablauf des Versuchs und verständigt euch darüber, wer welche Aufgabe bei den einzelnen Arbeitsschritten übernimmt.

Durchführung:
1. Ein Spatel Backpulver wird in ein Reagenzglas gegeben und erhitzt.
2. Sobald sich ein Gas bildet, wird die Glimmspanprobe durchgeführt.
3. Setze den Stopfen mit dem Winkelrohr auf und erhitze weiter.
4. Leite das entstehende Gas in ein Reagenzglas mit Kalkwasser.
5. Wiederhole den Versuch mit den anderen festen Stoffen und mit Mineralwasser.

Aufgaben:
a) Notiere deine Beobachtungen.
b) Erläutere die beobachteten Effekte.
c) Gib an, welche Reaktionsprodukte sich eindeutig erkennen lassen.

V2: Untersuchung eines Oxireinigers

Materialien: Reagenzgläser, Reagenzglashalter, Gasbrenner, Spatel, durchbohrte Stopfen, Winkelrohr, Holzspan; Oxireiniger (Xn, O, N), Kalkwasser.

Durchführung:
1. Gib einen Spatel Oxireiniger in ein Reagenzglas und setze den Stopfen mit dem Winkelrohr auf.
2. Erhitze die Probe.
3. Fange das entstehende Gas auf.
4. Führe die bekannten Nachweisreaktionen durch.

Aufgaben:
a) Notiere deine Beobachtungen.
b) Identifiziere das entstehende Gas.
c) Informiere dich auf der Packungsbeilage über die Zusammensetzung des Oxireinigers und die Sicherheitshinweise bei seiner Verwendung.

a)
b)

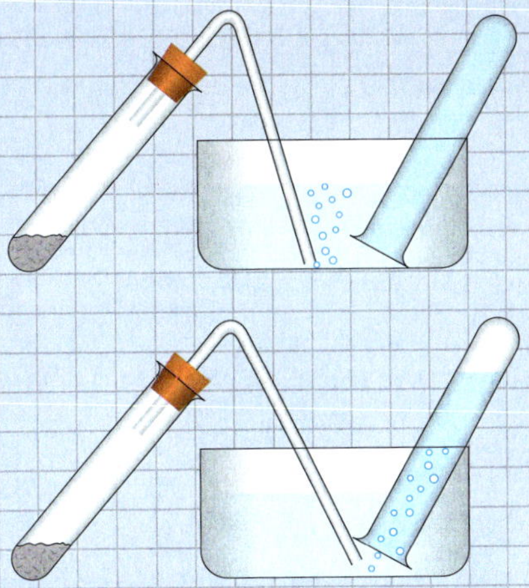

Auffangen eines Gases. a) Die nach Einsetzen der Reaktion zuerst aufsteigenden Gasbläschen bestehen überwiegend aus Luft. b) Man beginnt mit dem Sammeln des Gases, nachdem das entstandene Gas die Luft aus dem Reagenzglas weitgehend verdrängt hat.

V3: Untersuchung einer Brausetablette

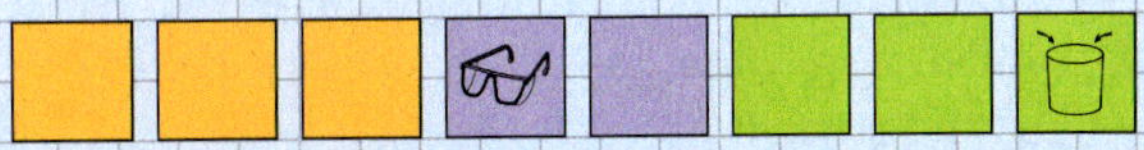

Materialien: Reagenzgläser, Stopfen, durchbohrter Stopfen, Winkelrohr, Spatel, Holzspan, Reibschale mit Pistill; Brausetablette, Kalkwasser.

Hinweis: Besprecht in eurer Gruppe zunächst den Ablauf des Versuchs und verständigt euch darüber, wer welche Aufgabe bei den einzelnen Arbeitsschritten übernimmt.

Durchführung:
1. Zerreibe eine Brausetablette und gib einen Spatel des Pulvers in ein Reagenzglas.
2. Gib etwas Wasser zu der Probe und setze den Stopfen mit dem Winkelrohr auf.
3. Untersuche das entstehende Gas mit den bekannten Nachweisreaktionen.
4. Wiederhole das Experiment, falls die Gasentwicklung aufhört, ehe die Ergebnisse eindeutig sind.

Aufgaben:
a) Notiere deine Beobachtungen.
b) Gib an, welches Gas nachgewiesen wird.
c) Informiere dich auf den Packungsbeilagen verschiedener Brausetabletten, welche Stoffe in allen Brausetabletten enthalten sind.
d) Stellt Vermutungen an, welche Stoffe an der Bildung des Gases beteiligt sind.
e) Plant Versuche, mit denen ihr eure Vermutungen überprüfen könnt, und führt sie durch.

4.8 Brandentstehung – Brandbekämpfung

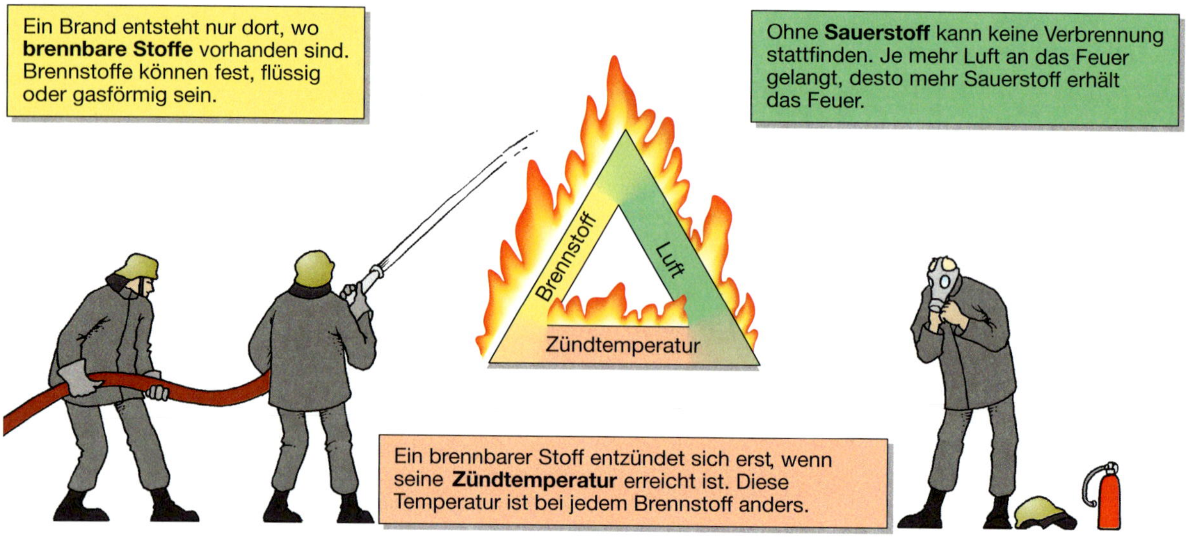

Voraussetzungen für die Entstehung von Bränden

Damit ein Brand entstehen kann, müssen mehrere Voraussetzungen gleichzeitig erfüllt sein. Ganz ähnlich wie beim Entzünden eines Feuers muss neben einem *brennbaren Stoff* auch genügend *Sauerstoff* vorhanden sein. Überdies muss zunächst die *Zündtemperatur* erreicht werden.

Brennbare Stoffe. Bei den brennbaren Stoffen kann es sich um feste, um flüssige oder auch um gasförmige Stoffe handeln.
Zu den brandgefährdeten *Feststoffen* gehören neben Holz, Papier und Kohle auch Kunststoffe und Textilien sowie trockenes Laub und Stroh.

Von den zahlreichen brennbaren *Flüssigkeiten* spielen bei Bränden nur die häufig verwendeten Produkte wie Benzin, Spiritus, Pflanzenöle und Erdöl eine wesentliche Rolle. Die wichtigsten brennbaren *Gase* sind Wasserstoff und Erdgas.

Ein Feststoff wie Holz muss einige Zeit erhitzt werden, ehe er zu brennen beginnt. Genau gesehen, brennt gar nicht das Holz selbst, es sind vielmehr Dämpfe, die durch die Zersetzung von Holz bei hoher Temperatur entstehen.

Die Brandgefahr hängt auch vom *Zerteilungsgrad* der brennbaren Stoffe ab: Je stärker das Brennmaterial zerkleinert und verteilt ist, desto leichter entflammt es. Bei staubfein in Luft verteilten Stoffen kann schon ein Funke eine explosionsartige Verbrennung auslösen. Mehlstaubexplosionen in Getreidemühlen sind ein Beispiel dafür.

Mehlstaub wirkte wie 20 Tonnen Sprengstoff

SSV, 9.2.79: Meterweit geschleuderte Gesteinsbrocken, eingestürzte Hauswände, hunderte von eingedrückten Fensterscheiben, dichter Qualm und Brandgeruch, so sah noch 14 Stunden nach dem verheerenden Explosionsunglück die Umgebung der Bremer Rolandmühle am Holz- und Fabrikhafen aus. Die schwerste Explosion, die nach Kriegsende in der Hansestadt zu verzeichnen war, hat wahrscheinlich 14 Todesopfer gefordert.

Mehlstaubexplosion zerstört eine Mühle

Brandbekämpfung. Bei der Brandbekämpfung arbeiten alle Feuerwehren dieser Welt nach den gleichen Prinzipien: Sie versuchen, wenigstens eine der drei Voraussetzungen für einen Brand auszuschalten.

Das wichtigste Hilfsmittel ist Löschwasser, das über die Pumpen der Einsatzfahrzeuge mit hohem Druck in die Flammen gespritzt wird. Die Löschwirkung beruht hauptsächlich auf einer starken Abkühlung des Brandherdes. Die Temperatur des brennenden Materials wird schließlich so weit erniedrigt, dass sie unterhalb der Zündtemperatur liegt.
Nach dem gleichen Prinzip kann ein kleines Feuer bereits durch einen Luftzug gelöscht werden, ähnlich wie beim Ausblasen einer Kerze.

Ein Brand kann auch bekämpft werden, indem man den Zutritt von Frischluft und damit die Zufuhr von Sauerstoff verhindert. So kann ein kleines Lagerfeuer einfach gelöscht werden, indem es mit Sand abgedeckt wird. Ganz ähnlich wirken auch die meisten Handfeuerlöscher: Das unbrennbare Gas Kohlenstoffdioxid oder ein Löschpulver wird unter hohem Druck auf den Brandherd geleitet. Brennendes Öl löscht die Feuerwehr mit Löschschaum. Das Feuer erstickt, da der Schaum den Zutritt von Frischluft verhindert.

Die Bekämpfung von Bränden wird vielfach unterstützt, indem man brennbares Material beseitigt. So reißen Feuerwehrleute bei Wohnungsbränden brennende Möbelstücke heraus und werfen sie nach draußen, um sie dort zu löschen. Bei Waldbränden werden Brandschneisen in den Wald geschlagen, um so die Ausbreitung des Brandes zu verhindern. Ein ausbrechender Waldbrand kann dann nicht so leicht auf den benachbarten Bereich überspringen.

Ein Feuer kann nur dann entstehen, wenn neben einem brennbaren Stoff auch Sauerstoff vorhanden und die erforderliche Zündtemperatur erreicht ist.
Ein Brand kann nur dann gelöscht werden, wenn entweder der Brennstoff entfernt, der Sauerstoffzutritt verhindert oder die Zündtemperatur des Brennstoffes unterschritten wird.

1 Erläutere die Bedingungen eines Brandes mit deinem Wissen über chemische Reaktionen.
2 **a)** Erkläre die einzelnen Schritte bis zum Entzünden eines Lagerfeuers.
b) Beschreibe mehrere Möglichkeiten, ein Lagerfeuer zu löschen.
3 Modernes Isoliermaterial verhindert fast jeden Luftzug an Fernstern und Türen. Wenn in einer so gut isolierten Wohnung ein Kaminfeuer betrieben wird, muss an einer Tür ein Lüftungsschlitz sein. Begründe diese Vorschrift.
4 In einem Kohlekraftwerk wird die Kohle zuerst fein zermahlen, bevor sie zusammen mit Luft in die Flamme geblasen wird. Begründe dieses Verfahren.
5 Begründe, warum man im Falle eines Brandes möglichst Türen und Fenster schließen soll, wenn man den brennenden Raum verlässt.
6 In jedem Chemieraum muss eine Löschdecke vorhanden sein. Begründe diese Vorschrift.
7 Begründe, warum du im Falle eines Brandes im Chemieraum auf deinem Arbeitstisch mit dem NOTAUS-Knopf sofort die Gaszufuhr unterbrechen musst.
8 Dem Erdgas wird von den Gasversorgern ein Geruchstoff zugemischt, damit das geruchlose Gas sich mit der Nase wahrnehmen lässt.
Wie soll man sich verhalten, wenn man den typischen Gasgeruch bemerkt?

Brandschneise

Kühlung durch Wasser

Löschschaum

Praktikum Brandbekämpfung

V1: Möglichkeiten der Brandbekämpfung

Materialien: Tondreieck, Metalltiegel mit Deckel, Dreifuß, Gasbrenner, Becherglas (weit), Tiegelzange;
Paraffin, Sand.

Durchführung:

1. Gib eine erbsengroße Menge Paraffin in den Metalltiegel und erhitze ihn ohne Deckel, bis das Paraffin zu brennen beginnt. Stelle den Brenner dann beiseite.
2. Nimm den Deckel mit der Tiegelzange und verschließe den Tiegel vorsichtig. Hebe den Deckel nach wenigen Sekunden wieder ab. Wiederhole diesen Vorgang mehrfach.
3. Fülle das Becherglas mit ein wenig kaltem Wasser. Bringe das Paraffin im offenen Tiegel erneut zum Brennen und stelle den Tiegel vorsichtig in das Becherglas, ohne dass Wasser in den Tiegel gelangen kann.
4. Erhitze das Paraffin, bis es sich erneut entzündet. Stelle den Brenner beiseite und gib vorsichtig etwas Sand in den Tiegel.

Aufgaben:

a) Notiere deine Beobachtungen.
b) Erläutere, welche unterschiedlichen Löschmöglichkeiten in den Versuchen genutzt werden.

V2: Wie funktioniert ein Schaumlöscher?

Materialien: Becherglas (200 ml), feuerfeste Unterlage, Porzellanschale, Tropfpipette;
Holzspan, Heptan (F, Xn, N; B3), Natriumhydrogencarbonat (Natron), Natriumhydrogensulfat, Spülmittel.

Durchführung:

1. Entzünde den Holzspan auf der feuerfesten Unterlage. Stelle das Becherglas neben den Span und gib schnell je einen Teelöffel Natriumhydrogencarbonat, Natriumhydrogensulfat und Spülmittel hinein.
2. Entzünde fünf Tropfen Heptan in der Porzellanschale. Wiederhole den Löschversuch.

Aufgaben:

a) Notiere deine Beobachtungen.
b) Worauf beruht die Wirkung des Schaumlöschers? Warum ist er auch für Benzinbrände geeignet?

V3: Wie funktioniert ein Trockenlöscher?

Materialien: durchbohrter Stopfen, Gasableitungsrohr, Becherglas, feuerfeste Unterlage, Gasbrenner, Holzspan; Natriumhydrogencarbonat, Teelicht.

Durchführung:

1. Baue die Apparatur zusammen und erhitze etwas Natriumhydrogencarbonat im Reagenzglas.
2. Leite das entstehende Gas auf die brennende Kerze.
3. Entzünde den Holzspan und lege ihn auf die feuerfeste Unterlage.
   Streue fein pulverisiertes Natriumhydrogencarbonat darüber.

Aufgaben:

a) Notiere deine Beobachtungen.
b) Erkläre die Wirkung des Löschpulvers.
c) Begründe, für welche Art von Bränden dieser Löscher einsetzbar ist.

Hinweise zum Verhalten bei Gasgeruch

Erdgas bildet mit Luft explosive Gemische. Dank eines beigemischten Duftstoffes riecht das Gas aber so intensiv, dass selbst kleinste Mengen wahrgenommen werden. Schlägt also die Nase Alarm, so ist das noch kein Grund zu Panik! Stattdessen gilt:

Ruhe bewahren und folgende Punkte beachten:

1. Keine Flammen – keine Funken!
Kein Feuer, keine Zigaretten; Lichtschalter und Telefon nicht benutzen!
2. Fenster auf!
Erdgas ist leichter als Luft und steigt nach oben.
3. Gashahn zu!
Gashähne und Haupthahn schließen!
4. Mitbewohner warnen!
Klopfen – nicht Klingeln!
5. Gaswerk anrufen!
Ein Telefon außerhalb des Hauses nutzen!

Suche:

Feuerlöscher

Ergebnisse:

Brandklasse	Feuerlöscher
A feste Stoffe, die Glut bilden: z. B. Holz, Papier	Pulverlöscher, Nasslöscher, Schaumlöscher
B flüssige Stoffe oder Stoffe, die flüssig werden: z. B. Öl, Wachs	Pulverlöscher, Nasslöscher, Kohlenstoffdioxid-Löscher
C gasförmige Stoffe: z. B. Erdgas	Pulverlöscher
D brennbare Metalle: z. B. Magnesium	nur Spezialpulverlöscher mit Metallbrandpulver

Brandklassen

Je nach Art der brennenden Stoffe unterscheidet man vier verschiedene Brandklassen durch die Kennbuchstaben A, B, C und D. Vor dem Einsatz eines Feuerlöschers sollte man prüfen, ob der entsprechende Kennbuchstabe auf dem Löscher angegeben ist. Die meisten Handfeuerlöscher enthalten ein als ABC-Pulver bezeichnetes Löschmittel mit Ammoniumphosphaten als Haupbestandteil. Sie sind gleichermaßen für die Brandklassen A, B und C geeignet, insbesondere auch bei Autobränden.

Nasslöscher

Ein Nasslöscher enthält Wasser als Löschmittel. Nach Abziehen des Sicherungsstiftes und Druck auf den Hebel öffnet sich im Innern des Löschers eine Patrone mit komprimiertem Kohlenstoffdioxid-Gas. Durch den Druck des frei werdenden Gases wird das Löschwasser durch eine Düse gespritzt. Nasslöscher eignen sich zum Löschen einfacher Brände. Vorsicht jedoch bei brennenden elektrischen Anlagen! Es besteht die Gefahr, dass man einen elektrischen Schlag erhält.

Kohlenstoffdioxidschnee-Löscher

In dem Druckbehälter eines Kohlenstoffdioxidschnee-Löschers (auch Kohlensäureschnee-Löscher genannt) befindet sich flüssiges Kohlenstoffdioxid. Nach dem Öffnen der Schneebrause entweicht es und ein Teil verdampft schlagartig.
Die übrige Flüssigkeit kühlt sich dabei stark ab und geht in den festen Zustand über. Es entsteht Kohlenstoffdioxidschnee mit einer Temperatur von unter –78 °C, der die brennenden Gegenstände stark abkühlt. Außerdem bildet sich Kohlenstoffdioxid-Gas, das die Sauerstoffzufuhr unterbindet.

Pulverlöscher

Trockenlöscher für die Brandklassen B und C enthalten Natriumhydrogencarbonat (Natron) als Löschpulver. In der Hitze gibt diese Verbindung Kohlenstoffdioxid ab, das sich über den Brandherd legt und das Feuer erstickt.
Da keine Flüssigkeit vorhanden ist, eignen sich diese Löscher besonders dann, wenn elektrische Anlagen brennen.

Schaumlöscher

Bei Kraftstoff-, Öl- und Fettbränden nutzt man Schaumlöscher. Der zähe Schaum überzieht den Brandherd, kühlt ihn ab und hält den Sauerstoff fern.
Vor einer Notlandung von Flugzeugen setzt die Feuerwehr Tankfahrzeuge mit Schaumlöschmitteln ein: Der ausgelegte Schaumteppich soll einem Brand vorbeugen.

Aufgaben

1 Nenne Brandfälle, in denen ein Feuerlöscher mit den Kennbuchstaben A, B und C eingesetzt werden kann.

2 Beschreibe die Prinzipien, nach denen ein Nasslöscher oder ein Schaumlöscher einen Brand löscht.

3 **a)** Begründe, wieso Feuerlöscher nicht auf brennende Menschen gehalten werden dürfen.
b) Erläutere, wie man brennenden Menschen helfen kann.

4 **a)** Informiere dich über die Standorte, an denen Feuerlöscher in deiner Schule zu finden sind.
b) Überprüfe, ob sie alle besetzt sind.
c) Befrage deine Mitschüler, ob sie über die Standorte der Feuerlöscher und ihre Bedienung ausreichend informiert sind.

Chemie-Recherche

Location: http://www.schroedel.de/chemie_heute.html

Suche:

Löschen – Bergen – Retten – Schützen

Ergebnisse:

→ **Rauchmelder warnen rechtzeitig**

Bei Wohnungsbränden sind es meist nicht die Flammen, die das Leben der Bewohner bedrohen, sondern die giftigen Rauchgase, die während der Schwelbrandphase entstehen: Fast alle Brandopfer sind an den Folgen einer Rauchvergiftung gestorben. Die Menschen werden oft im Schlaf von Bränden überrascht. Innerhalb von Minuten können die im Rauch enthaltenen Gase Bewusstlosigkeit verursachen. Rauchmelder registrieren die Feststoffpartikel in einem Lichtstrahl. Sie schlagen Alarm, sobald ihre Menge einen kritischen Wert erreicht.

→ **Löschdecke**

Brennt die Kleidung eines Menschen, müssen die Flammen schnellstens erstickt werden. Mit einer Löschdecke aus schwer entflammbaren Textilien oder einer normalen Decke kann die brennende Kleidung gelöscht werden. Wenn keine Löschdecke zur Verfügung steht, können die Flammen auch durch Wälzen auf dem Boden erstickt werden.

→ **Feuerschutztüren**

Ein wichtiger Baustein bei der Planung des Brandschutzes sind Feuerschutztüren. Sie verhindern die Ausbreitung von Feuer und Rauch in Gebäuden. Oft werden die Türen im Brandfall automatisch geschlossen. Der Schwenkbereich dieser Schutztüren darf nicht verstellt und die Türen dürfen auch nicht offen verkeilt werden.

→ **Fluchtweg – Notausgang**

„Da geht's lang!" – Gibt im Notfall den kürzesten und sichersten Weg aus einem Gebäude an. Fluchtwege dürfen nicht verstellt oder von innen verschlossen werden.

→ **Verbot offener Flammen**

Hier dürfen weder Streichhölzer noch Feuerzeuge benutzt werden.

→ **Flucht- und Rettungsplan**

Flucht- und Rettungspläne in Gebäuden geben Auskunft über das richtige Verhalten im Notfall und die Flucht ins Freie. Gleichzeitig bekommt man eine Übersicht über vorhandene Hilfsmittel wie Feuerlöscher, Löschdecken oder Tragen. Flucht- und Rettungspläne sollen immer für alle gut sichtbar angebracht werden.

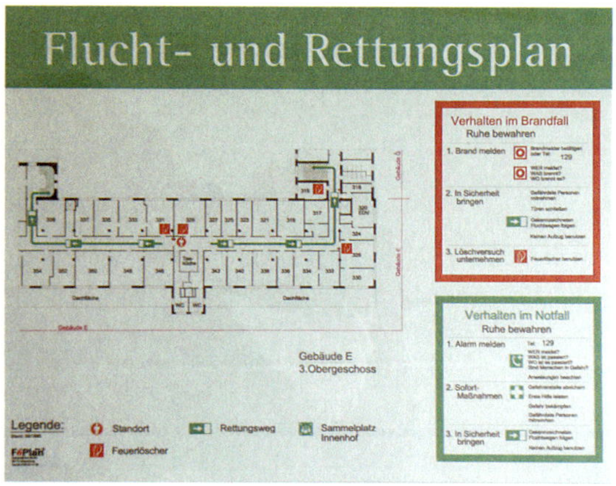

Aufgaben

1. Erläutere die chemischen Grundlagen für den Einsatz von Handfeuerlöschern und Löschdecken zur Brandbekämpfung.
2. Nenne Aufgaben der Feuerwehr und ordne sie den Bereichen Löschen – Retten – Bergen – Schützen zu.
3. Nenne die Regeln für den Feueralarm an deiner Schule.
4. Nenne Vorsorgemaßnahmen oder Schutzeinrichtungen in deiner Wohnung oder der näheren Umgebung.
5. Studiere den Fluchtplan an deiner Schule und beschreibe den Fluchtweg ausgehend vom Chemieraum.

1. Luft und ihre Zusammensetzung

Luft ist ein Gasgemisch, das hauptsächlich aus Stickstoff und Sauerstoff besteht.

Ein Liter trockener Luft enthält:

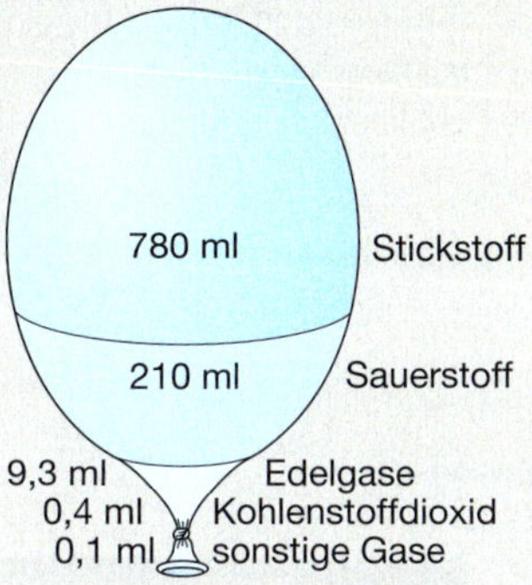

Stickstoff:
- farbloses und geruchloses Gas
- kaum wasserlöslich
- reaktionsträge
- erstickt Flammen

Sauerstoff:
- farbloses und geruchloses Gas
- besser wasserlöslich als Stickstoff
- fördert die Verbrennung
- reagiert mit zahlreichen Stoffen unter Bildung von Oxiden

Flüssige Luft. Zur Gewinnung von reinem Sauerstoff und reinem Stickstoff wird Luft bei −200 °C verflüssigt und anschließend destilliert.

2. Chemische Reaktionen

- *Stoffumwandlung und Erhaltung der Masse:*
  Die Ausgangstoffe mit ihren charakteristischen Stoffeigenschaften werden vollständig umgewandelt. Die entstehenden Reaktionsprodukte sind Stoffe mit anderen Stoffeigenschaften. Die Masse der Reaktionsprodukte stimmt mit der Masse der Ausgangsstoffe überein.
- *Energieumsatz:*
  Bei einer **exothermen Reaktion** wird Energie in Form von Wärme oder Licht an die Umgebung abgegeben.
  Bei einer **endothermen Reaktion** muss ständig Energie zugeführt werden.

Die Stoffumwandlung und der Energieumsatz bei einer chemischen Reaktion kann kurz und übersichtlich durch ein **Reaktionsschema** beschrieben werden:

Kupfersulfat-Hydrat ⟶ Kupfersulfat + Wasser; endotherm
(blau) (weiß)

Eisen + Sauerstoff ⟶ Eisenoxid; exotherm

Aktivierungsenergie. Verbrennungsvorgänge und viele andere exotherme Reaktionen laufen nicht spontan ab. Die Reaktion setzt erst ein nachdem man etwas Energie als *Aktivierungsenergie* zugeführt hat. Sie kann durch *Katalysatoren* herabgesetzt werden.

3. Nachweisreaktionen

Sauerstoff:
Ein glimmender Holzspan flammt in Sauerstoff auf (Glimmspanprobe).

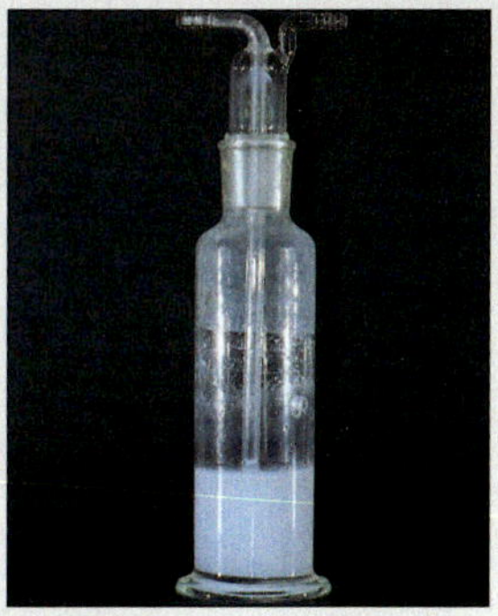

Kohlenstoffdioxid:
Kohlenstoffdioxid bildet mit mit Kalkwasser eine weiße Trübung.

Wasser:
Weißes Kupfersulfat bildet mit Wasser das blaue Kupfersulfat-Hydrat.

4. Energiediagramme

Der Energieumsatz bei chemischen Reaktionen wird oft durch Energiediagramme verdeutlicht. Die bei einer exothermen Reaktion freiwerdende Energie ergibt sich aus einer Umwandlung von chemischer Energie in Wärme.

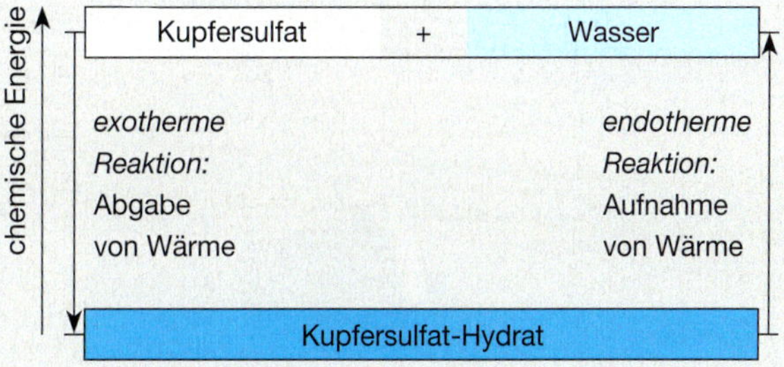

5. Brände und Brandbekämpfung

Ein Brand kann entstehen, wenn ein **brennbarer Stoff** vorhanden ist, genügend **Luft** (Sauerstoff) zur Verfügung steht und die **Zündtemperatur** erreicht wird.
Ein Feuer lässt sich löschen, wenn man die Luftzufuhr unterbindet und die Brennstoffe aus dem Bereich des Feuers entfernt oder sie unter die Zündtemperatur abkühlt.
Bei kleineren Bränden verwendet man Sand, Wasser, eine Feuerlöschdecke oder verschiedene Handfeuerlöscher.

Prüfe dein Wissen

Quiz

A1 a) Erkläre die Begriffe des Fensters.
b) Notiere auf der Vorderseite von Karteikarten den Begriff, auf der Rückseite die Erklärung.

A2 Calcium wird verbrannt. Das Reaktionsprodukt ist schwerer als das Calcium vor der Reaktion.
a) Begründe die Richtigkeit dieser Aussage.
b) Gib das Reaktionsschema für die Reaktion an.
c) Wie bezeichnet man diese Art einer chemischen Reaktion?

A3 Erläutere, inwiefern ein glimmender Holzspan auf den Luftsauerstoff hinweist.

A4 Eine Kerzenflamme erlischt, wenn man hineinbläst, glühende Holzkohle wird dagegen entfacht.
a) Erkläre beide Wirkungen.
b) Erläutere, unter welchen Bedingungen sie auftreten.

A5 a) Formuliere die Reaktionsschemata für zwei Reaktionen, von denen eine der Umkehrung der anderen entspricht.
b) Zeichne dazu die Energiediagramme.

Know-how

A6 Axel versucht, mit einem Zündholz Holzkohle zu entzünden. Begründe, warum ihm das nicht gelingen kann. Nenne Möglichkeiten, die Holzkohle zu entzünden.

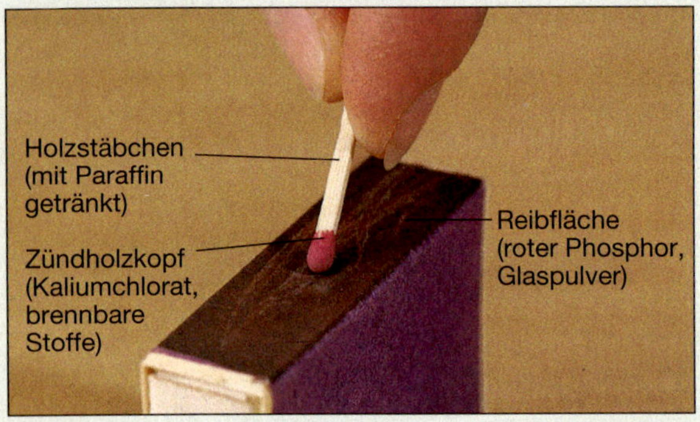

A7 Die Zündmasse eines Zündholzkopfes enthält unter anderem Kaliumchlorat als Sauerstoffspender.
a) Beschreibe die Vorgänge, die sich abspielen, wenn man mit dem Zündholzkopf über die Reibfläche streicht, bis das Streichholz entflammt.
b) Erläutere den Zusammenhang zwischen Aktivierungsenergie und Reaktionsenergie an diesem Beispiel.

Die wichtigsten Begriffe

- chemische Reaktion
- Reaktionsschema
- Ausgangsstoff
- Reaktionsprodukt
- Reaktionsenergie
- exotherm, endotherm
- chemische Energie
- Aktivierungsenergie
- Brandentstehung
- Brandbekämpfung
- Brennstoff
- Zündtemperatur
- Rosten
- Korrosion
- Zusammensetzung der Luft
- Oxidation, Oxid
- Atmung
- Sauerstoff
- Stickstoff
- Kohlenstoffdioxid
- Kupfersulfat
- Glimmspanprobe

Natur – Mensch – Technik

A8 Eine Glühlampe wird an einer Stelle mit einem Brenner stark erhitzt, bis an der Stelle ein Loch entsteht. Eine zweite Glühlampe bleibt unverändert. Danach werden beide Lampen eingeschaltet. Stelle Vermutungen über die zu erwartenden Beobachtungen an.

A9 Früher wurde Blitzlicht durch Verbrennung von Magnesium erzeugt.
a) Warum eignet sich Magnesium dafür besonders gut? Stelle das Reaktionsschema für die Reaktion auf.
b) Warum steht auf der Verpackung vieler Metallpulver der Hinweis „Leichtentzündlich"?

A10 Du bekommst ein Becherglas mit Kalkwasser und ein Glasrohr. Nun bläst du ausgeatmete Luft durch das Glasrohr in das Kalkwasser.
Erläutere die zu erwartende Beobachtung.

A11 a) Informiere dich über die Reaktion, die bei der Photosynthese und der Zellatmung ablaufen.
b) Schreibe die Reaktionsschemata und zeichne Energiediagramme für beide Reaktionen.
c) Erläutere, inwiefern es sich um umkehrbare Reaktionen handelt.

A12 Energie kann auf unterschiedliche Weise von einer Form in eine andere Form umgewandelt werden. Erläutere diese Aussage am Beispiel eines Feuerwerks und am Beispiel Autofahren.

A1 Know-how oder Betrug?

Folgendes Experiment wird durchgeführt: Eine Kerze steht in einem Becherglas mit Wasser: Man zündet die Kerze an und schließt mit einem darübergestülpten Standzylinder ein bestimmtes Luftvolumen ab. Sobald die Kerze erloschen ist, achtet man auf den Wasserstand im Zylinder. Das Ergebnis kann sehr unterschiedlich ausfallen. Der Grund dafür sind kleine Unterschiede in der Durchführung des Experiments:

- Schließt man das Luftvolumen rasch ab, ergibt sich etwa der als Fall 1 dargestellte Zustand. Das Wasser ist im Standzylinder nur wenig aufgestiegen. Zu Anfang der Reaktion entweichen sogar mehrfach große Gasblasen.
- Meist wird der Standzylinder erst vorsichtig über die Kerzenflamme gehalten und dann nur langsam abgesenkt. Das Ergebnis ähnelt dann dem Bild für Fall 2.

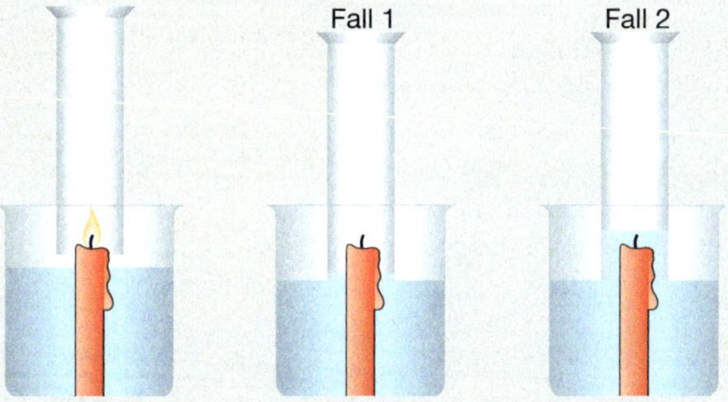

a) Erläutere die Hauptursache für die unterschiedlichen Ergebnisse.

b) Ein dem Fall 2 entsprechendes Ergebnis wird manchmal gezielt herbeigeführt, um eine wichtige Aussage über die Zusammensetzung der Luft zu veranschaulichen.
Prüfe, ob das Experiment in diesem Zusammenhang sinnvoll ist. Berücksichtige bei deiner Bewertung auch die folgenden Tatsachen:

- Eine Kerze erlischt, obwohl der Sauerstoff-Anteil der Luft noch zu drei Vierteln vorhanden ist.
- Bei der Verbrennung der Kerze entstehen Wasserdampf und Kohlenstoffdioxid. Der Wasserdampf kondensiert weitgehend zu flüssigem Wasser; Kohlenstoffdioxid löst sich erst allmählich in Wasser.

c) Der berühmte Naturforscher Michael FARADAY hielt 1860 in London eine Reihe von Experimental-Vorlesungen für Jugendliche zur „Naturgeschichte einer Kerze“. Eine Abbildung in der Buchveröffentlichung zeigt ein bekanntes Experiment mit Kalkwasser. Erläutere, welcher Zusammenhang zwischen diesem Experiment und der Verbrennung einer Kerze besteht.

A2 Gefährliche Fettbrände

Eine Fettexplosion wird ausgelöst

Immer wieder berichten Zeitungen über schwere Unfälle, die durch einen Fettbrand in der Küche ausgelöst wurden. Die folgende Meldung ist ein typisches Beispiel dafür:

> **Heilig Abend: Fondue-Topf explodiert**
>
> **SSV.** Tragischer Küchenbrand am Heiligen Abend: Zu dem Unglück mit brennendem Fett kam es bei den Vorbereitungen zum Fondue in einem Einfamilienhaus an der Wichernstraße. Eine 85-jährige und eine 55-jährige Frau hatten einen Topf mit Fett auf dem Herd erhitzt, als das Öl Feuer fing. Eine der Frauen hat offensichtlich versucht, die Flammen mit Wasser zu löschen. Dabei verursachte sie eine sogenannte Fettexplosion mit starker Rauch- und Hitzeentwicklung. Beide Frauen wurden schwer verletzt. Die eingetroffenen Hilfskräfte mussten die Haustür mit Gewalt öffnen. Nachdem sie schließlich ins Haus gelangten, sahen sie, dass die Küche in voller Ausdehnung in Flammen stand. Die Frauen mussten mit schweren Verbrennungen und Rauchvergiftungen ins Krankenhaus gebracht werden.
>
> Die Feuerwehr macht noch einmal darauf aufmerksam, dass eine Fettexplosion entstehen kann, wenn brennendes Fett mit Wasser gelöscht wird. Das Wasser wird dabei aufgrund der hohen Temperaturen schlagartig zu Wasserdampf. Dieser dehnt sich dabei um das rund 1700-Fache des Wasservolumens aus. Bei dieser Reaktion werden brennende Öltröpfchen mitgerissen. Es entsteht enorme Hitze, der Brand kann sich so auf die ganze Wohnung ausdehnen. Deshalb soll brennendes Fett durch Ersticken gelöscht werden. Dazu kann ein Deckel benutzt werden oder ein Handtuch oder eine Decke. Es besteht auch die Möglichkeit, das brennende Gefäß vorsichtig ins Freie zu tragen.

a) Erkläre, warum es bei Fettbränden so oft zu schweren Unfällen kommt.

b) Begründe die von der Feuerwehr vorgeschlagenen Möglichkeiten, eine Fettexplosion zu verhindern.

5 Atome und der Aufbau von Stoffen

In vielen technischen Anwendungen spielt das Halbleitermaterial Silicium eine wichtige Rolle. Beispiele dafür sind Mikrochips in Computern oder elektronischen Steuergeräten. Auch Solarzellen zur Stromerzeugung bestehen aus hochreinem Silicium.

Silicium ist ein sehr harter, spröder, dunkelgrau glänzender Feststoff. Silicium kommt in der Natur allerdings nicht vor. Es wird aus Siliciumdioxid hergestellt, das in der Natur als Quarzsand vorliegt. Quarzsand wird dazu mit Kohlenstoff stark erhitzt. In einer endothermen Reaktion bilden sich dabei Silicium und Kohlenstoffmonooxid.

Zentrale Fragen:
- Was versteht man unter Elementen und Verbindungen?
- Wie lässt sich der Aufbau von Stoffen aus Atomen beschreiben?
- Was versteht man unter einem Molekül?
- Wie lässt sich aus einfachen Experimenten eine Verhältnisformel ableiten?
- Was sagt eine Reaktionsgleichung aus?
- Wie hängt die Masse einer Stoffportion mit der Teilchenzahl zusammen?

5.1 Element und Verbindung

Zerlegung von Quecksilberoxid

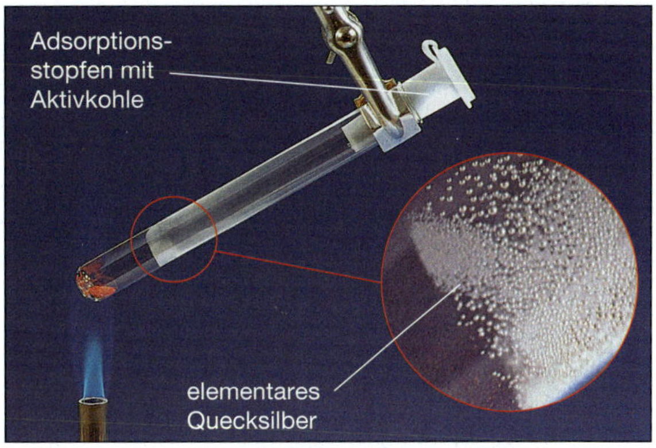

Bei der Reaktion gebildete Quecksilbertröpfchen

Viele Stoffe ändern beim Erhitzen ihren Aggregatzustand. So schmilzt Zinn bei 232 °C. Nach dem Abkühlen wird das Zinn wieder fest und liegt unverändert vor.
Erhitzt man dagegen orangerotes Quecksilberoxid-Pulver langsam in einem Reagenzglas, so ändert sich zunächst die Farbe und ein Gas kann aufgefangen werden. Gleichzeitig bilden sich Quecksilbertröpfchen an der Reagenzglaswand und das Quecksilberoxid verschwindet allmählich.
Eine Glimmspanprobe zeigt, dass es sich bei dem entstandenen Gas um Sauerstoff handelt. Quecksilberoxid wird also durch das Erhitzen in Quecksilber und Sauerstoff zerlegt:

Quecksilberoxid ⟶
Quecksilber + Sauerstoff; endotherm

Quecksilber und Sauerstoff können nicht weiter zerlegt werden. Das gilt auch für Silicium, Zinn, Gold und andere Metalle. Solche Reinstoffe, die nicht weiter zerlegt werden können, nennt man chemische **Elemente.**
Quecksilberoxid und andere Oxide gehören nicht zu den Elementen, denn sie können durch chemische Reaktion in Sauerstoff und ein anderes Element zerlegt werden. Solche Reinstoffe, die aus verschiedenen Elementen zusammengesetzt sind, bezeichnet man als **Verbindungen.**

Chemiker haben sehr viele Stoffe untersucht und dabei insgesamt nur 90 Elemente entdeckt. Davon gehören 70 zu den Metallen und 20 zu den Nichtmetallen. Elf Elemente sind bei Raumtemperatur gasförmig. Nur zwei Elemente sind bei 20 °C flüssig: das Metall Quecksilber und das Nichtmetall Brom.
Aus den 90 Elementen lassen sich unvorstellbar viele Verbindungen aufbauen: Bis heute kennt man mehr als zehn Millionen!

Im Mittelalter versuchte man, Metalle wie Kupfer oder Blei in Gold umzuwandeln. Die Alchimisten entdeckten auf diese Weise viele neue chemische Reaktionen – nur Gold ließ sich auf diesen Wegen nicht herstellen.
Heute wissen wir, dass sich ein Element nur aus seinen Verbindungen gewinnen lässt, ein Element kann nicht in ein anderes umgewandelt werden. Aus diesem Grund konnte die Herstellung von Gold aus Kupfer oder Blei nicht gelingen.

Analyse und Synthese. Die Zerlegung einer Verbindung in ihre Elemente bezeichnete man ursprünglich als Analyse. Heute versteht man unter Analyse ganz allgemein die Aufklärung der Zusammensetzung eines Stoffes oder eines Stoffgemisches.
Als Synthese bezeichnet man die Bildung eines neuen Stoffes aus meist einfach aufgebauten Ausgangsstoffen. Beispiele sind die Herstellung von Waschmitteln, Farbstoffen oder Kunststoffen aus Erdölprodukten.

Elemente und Verbindungen sind Reinstoffe. Verbindungen lassen sich grundsätzlich in die an ihrem Aufbau beteiligten Elemente zerlegen. Elemente sind dagegen nicht in andere Stoffe zerlegbar.

1 Stelle Beziehungen zwischen den folgenden Begriffen in einem Schema dar: Gemische, Metalle, Nichtmetalle, Verbindungen, Reinstoffe und Elemente.

2 Nenne Unterschiede zwischen Elementen und Verbindungen.

3 Informiere dich über Synthese und Analyse und deren Anwendung in der Chemie.

4 Entscheide, ob es sich bei folgenden Stoffen um Elemente oder Verbindungen handelt: Kohlenstoffdioxid, Silber, Stickstoff, Natriumchlorid, Rost und Quecksilbersulfid.

5.2 DALTONs Atommodell

John DALTON (1766 – 1844)

Zu Beginn des 19. Jahrhunderts entwickelte der englische Naturforscher John DALTON eine Modellvorstellung über die kleinsten Teilchen, aus denen die Stoffe aufgebaut sind. Die kleinsten Teilchen der Elemente bezeichnete er als **Atome** (griech. *atomos:* unteilbar).

DALTONs Atommodell. Die Überlegungen DALTONs lassen sich in folgenden vier Kernaussagen zusammenfassen:

1. Jedes Element besteht aus kleinsten, nicht weiter teilbaren Teilchen, den Atomen.
2. Alle Atome eines Elements haben die gleiche Größe und die gleiche Masse. Die Atome unterschiedlicher Elemente unterscheiden sich in ihrer Masse. Damit gibt es genau so viele Atomarten, wie es Elemente gibt.
3. Atome sind unzerstörbar. Sie können durch chemische Vorgänge weder vernichtet noch erzeugt werden.
4. Bei chemischen Reaktionen werden die Atome der Ausgangsstoffe neu angeordnet und in bestimmten Anzahlverhältnissen miteinander verknüpft.

Diese Vorstellung von den Atomen wird als DALTONs *Atommodell* bezeichnet. Dabei stellt man sich die Atome am einfachsten als winzig kleine Kugeln vor.

Die besondere Leistung DALTONs und seines Atommodells lässt sich folgendermaßen beschreiben: Die praktisch unüberschaubare Vielzahl von Stoffen, die in der Natur vorkommen oder im Labor entstehen, wird auf relativ wenige unveränderliche Teilchen zurückgeführt – auf die Atome, aus denen die Elemente bestehen.

Darüber hinaus lassen sich das Gesetz von der Erhaltung der Masse und das Gesetz der konstanten Massenverhältnisse mithilfe des Atommodells deuten:

- Da bei einer chemischen Reaktion Atome weder erzeugt noch vernichtet werden, bleibt auch ihre Masse und damit die Masse der beteiligten Stoffe erhalten.
- Das konstante Massenverhältnis kann mit einem konstanten Anzahlverhältnis bei der Umgruppierung der Atome erklärt werden. Da die Atome eines Elementes alle die gleiche Masse besitzen, ergibt sich aus dem Anzahlverhältnis der Atome ein bestimmtes Massenverhältnis der Ausgangsstoffe.

Die Atome sind die kleinsten Teilchen der Elemente. Die Atome eines Elements haben alle die gleiche Masse. Atome können weder erzeugt noch vernichtet werden. Mithilfe dieses Atommodells kann man die Massenverhältnisse bei chemischen Reaktionen erklären.

1 Nenne die vier Aussagen, die DALTON über die Atome macht.

2 Die Masse der Produkte einer chemischen Reaktion ist genauso groß wie die Masse der Ausgangsstoffe. Begründe.

3 Erkläre mithilfe des Atommodells die Bildung einer Verbindung aus den Elementen.

4 Begründe mit dem Atommodell, warum es unmöglich ist, ein Element durch eine chemische Reaktion in ein anderes umzuwandeln.

Exkurs

Atome und ihre Darstellung

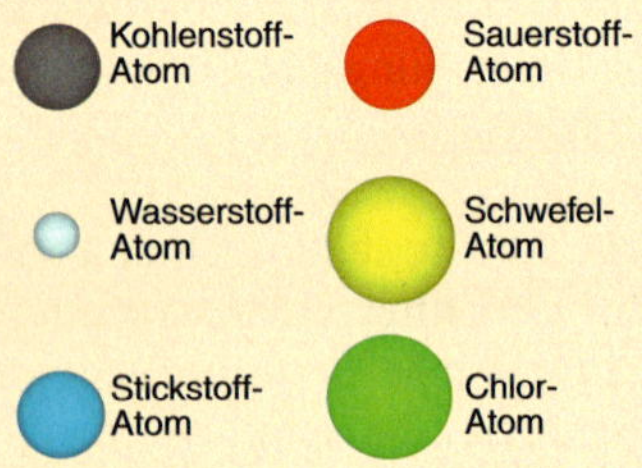

In Abbildungen und in Modellbaukästen stellt man die Atome der verschiedenen Elemente in unterschiedlichen Farben dar. So verwendet man für Schwefel-Atome meist gelbe Kugeln.
In Wirklichkeit haben Atome jedoch keine Farbe. Erst wenn unvorstellbar viele Schwefel-Atome in bestimmter Weise miteinander verknüpft sind, treten die Eigenschaften von Schwefel auf: die Farbe Gelb, eine bestimmte Dichte, eine bestimmte Schmelztemperatur.
Ganz ähnlich ist es bei anderen Elementen:
Einzelne Kupfer-Atome haben weder eine rötliche Farbe noch leiten sie den elektrischen Strom.

Fotoreise in die Welt der Atome

Exkurs

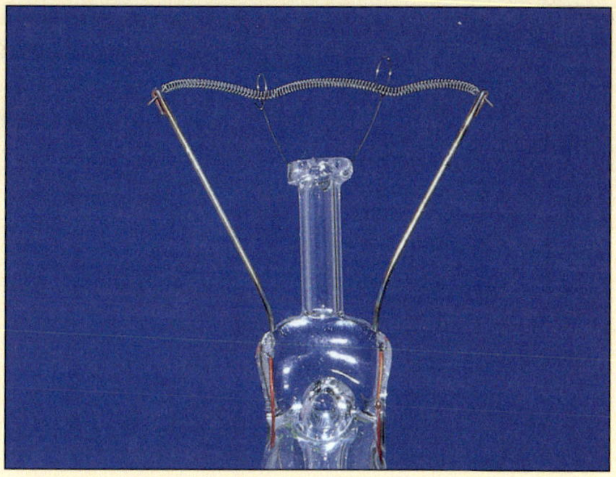

Der Wolframdraht einer Glühlampe …

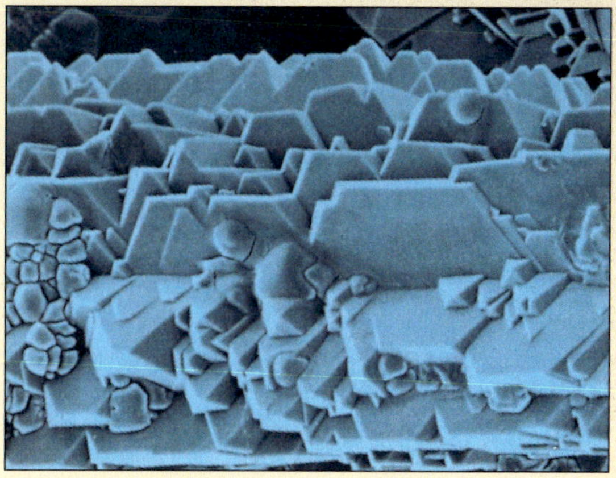

***… im Elektronenmikroskop** (50 000-fach)*

„Zeigen Sie mir ein Atom, erst dann glaube ich daran.“ So raunzte der berühmte Physiker MACH jeden Fachkollegen an, der ihn davon überzeugen wollte, dass alle Stoffe aus Atomen bestehen. Zu Beginn des 20. Jahrhunderts zweifelten noch viele Wissenschaftler daran, dass die Materie aus Atomen aufgebaut ist. Da wäre eine fotografische Abbildung von Atomen schon sehr überzeugend gewesen! Aber lassen sich Atome überhaupt fotografieren?

Vom Wolframdraht zum Wolfram-Atom. Mit bloßem Auge ist der nur 0,01 mm starke Draht der Wolframwendel in einer Glühlampe gerade noch zu sehen. Bei tausendfacher Vergrößerung mit einem *Mikroskop* erkennt man zwar, dass es sich um eine Doppelwendel handelt und die Oberfläche sehr rau ist – Atome sieht man aber noch lange nicht. Sichtbares Licht ist mit einer Wellenlänge von etwa 500 nm viel zu grob, um Atome abzubilden.

Wesentlich weiter kommt man mit einem *Elektronenmikroskop:* Bei 20 000-facher Vergrößerung sind be-reits kleine Wolfram-Kristalle zu erkennen. Allerdings zeigen sich auch bei der maximal erreichbaren 500 000-Fachen Vergrößerung noch keine Atome.

Erst das 1983 entwickelte *Raster-Tunnel-Mikroskop,* das eine 50 000 000-Fache Vergrößerung erlaubt, schafft den Durchbruch in die atomare Dimension: Auf der Oberfläche der Wolfram-Kristalle erscheinen die Atome wie dicht aneinandergeklebte Perlen.

Richtige Fotos von Atomen sind die so gewonnenen Bilder allerdings nicht. Bei diesem Abbildungsverfahren wird ein Metalldraht mit extrem feiner Spitze über den Kristall geführt, und ein Computer verarbeitet die Abtastsignale. Das Bild einer Hügellandschaft aus Atomen ist also kein Foto, sondern eher eine Computergrafik.

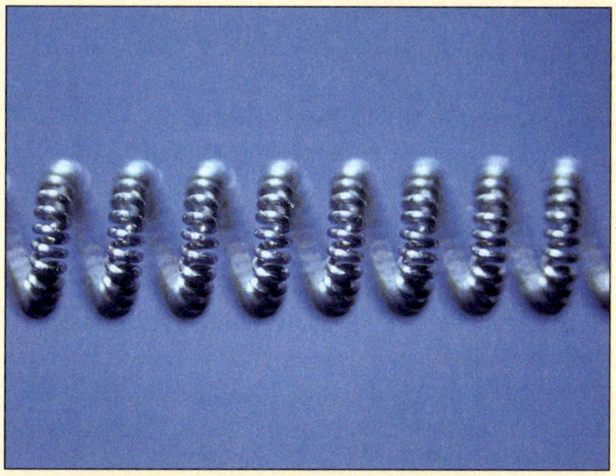

***… im Mikroskop** (tausendfach)*

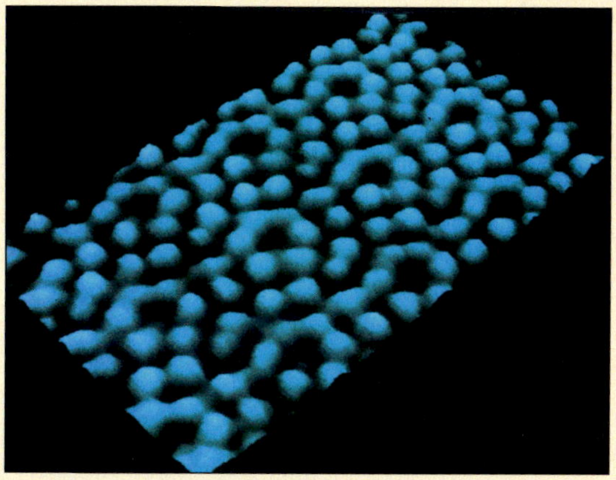

***… im Raster-Tunnel-Mikroskop** (50 000 000-fach)*

5.3 Wie schwer ist ein Atom?

Element	Atommasse	
	gerundeter Wert	genauer Wert
Wasserstoff	1 u	1,008 u
Kohlenstoff	12 u	12,011 u
Sauerstoff	16 u	15,999 u
Magnesium	24 u	24,305 u
Aluminium	27 u	26,982 u
Schwefel	32 u	32,066 u
Chlor	35,5 u	35,453 u
Eisen	56 u	55,847 u
Kupfer	63,5 u	63,546 u
Zink	65 u	65,39 u
Silber	108 u	107,868 u
Iod	127 u	126,904 u
Blei	207 u	207,2 u
Uran	238 u	238,029 u

Exkurs

Wie bestimmt man Atommassen?

Eine wichtige Methode zur exakten Bestimmung von Atommassen ist die *Massenspektroskopie.* Dabei wird die Stoffprobe zunächst verdampft. Die einzelnen Atome werden dann durch elektrische Energie auf eine hohe Geschwindigkeit beschleunigt. Nun lässt man von der Seite her eine Kraft einwirken und drängt dadurch die Atome aus ihrer geraden Flugbahn ab. Dies geschieht umso leichter, je kleiner die Masse eines Atoms ist. Aus dem Maß der Ablenkung kann man auf die Masse des Atoms schließen.

Modellversuch: Lässt man unterschiedlich schwere Kugeln aus einem Trichter rollen und bläst von der Seite her mit einem Föhn, so werden die leichten Kugeln stärker abgelenkt als die schweren.

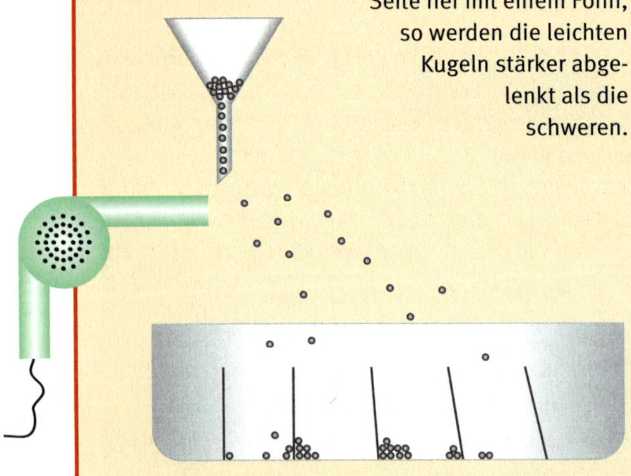

Nach dem Atommodell besitzen alle Atome eines Elements die gleiche Masse. DALTON gelang es allerdings nie, die Massen der Atome direkt zu bestimmen. Heute kann man die Atommassen sehr genau ermitteln. Die Masse eines Wasserstoff-Atoms beträgt: *m* (Wasserstoff-Atom) =

0,000 000 000 000 000 000 000 001 67 g

Atommassen sind also unvorstellbar klein. Deshalb ist es nicht sinnvoll, sie in der Einheit 1 Gramm anzugeben. Auch in der Einheit 1 Milligramm ergeben sich noch längst keine übersichtlichen Zahlen:
m (Wasserstoff-Atom) =

0,000 000 000 000 000 000 001 67 mg

Atomare Masseneinheit. Niemand rechnet gern mit Zahlen, die 20 Nullen hinter dem Komma haben. Daher hat man eine Masseneinheit eingeführt, die der Größenordnung der Atommassen angepasst ist. Man verwendet die *atomare Masseneinheit* mit dem Einheitszeichen **u** (engl. *unit:* Einheit). 1 u entspricht ungefähr der Masse des leichtesten aller Atome, des Wasserstoff-Atoms. Zwischen der Einheit Gramm und der atomaren Masseneinheit u besteht folgender Zusammenhang:

$$1\text{ g} = 602\,200\,000\,000\,000\,000\,000\,000\text{ u} \approx 6 \cdot 10^{23}\text{ u}$$

$$1\text{ u} = \frac{1}{602\,200\,000\,000\,000\,000\,000\,000}\text{ g} \approx 1{,}66 \cdot 10^{-24}\text{ g}$$

Messen bedeutet immer Vergleichen: Gibt man eine Masse in der Einheit Kilogramm an, so vergleicht man sie mit der Masse des Urkilogramm-Stücks. Verwendet man dagegen die atomare Masseneinheit u, so vergleicht man praktisch mit der Masse eines Wasserstoff-Atoms: Die Masse eines Schwefel-Atoms beträgt 32 u. Die Masse eines Schwefel-Atoms ist also 32-mal so groß wie die Masse eines Wasserstoff-Atoms. Das schwerste in der Natur vorkommende Atom, das Uran-Atom, ist mit einer Masse von 238 u rund 238-mal so schwer wie ein Wasserstoff-Atom.

Die Masse von Atomen wird in der atomaren Masseneinheit u angegeben. Für die Umrechnung in die Masseneinheit Gramm gilt: 1 g ≈ $6 \cdot 10^{23}$ u.

1 Begründe, dass die Einführung einer eigenen Einheit für die Atommasse sinnvoll ist. Wie lautet sie? Wie ist sie definiert?

2 Berechne die Masse eines Schwefel-Atoms in der Einheit Milligramm.

3 Ein Sauerstoff-Atom hat die Masse *m* (Sauerstoff-Atom) = 0,000 000 000 000 000 000 000 026 5 g. Rechne in die atomare Masseneinheit um.

Ein Atom – unvorstellbar klein

Exkurs

Ihrer kleinen Masse entsprechend ist auch der Durchmesser von Atomen außerordentlich klein. So beträgt er bei einem Eisen-Atom nur 0,000 000 250 mm.
Besser überschaubar ist die Angabe mit der Einheit Pikometer (pm), die eher dem Größenbereich von Atomen entspricht. Ein Pikometer ist ein Billionstel Meter oder ein Milliardstel Millimeter. Für den Durchmesser des Eisen-Atoms gilt somit:

d (Fe-Atom) = 250 pm.

Erst nach einer Vergrößerung um den Faktor 1 000 000 würde ein Eisen-Atom mit dem Durchmesser von $\frac{1}{4}$ mm die Größe eines Sandkörnchens erreichen. Bei entsprechender Vergrößerung würde aus dem Sandkörnchen eine Kugel mit einem Durchmesser von 250 m.

Wie extrem sich die Größen von Atomen und gut erkennbaren Gegenständen unterscheiden, lässt sich auch durch die folgenden Beispiele veranschaulichen:

- Das Größenverhältnis zwischen einem Atom und einem Tennisball entspricht dem zwischen einem Tennisball und der Erde.
- Könnte man ein Rußklümpchen von einem Zentimeter Durchmesser so weit vergrößern, dass es den Durchmesser der Erde erreicht, hätten die einzelnen Kohlenstoff-Atome die Größe von Fußbällen.
- Ein Stecknadelkopf hat etwa einen Durchmesser von 1 mm. Würde man alle darin enthaltenen Eisen-Atome direkt aneinanderlegen, so erhielte man eine Kette mit einer Länge von 11 Millionen Kilometern. Diese Kette wäre damit fast 29-mal so lang wie die mittlere Entfernung des Mondes von der Erde.

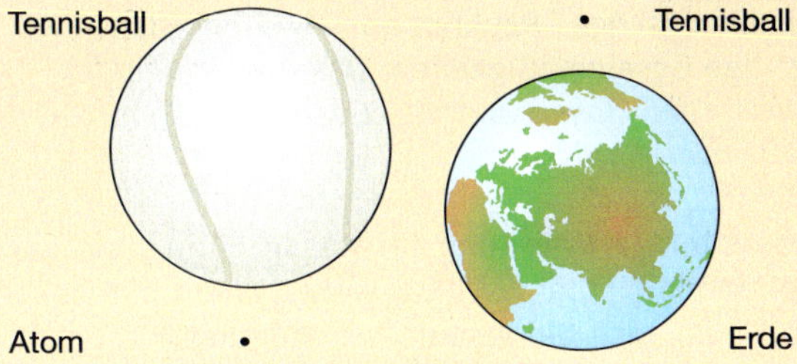

1 Zur Sanierung des Finanzhaushalts schenkt jeder Bundesbürger dem Finanzminister 1 Million Goldatome.
a) Berechne, wie viel Gramm Gold der Minister insgesamt erhält.
b) Welchen Wert hat das Gold, wenn ein Gramm Gold 14 € kostet?

Die Teilchenzahl – unvorstellbar groß

Exkurs

Während man es bei den Atommassen mit sehr kleinen Werten zu tun hat, ist die Teilchenanzahl selbst in einer kleinen Stoffportion außerordentlich groß: So hat ein Kohlenstoff-Atom die verschwindend kleine Masse von 12 u. Der Umrechnungsfaktor zwischen den Einheiten 1 u und 1 g ist $6 \cdot 10^{23}$. Daraus folgt, dass eine Kohlenstoff-Portion mit $6 \cdot 10^{23}$ C-Atomen eine Masse von 12 g besitzt. Diese Beziehung lässt sich für alle Stoffe verallgemeinern: Bei jeder Stoffprobe mit $6 \cdot 10^{23}$ Teilchen hat die Masse in der Einheit Gramm den gleichen Zahlenwert wie die Masse eines Teilchens in der atomaren Masseneinheit u.

Die Anzahl von $6 \cdot 10^{23}$ Teilchen bezeichnet man als *1 Mol*. Die Einheit 1 mol bezeichnet also eine Teilchenmenge, ähnlich wie die Einheit Gigabyte einer bestimmten Datenmenge entspricht:

1 mol entspricht $6 \cdot 10^{23}$ Teilchen,
1 GB entspricht $8 \cdot 10^{9}$ Bit.
Der Unterschied besteht im Wesentlichen darin, dass die Zahl $6 \cdot 10^{23}$ fast unvorstellbar viel größer ist als die Zahl $8 \cdot 10^{9}$.

Die erstaunliche Größe der Zahl $6 \cdot 10^{23}$ lässt sich durch das folgende Gedankenexperiment verdeutlichen.
Die Atome in einer Kohlenstoff-Portion von 12 g sollen einzeln gezählt werden. Das Zählen soll so erfolgen, dass man jede Sekunde um 1 weiterzählt. Für den Anfang mag das langsam erscheinen, bei der Zahl „zwei Billionen siebenhundertundzwanzig Milliarden fünfhunderteinundsiebzig Millionen einhundertsechsundzwanzigtausend achthundertvierundvierzig“ muss man sich aber schon beeilen.
Auf diese Weise zählt man in einer Minute bis 60, in einer Stunde bis 3 600 und an einem Tag (ohne zu schlafen) das 24-Fache, also bis 86 400. In einem Jahr erreicht man 31 536 000, in einem Menschenleben (80 Jahre) rund $2{,}5 \cdot 10^{9}$. Selbst wenn alle heute lebenden 6 Milliarden Menschen ihr ganzes Leben zählen würden, käme man insgesamt nur auf $1{,}5 \cdot 10^{19}$, das ist weit weniger als ein Promille der Gesamtzahl von $6 \cdot 10^{23}$.
Um *alle* Atome in einer Kohlenstoff-Probe von 12 g zu zählen, bräuchte man dann außer der Erde noch 40 000 weitere Planeten mit jeweils 6 Milliarden Menschen.

5.4 Chemische Grundgesetze

Durch genaue Untersuchung der Massenverhältnisse bei chemischen Reaktionen ergeben sich zwei wichtige Gesetzmäßigkeiten: Das *Gesetz von der Erhaltung der Masse* und das *Gesetz der konstanten Massenverhältnisse.*

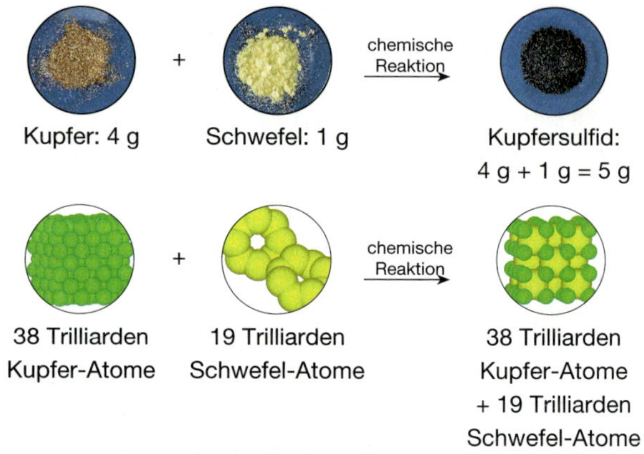

Massenverhältnisse bei chemischen Reaktionen

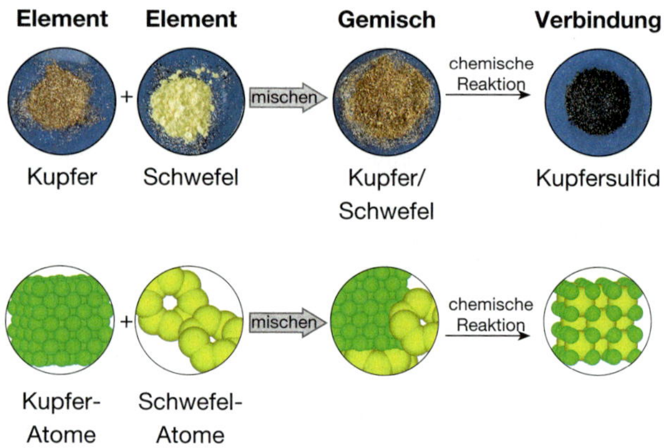

Chemische Reaktion als Umgruppierung von Atomen

Gesetz von der Erhaltung der Masse. Führt man eine Reaktion in einem geschlossenen System durch, so stellt man auch bei genauesten Wägungen niemals eine Massenänderung fest. Dieser Sachverhalt wird durch das *Gesetz von der Erhaltung der Masse* beschrieben: *Bei chemischen Reaktionen ist die Masse der Endstoffe gleich der Masse der Ausgangsstoffe.*

Mit Hilfe des Atommodells lässt sich das Massenerhaltungsgesetz erklären: Wenn Kupfer mit Schwefel zu Kupfersulfid reagiert, finden sich alle Kupfer-Atome und alle Schwefel-Atome im Produkt wieder. Die Atome werden weder zerstört noch neu gebildet, sie bleiben bei der Reaktion erhalten. Die Masse ändert sich bei der chemischen Reaktion nicht.

Gesetz der konstanten Massenverhältnisse. Experimentelle Untersuchungen haben immer wieder gezeigt, dass die Massen der Ausgangsstoffe bei einer chemischen Reaktion stets in einem bestimmten Verhältnis zu einander stehen. So reagieren Kupfer und Schwefel bei der Synthese von Kupfersulfid stets im Massenverhältnis 4 : 1. In diesem Massenverhältnis sind dann die Kupfer-Atome und Schwefel-Atome auch in der Verbindung Kupfersulfid enthalten. Dieser Sachverhalt wird durch das *Gesetz der konstanten Massenverhältnisse* beschrieben: *In einer Verbindung sind die Elemente stets in einem bestimmten Massenverhältnis enthalten.*

Die chemische Reaktion – eine Umgruppierung von Atomen. Auf der Grundlage des Atommodells lassen sich chemische Reaktionen als *Umgruppierung von Atomen* deuten:
Bei der Reaktion von Kupfer mit Schwefel zu Kupfersulfid lösen sich die Kupfer-Atome aus dem Kupfer-Kristall und die Schwefel-Atome aus dem Schwefel-Kristall. Sie bilden dann in einer bestimmten Anordnung den Gitterverband der Verbindung Kupfersulfid, die Atome werden also umgruppiert. Die Atome, aus denen die Ausgangsstoffe aufgebaut sind, werden nach dieser Vorstellung durch eine chemische Reaktion voneinander getrennt und anschließend im Produkt neu angeordnet.
Mithilfe dieses Modells ist es leicht verständlich, dass man aus der Verbindung Kupfersulfid die Elemente Kupfer und Schwefel wiedergewinnen kann. Man muss nur die Atome erneut umgruppieren: Aus den Kupfer-Atomen bilden sich wieder Kupfer-Kristalle und aus den Schwefel-Atomen entstehen Schwefel-Kristalle.

Bei chemischen Reaktionen gilt das Gesetz von der Erhaltung der Masse. Die Ausgangsstoffe reagieren in einem bestimmten Massenverhältnis miteinander. Dabei werden die Atome der Ausgangsstoffe umgruppiert.

1 Gib das Gesetz von der Erhaltung der Masse und das Gesetz der konstanten Massenverhältnisse mit eigenen Worten wieder.
2 Erläutere mithilfe des Atommodells, dass man aus einer Verbindung die Elemente gewinnen kann.
3 Aus 2,8 g Eisen und 0,8 g Schwefel erhält man 2,2 g Eisensulfid. Nach der Reaktion stellt man fest, dass der Schwefel vollständig reagiert hat, und, dass noch unreagiertes Eisen vorhanden ist. Berechne den Eisenüberschuss.

Chemische Grundgesetze

V1: Erhaltung der Masse

Materialien: Luftballon, Waage, Gasbrenner; Kupferpulver, Schwefelpulver.

Durchführung:

1. Gib einen Spatel Kupferpulver und drei Spatel Schwefelpulver in ein Reagenzglas.
2. Verschließe das Reagenzglas mit dem Luftballon. Schüttle dann, damit sich die Stoffe gut vermischen.
3. Wiege das Reagenzglas mit dem Kupfer/Schwefel-Gemisch und dem Luftballon und notiere die Masse.
4. Halte das Reagenzglas mit einer Reagenzglasklammer, und erhitze das Gemisch in der nicht leuchtenden Brennerflamme bis die Reaktion einsetzt.
5. Warte, bis die Reaktion beendet ist und sich das Reagenzglas wieder abgekühlt hat. Wiege dann das Reagenzglas mit Inhalt und Luftballon erneut.

Hinweis: Das Gemisch aus Kupferpulver und Schwefelpulver sollte nicht aufbewahrt werden. Es neigt zur Selbstzündung und kann explosionsartig reagieren.

Aufgaben:

a) Vergleiche das Ergebnis der Wägung vor der Reaktion mit dem Ergebnis der Massenbestimmung nach der Reaktion.

b) Vergleiche dein Ergebnis mit dem deiner Mitschülerinnen und Mitschüler.

c) Fasse das Gesamtergebnis der Versuche zusammen.

d) Erkläre, warum das Reagenzglas bei diesem Experiment verschlossen werden muss.
Begründe, warum hier ein Luftballon besser geeignet ist als ein Stopfen.

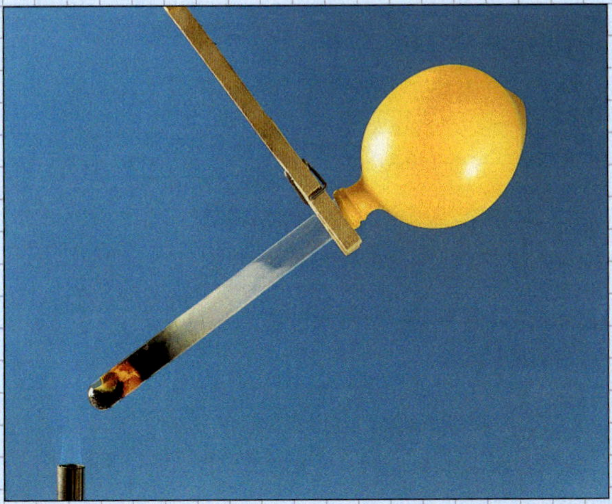

V2: Konstantes Massenverhältnis

Materialien: Gasbrenner, feuerfestes Reagenzglas, Waage, Schere, Pinzette, Glaswolle; Kupferblech (0,1 mm), Schwefelpulver.

Durchführung:

1. Schneide aus Kupferblech einen etwa 1 cm breiten und 4 – 12 cm langen Streifen und falte ihn wie eine Ziehharmonika zusammen, um seine Länge auf etwa 2 cm zu reduzieren. Wiege den Kupferblechstreifen.
   Die Masse sollte zwischen 0,4 und 1,2 g liegen.
2. Gib etwa 0,5 g Schwefelpulver in das Reagenzglas.
3. Halte das Reagenzglas waagerecht und schiebe den Kupferblechstreifen in die Mitte des Reagenzglases.
4. Verschließe das Reagenzglas mit etwas Glaswolle.
5. Erhitze das Reagenzglas, sodass der Schwefel verdampft und mit dem heißen Kupfer reagiert.
6. Lass das Reagenzglas mit seinem Inhalt abkühlen und entnimm das Reaktionsprodukt mit der Pinzette. Falls überschüssiger Schwefel am Reaktionsprodukt haftet, wird er im Abzug mit dem Gasbrenner verdampft.
7. Wiege das Reaktionsprodukt.

Aufgaben:

a) Berechne aus der Differenz *m* (Produkt) – *m* (Kupfer) die Masse an Schwefel, die reagiert hat.

b) Berechne das Massenverhältnis, in dem Kupfer und Schwefel reagiert haben.

c) Vergleiche dein Ergebnis mit dem deiner Mitschülerinnen und Mitschüler und berechne den Durchschnitt aller ermittelten Massenverhältnisse.

d) Stelle alle Werte in einer Tabelle zusammen und zeichne einen Graphen mit den Werten für *m* (Kupfer) und *m* (Schwefel).

e) Erläutere mögliche Fehler beim Experimentieren und deren Auswirkung auf das Ergebnis.
Begründe, warum einige Werte deutlich oberhalb und einige deutlich unterhalb des Mittelwertes liegen.

Auswertungsbeispiel:

***m* (Kupfer)**	***m* (Produkt)**	***m* (Schwefel)**	$\frac{m\text{ (Kupfer)}}{m\text{ (Schwefel)}}$
0,88 g	1,11 g	0,23 g	$\frac{0{,}88\text{ g}}{0{,}23\text{ g}} = \frac{3{,}83}{1}$
1,07 g	1,34 g	0,27 g	$\frac{1{,}07\text{ g}}{0{,}27\text{ g}} = \frac{3{,}96}{1}$
1,20 g	1,49 g	0,29 g	$\frac{1{,}20\text{ g}}{0{,}29\text{ g}} = \frac{4{,}14}{1}$

5.5 Elementsymbole und Verhältnisformeln

Bereits die Alchemisten benutzten chemische Symbole, um bestimmte Stoffe zu charakterisieren. Viele dieser Symbole entstammten der Astronomie. DALTON entwickelte Symbole, die zu seinem Atommodell passten: Er ging von Symbolen für die chemischen Elemente aus und stellte Verbindungen durch eine Kombination der Elementsymbole dar. Das Elementsymbol gibt damit die Art der Atome an, unabhängig davon, ob sie in einer Elementsubstanz oder in einer Verbindung vorliegen.

Die heute benutzten Elementsymbole gehen auf einen Vorschlag des schwedischen Chemikers Jöns Jacob BERZELIUS aus dem Jahre 1813 zurück. Um eine Atomart zu symbolisieren, verwendet man den ersten oder den ersten und einen weiteren Buchstaben des wissenschaftlichen Elementnamens:

Wasserstoff:	H	(von **H**ydrogenium)
Kohlenstoff:	C	(von **C**arboneum)
Stickstoff:	N	(von **N**itrogenium)
Sauerstoff:	O	(von **O**xygenium)
Fluor:	F	
Natrium:	Na	
Magnesium:	Mg	
Silicium:	Si	
Schwefel:	S	(von **S**ulfur)
Mangan:	Mn	
Kupfer:	Cu	(von **Cu**prum)
Iod:	I	
Silber:	Ag	(von **Ag**entum)
Gold:	Au	(von **Au**rum)

Die Elementsymbole sind die Grundlage der internationalen Zeichensprache der Chemie. So beschreibt man beispielsweise die Zusammensetzung von Verbindungen durch chemische Formeln, indem man die Symbole der beteiligten Atomarten nach bestimmten Regeln kombiniert.

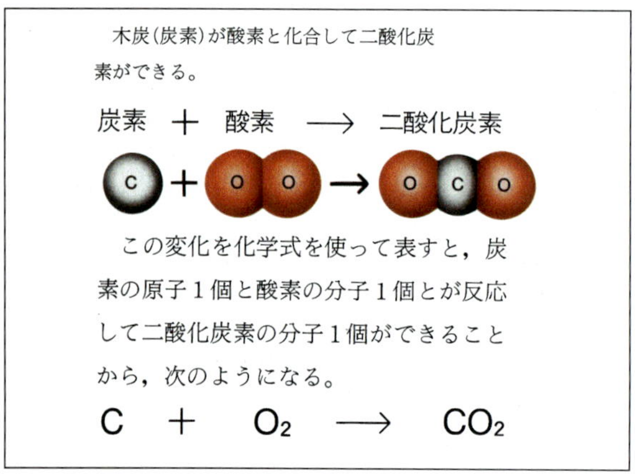
木炭(炭素)が酸素と化合して二酸化炭素ができる。

炭素 ＋ 酸素 ⟶ 二酸化炭素

C ＋ O O → O C O

この変化を化学式を使って表すと，炭素の原子1個と酸素の分子1個とが反応して二酸化炭素の分子1個ができることから，次のようになる。

$$C + O_2 \longrightarrow CO_2$$

Die Zeichensprache der Chemie ist international.

Verhältnisformeln. Bei der Bildung von Kupfersulfid reagieren Kupfer-Atome und Schwefel-Atome im Atomzahlenverhältnis 2:1. Jeder Kupfersulfid-Kristall enthält also genau doppelt so viele Kupfer-Atome wie Schwefel-Atome. Insgesamt ergibt sich eine gitterartige Anordnung wie im nebenstehenden Bild. Ähnliche Gitterstrukturen gibt es auch bei den meisten anderen Verbindungen von Metallen mit Nichtmetallen. Die chemische Formel für eine Verbindung dieser Art gibt jeweils das *Atomzahlenverhältnis* an. Die Verhältniszahlen schreibt man dazu einfach als tiefergestellte Zahl *hinter* die entsprechenden Elementsymbole. Eine solche Formel bezeichnet man deshalb als *Verhältnisformel*. Die Verhältnisformel von Kupfersulfid lautet damit Cu_2S_1. Chemiker lassen aber üblicherweise die Ziffer 1 weg und schreiben vereinfacht: Cu_2S. So wie in diesem Beispiel steht in Formeln für Metall/Nichtmetall-Verbindungen das Metall immer an der ersten Stelle.

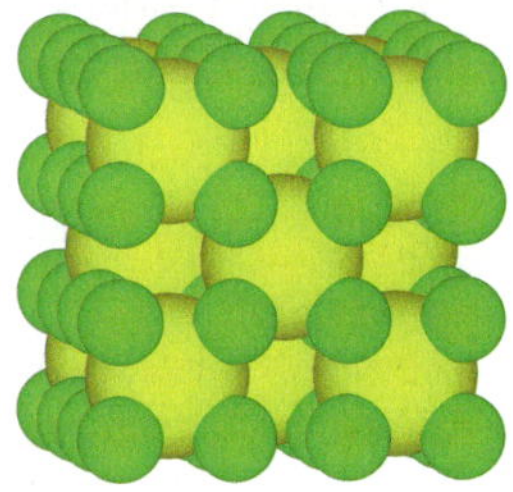

Das vom wissenschaftlichen Namen eines Elements abgeleitete Elementsymbol steht für die jeweilige Atomart. Das Anzahlverhältnis der Atomarten in einer Verbindung wird durch eine Verhältnisformel beschrieben.

1 Notiere die Elementsymbole für: Argon, Helium, Lithium, Neon, Phosphor, Zink, Zinn, Blei und Uran.
2 Gib die Namen der betreffenden Elemente an: B, Ba, Be, Bi, Br, Cd, Ce, Cl, Co, Cr.
3 DALTON führte in seiner Liste der Elementsymbole auch ein Symbol für einen Stoff auf, den wir heute als Magnesiumoxid bezeichnen. Erkläre, wie Dalton zu dieser Einordnung gekommen ist.

Element	Symbol nach DALTON	heutiges Symbol
Wasserstoff	⊙	H
Kohlenstoff	●	C
Stickstoff	⦶	N
Phosphor	☮	P
Schwefel	⊕	S
Gold	Ⓖ	Au
Silber	Ⓢ	Ag
Kupfer	Ⓒ	Cu
Quecksilber	✹	Hg
Eisen	Ⓘ	Fe

Elementsymbole

5.6 Moleküle – miteinander verbundene Atome

Die kleinsten für ein Element charakteristischen Teilchen sind die Atome. Bei den Metallen sind, ähnlich wie bei Verbindungen aus Metallen mit Nichtmetallen, die Atome regelmäßig in einer gitterartigen Struktur angeordnet und bilden so Kristalle. Bei einigen Gasen wie Helium, Neon und Argon liegen dagegen einzelne, unabhängig voneinander bewegliche Atome vor.

Die übrigen bei Raumtemperatur gasförmigen Elemente bestehen aus Teilchen, die jeweils aus mehreren Atomen zusammengesetzt sind. Anfang des 19. Jahrhunderts sprach man deshalb von „zusammengesetzten Atomen". Heute bezeichnet man solche Teilchen aus einer bestimmten Anzahl von Atomen als **Moleküle.** So besteht Stickstoff aus Teilchen, in denen zwei Stickstoff-Atome fest miteinander verbunden sind. Auch im Falle des Sauerstoffs und des Wasserstoffs liegen zweiatomige Moleküle vor.

Ähnliche Verhältnisse findet man bei den nichtmetallischen Elementen, die sich schon bei relativ niedrigen Temperaturen in den gasförmigen Zustand überführen lassen. So besteht Iod aus zweiatomigen Molekülen; Schwefel-Moleküle sind aus acht Atomen aufgebaut.

In der Chemie wird die Zusammensetzung von Molekülen durch **Molekülformeln** beschrieben. Diese Formeln werden, wie die Verhältnisformeln, aus den jeweiligen Elementsymbolen gebildet. Zusätzlich enthalten sie tiefgestellte Ziffern, die die Anzahl der Atome angeben. Man schreibt diese Ziffern hinter das jeweilige Elementsymbol. Für Stickstoff-Moleküle ergibt sich damit die Formel N_2, für Sauerstoff-Moleküle O_2, für Iod-Moleküle I_2 und für Schwefel-Moleküle S_8.

Auch bei vielen *Verbindungen* liegen Moleküle als kleinste Teilchen vor. Das gilt vor allem für Verbindungen, an deren Aufbau nur nichtmetallische Elemente beteiligt sind. Ein Beispiel für eine solche Verbindung ist Kohlenstoffdioxid. Wie der Name bereits andeutet, bestehen die Moleküle dieses Gases aus einem Kohlenstoff-Atom und zwei Sauerstoff-Atomen. Nach den Regeln müsste die Formel für Kohlenstoffdioxid also C_1O_2 lauten. Chemiker machen es sich jedoch bequem und lassen wie bei den Verhältnisformeln auch hier die Ziffer 1 weg. Die allgemein verwendete Molekülformel für Kohlenstoffdioxid lautet daher CO_2. Entsprechend einfach ist die Molekülformel für Wasser: H_2O. Ein Traubenzucker-Molekül besteht aber bereits aus 24 Atomen: $C_6H_{12}O_6$.

Moleküle sind Teilchen, die aus zwei oder mehreren Atomen aufgebaut sind. Ihre Zusammensetzung wird durch Molekülformeln wie O_2, CO_2 oder $C_6H_{12}O_6$ beschrieben.

1 Erkläre den Begriff Molekül.

2 Beschreibe mit eigenen Worten den Aufbau eines Traubenzucker-Moleküls.

3 Gib an, welche der folgenden Stoffe aus Molekülen aufgebaut sind und welche aus Atomen.

a) Eisen, Sauerstoff, Schwefel, Kupfer, Iod, Argon.

b) Schwefeldioxid, Eisensulfid, Kohlenstoffmonooxid, Siliciumdioxid, Rost.

4 Erkläre, was DALTON mit den folgenden Begriffen meinte: „einfache Stoffe", „zusammengesetzte Stoffe", „einfache Elementaratome", „zusammengesetzte Atome".

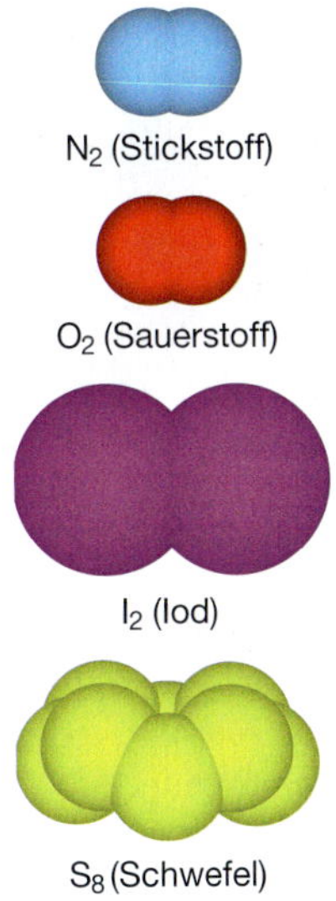

Moleküle von Elementen

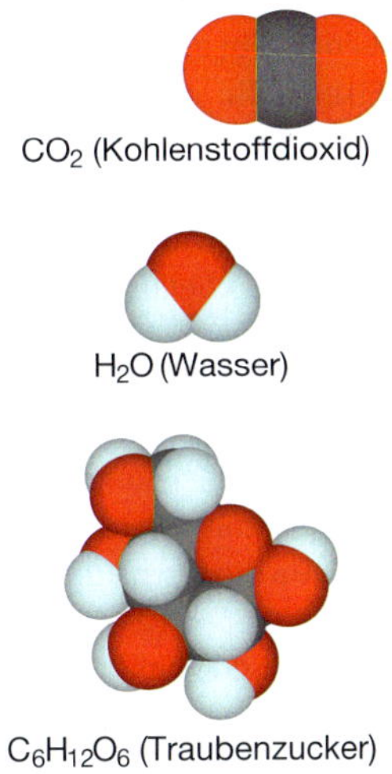

Moleküle von Verbindungen

Nun iſt eſ einer der großen Gegenſtände dieſeſ Werkeſ, die Wichtigkeit und den Vortheil der Beſtimmung der relativen Gewichte der letzten Theilchen ſowohl der einfachen wie der zuſammengeſetzten Stoffe, die Zahl der einfachen Elementaratome, welche ein zuſammengeſetzteſ Atom bilden, ... zu zeigen.

Aus DALTONS „A New System of Chemical Philosophy" von 1808

Exkurs Chemische Reaktionen und die Erhaltung der Atome

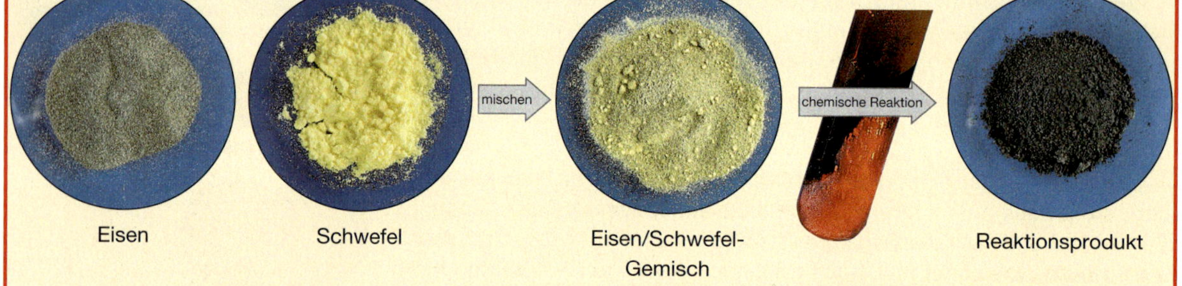

In den ersten Kapiteln wurde ein einfaches Teilchenmodell verwendet. Jedem Reinstoff entspricht danach eine bestimmte Art von Teilchen, die vereinfacht als Kugeln dargestellt werden. Wendet man dieses Modell auf den Reinstoff Eisensulfid an, so müsste er aus speziellen Eisensulfid-Teilchen bestehen. Aus den Teilchen der Ausgangsstoffe für die Bildung von Eisensulfid – also den Atomen der Elemente Eisen und Schwefel – müssten sich demnach völlig neuartige Teilchen bilden, aus denen der Reinstoff Eisensulfid aufgebaut ist. Diese Teilchenvorstellung gibt aber keine Erklärung dafür, warum sich aus Eisensulfid durch chemische Reaktionen die Ausgangsstoffe Eisen und Schwefel zurückgewinnen lassen.
Mithilfe von DALTON's Modellvorstellung über die Erhaltung der Atome bei chemischen Reaktionen lassen sich die Vorgänge bei der Bildung von Eisensulfid einfach und anschaulich erklären: An der Reaktion sind genauso viele Eisen-Atome wie Schwefel-Atome beteiligt. Im Eisensulfid bilden diese Atome eine neue regelmäßige Anordnung und damit einen neuen Stoff mit der Verhältnisformel FeS. Da die Atome der Ausgangsstoffe in einer Verbindung erhalten bleiben, wird auch verständlich, warum eine Verbindung grundsätzlich wieder in die Elemente zerlegt werden kann.
Über lange Zeit gab es keinen Beweis dafür, dass DALTON's Vorstellungen im Wesentlichen richtig sind. Man konnte also zunächst auch keine Werte für die Masse und die Größe der verschiedenen Atomsorten angeben. Damit blieb auch unklar, wie viele Atome in einer Stoffportion enthalten sind.
Aus den experimentellen Untersuchungen über die Massenverhältnisse bei der Bildung von Verbindungen konnte man aber ableiten, in welchem *Verhältnis* die Massen der unterschiedlichen Atome zueinander stehen. Man fand beispielsweise heraus, dass es sich bei Wasserstoff-Atomen um die leichtesten Atome überhaupt handeln musste, während Sauerstoff-Atome 16-mal so schwer sind. Nach Klärung der Atommassenverhältnisse konnte auch die Zusammensetzung vieler Verbindungen durch Verhältnisformeln beschrieben werden.

Beweise für die Existenz der Atome sowie Aussagen über die Masse und die Größe einzelner Atome ergaben sich erst aus Experimenten in der 2. Hälfte des 19. Jahrhunderts. Im 20. Jahrhundert konnte schließlich auch die räumliche Anordnung der Atome in Elementen und Verbindungen aufgeklärt werden. Gleichzeitig wurden auch Modelle über die innere Struktur und den Aufbau der Atome aus Elementarteilchen (Elektronen, Protonen, Neutronen) entwickelt. Mit diesen Modellen lässt sich auch erklären, warum eine bestimmte Reaktion abläuft und wie groß der Energieumsatz dabei ist.

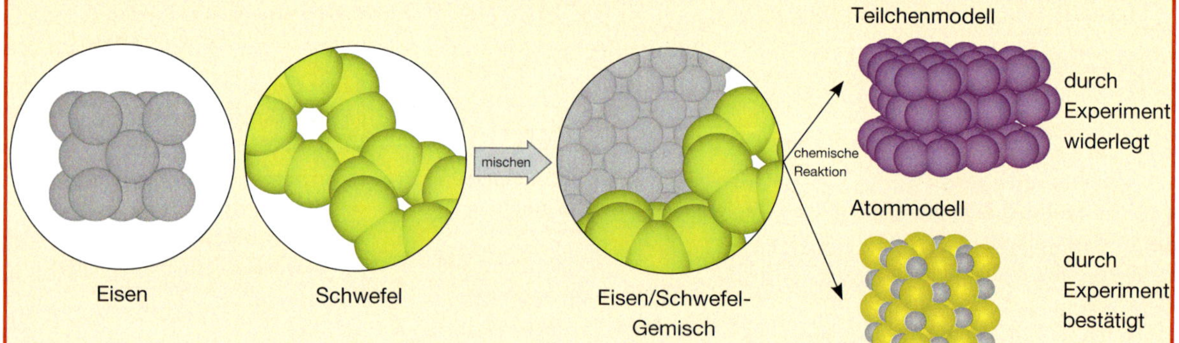

Atommodell – Teilchenmodell

Übersicht

	Teilchenmodell	Atommodell
Zinn 	Die kleinsten Zinnteilchen werden hier als Kugeln dargestellt. 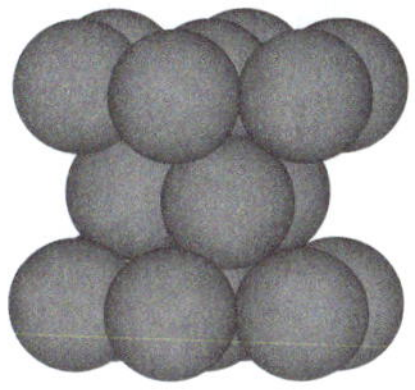	Die kleinsten Zinnteilchen werden, wie auch im Teilchenmodell, als gleichartige Kugeln dargestellt. Die kleinsten Teilchen eines Elements werden Atome genannt. 
Sauerstoff 	Die kleinsten Sauerstoffteilchen werden als einfache Kugeln dargestellt. 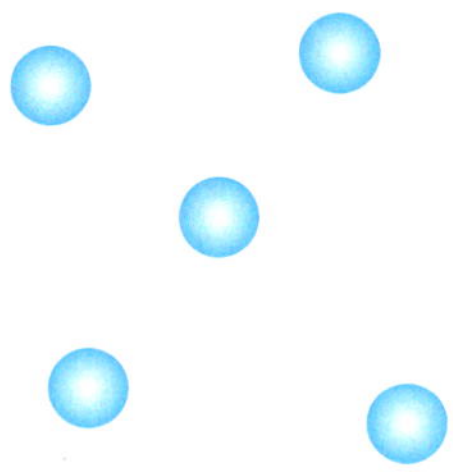	Die kleinsten Sauerstoffteilchen sind Sauerstoff-Moleküle. Sie bestehen aus zwei Sauerstoff-Atomen. 
Wasser 	Die kleinsten Teilchen des Wassers werden als Kugeln dargestellt. 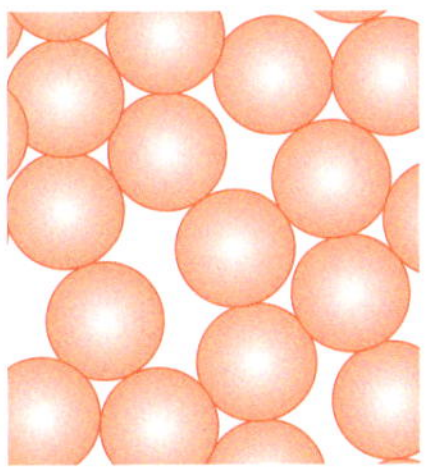	Die kleinsten Teilchen des Wassers sind Wasser-Moleküle. Sie bestehen aus zwei Wasserstoff-Atomen und einem Sauerstoff-Atom. 
Magnesiumoxid 	Die Verbindung Magnesiumoxid ist mit dem Teilchenmodell nicht sinnvoll darstellbar, da sich dann aus den Atomen der Ausgangsstoffe Magnesium und Sauerstoff völlig neuartige Teilchen bilden müssten, aus denen dann Magnesiumoxid aufgebaut sein würde. 	Mit dem Atommodell ist die Verbindung darstellbar: Magnesiumoxid besteht aus einer regelmäßigen Anordnung gleich vieler Atome der Elemente Magnesium und Sauerstoff. 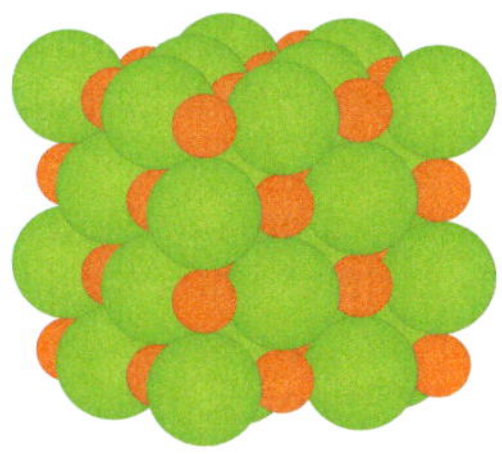

5.7 Reaktionsgleichungen – Reaktionen in der Formelsprache

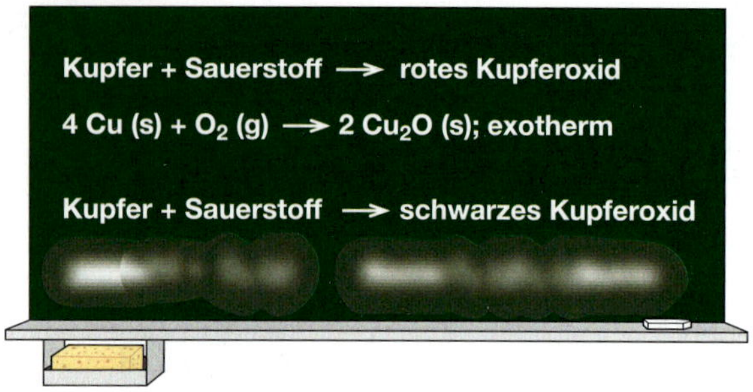

Eine chemische Reaktion lässt sich übersichtlich durch ein **Reaktionsschema** darstellen. Anstelle dieses Schemas verwendet man in der Chemie aber meist eine Kurzform, in der statt der Namen der Stoffe die entsprechenden Formeln stehen. Man spricht dann von einer **Reaktionsgleichung**, weil man früher statt des Reaktionspfeils ein Gleichheitszeichen verwendete.

Bei einer chemischen Reaktion bleiben die Anzahl und die Art der beteiligten Atome unverändert. Damit auch auf der linken und der rechten Seite der *Reaktionsgleichung* gleiche Atomanzahlen stehen, werden **vor** den Formeln entsprechende Faktoren angegeben. Ebenso wie bei den tiefgestellten Zahlen in Formeln und wie in der Mathematik wird der Faktor 1 meist weggelassen.

Das Aufstellen einer Reaktionsgleichung lässt sich in die folgenden Einzelschritte aufteilen:

1. Aufstellen des Reaktionsschemas:

Kupfer + Sauerstoff ⟶ rotes Kupferoxid

2. Einsetzen der korrekten Formeln oder Elementsymbole:

□ Cu + □ O_2 ⟶ □ Cu_2O

Hinweis: Die tiefgestellten Zahlen in den Formeln dürfen bei den weiteren Schritten grundsätzlich **nicht** verändert werden. Da sie das Atomanzahlverhältnis der Verbindung beschreiben, würde eine Änderung einen anderen Stoff bedeuten.

3. Einrichten auf der Seite der Produkte:
Ein O_2-Molekül enthält zwei Sauerstoff-Atome. Damit auf der rechten Seite der Reaktionsgleichung ebenfalls zwei Sauerstoff-Atome stehen, muss auf der Seite des Endstoffes der Faktor 2 eingesetzt werden.

□ Cu + □ O_2 ⟶ 2 Cu_2O

4. Einrichten auf der Seite der Ausgangsstoffe:
Da auf der rechten Seite für 2 Cu_2O-Einheiten 4 Cu-Atome benötigt werden, müssen diese auf der linken Seite bereitgestellt werden.

4 Cu + □ O_2 ⟶ 2 Cu_2O

5. Angabe der Aggregatzustände:
Damit man sich ein Bild von der Reaktion machen kann, muss man die Aggregatzustände der beteiligten Stoffe kennen. Man verwendet deshalb bestimmte Abkürzungen, um anzugeben, ob ein Stoff fest, flüssig, gasförmig oder in Wasser gelöst vorliegt:

s (engl. *solid*): fest;
l (engl. *liquid*): flüssig;
g (engl. *gaseous*): gasförmig;
aq (engl. *aqueous*): in Wasser gelöst.

4 Cu (s) + O_2 (g) ⟶ 2 Cu_2O (s)

6. Angabe des Energieumsatzes:
Jede chemische Reaktion ist mit einem Energieumsatz verbunden. Diesen Energieumsatz kann man durch Angabe der Begriffe exotherm oder endotherm in der Reaktionsgleichung zum Ausdruck bringen.

4 Cu (s) + O_2 (g) ⟶ 2 Cu_2O (s); exotherm

Auf die Angabe des Energieumsatzes in Reaktionsgleichungen wird oft verzichtet.

Eine chemische Reaktion kann durch ein Reaktionsschema oder durch eine Reaktionsgleichung beschrieben werden.
In Reaktionsgleichungen gibt man vor den Formeln Faktoren an, sodass auf jeder Seite der Gleichung gleich viele Atome jeder Sorte aufgeführt sind.

1 Entwickle die Reaktionsgleichung für die Bildung von schwarzem Kupferoxid.
2 Vergleiche die Informationen, die ein Reaktionsschema und eine Reaktionsgleichung enthalten.
3 Gib die Reaktionsgleichung für die Zerlegung der Verbindung Kupferoxid in die Elemente an. Kennzeichne dabei auch die Aggregatzustände der beteiligten Stoffe. Gib den Energieumsatz an.
4 Entwickle die Reaktionsgleichung für die Bildung von Aluminiumchlorid ($AlCl_3$) aus Aluminium und Chlor. Berücksichtige dabei, dass Chlor aus Cl_2-Molekülen besteht.
5 Stelle die Reaktionsgleichungen für die folgenden Reaktionen auf:
a) Kupfer reagiert mit Schwefel zu Kupfersulfid (Cu_2S).
b) Aluminium bildet mit Sauerstoff das Oxid Al_2O_3.

Rechenbeispiel

Vom Massenverhältnis zur Formel

Massenverhältnis
(aus Experimenten)

$$\frac{m\text{ (Kupfer)}}{m\text{ (Schwefel)}} = \frac{1{,}2\text{ g}}{0{,}3\text{ g}} = 4$$

Atommassenverhältnis
(aus Tabellenwerten)

$$\frac{m\text{ (Cu-Atom)}}{m\text{ (S-Atom)}} = \frac{63{,}5\text{ u}}{32\text{ u}} \approx 2$$

Von der Formel zum Massenverhältnis

Formel
Cu_2S

→

Atomzahlverhältnis

$$\frac{N\text{ (Cu-Atome)}}{N\text{ (S-Atome)}} = \frac{2}{1}$$

Das Massenverhältnis entspricht dem Verhältnis zwischen der Masse von zwei Cu-Atomen und der Masse eines S-Atoms:

$$\frac{m\text{ (Kupfer)}}{m\text{ (Schwefel)}} = \frac{2\,m\text{ (Cu-Atom)}}{m\text{ (S-Atom)}} = \frac{127\text{ u}}{32\text{ u}} \approx 4$$

Atomzahlverhältnis

$$\frac{N\text{ (Cu-Atome)}}{N\text{ (S-Atome)}} = \frac{2}{1}$$

→

Formel
Cu_2S

Massenverhältnis
(im Experiment zu erwarten)

$$\frac{m\text{ (Kupfer)}}{m\text{ (Schwefel)}} \approx 4$$

Von den Formeln zur Reaktionsgleichung

Übersicht

1. Aufstellen des Reaktionsschemas:

Aluminium + Sauerstoff ⟶ Aluminiumoxid

2. Einsetzen der Formeln und Elementsymbole:

☐ Al + ☐ O_2 ⟶ ☐ Al_2O_3

3. Einrichten auf der Seite der Ausgangsstoffe (O-Atome):

☐ Al + 3 O_2 ⟶ ☐ Al_2O_3

4. Einrichten auf der Seite der Endstoffe:

☐ Al + 3 O_2 ⟶ 2 Al_2O_3

5. Einrichten auf der Seite der Ausgangsstoffe (Al-Atome):

4 Al + 3 O_2 ⟶ 2 Al_2O_3

6. Angabe der Aggregatzustände:

4 Al (s) + 3 O_2 (g) ⟶ 2 Al_2O_3 (s)

7. Angabe des Energieumsatzes:

4 Al (s) + 3 O_2 (g) ⟶ 2 Al_2O_3 (s); exotherm

1 Verändere die Schritte 3, 4 und 5, indem du vom Aluminium ausgehst.
2 Warum darf in der Formel Al_2O_3 keine der tiefergestellten Zahlen verändert werden?

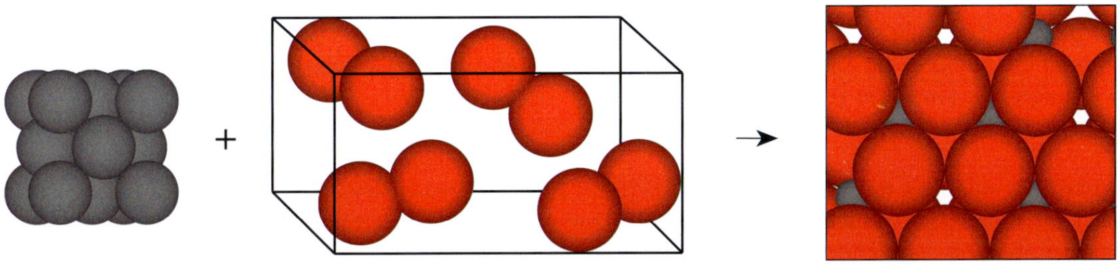

5.8 Wasser = Wasserstoffoxid

Wasserdampf reagiert mit Magnesium.

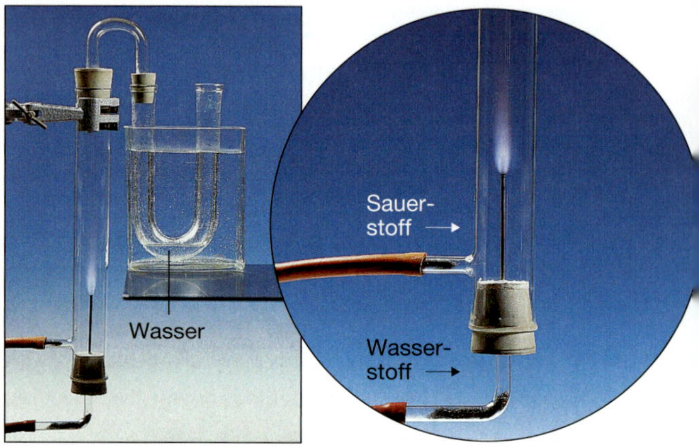

Synthese von Wasser

Im Altertum lehrten die griechischen Philosophen, dass sich alle Stoffe aus den vier Elementen Feuer, Erde, Wasser und Luft zusammensetzen. Noch heute sprechen wir vom Wasser als dem „nassen Element" und verwenden den Begriff dabei im Sinne der alten Griechen.

Ob Wasser aber auch im heutigen Sinne ein Element ist, kann durch ein einfaches Experiment gezeigt werden.

Analyse des Wassers. Leitet man Wasserdampf über erhitzte Magnesiumspäne, so glüht das Metall auf und reagiert zu weißem Magnesiumoxid. Gleichzeitig bildet sich ein farbloses, brennbares Gas. Es handelt sich dabei um das Element **Wasserstoff.** Das Reaktionsschema lautet also:

Wasser + Magnesium ⟶
Wasserstoff + Magnesiumoxid; exotherm

Wasser ist demnach zerlegbar. Es ist also im chemischen Sinne kein Element, sondern eine Verbindung von Wasserstoff mit Sauerstoff, es ist *Wasserstoffoxid.* Diese chemisch korrekte Bezeichnung ist jedoch im allgemeinen Sprachgebrauch nicht üblich.

Wasserstoff. Für das Element Wasserstoff verwendet man das chemische Zeichen **H** (griech. *hydrogenium:* Wasserbildner). Die kleinsten Teilchen im Wasserstoff-Gas sind Moleküle, die aus je zwei Wasserstoff-Atomen aufgebaut sind. Die Formel für Wasserstoff lautet daher $\mathbf{H_2}$.

Wasserstoff ist das Gas mit der geringsten Dichte: Erst 14 Liter wiegen so viel wie ein Liter Luft. Trotz seiner Brennbarkeit verwendete man Wasserstoff daher lange Zeit zur Füllung von Ballons.

Synthese des Wassers. Weil Wasser das Oxid des Wasserstoffs ist, muss es sich bei der Verbrennung von Wasserstoff bilden: Lässt man eine Wasserstoff-Flamme in reinem Sauerstoff brennen, so schlägt sich an den Wänden des Reaktionsgefäßes eine farblose Flüssigkeit nieder. Mit weißem Kupfersulfat bildet sie blaues Kupfersulfat-Hydrat, es handelt sich also um Wasser. Die Synthese von Wasser aus den Elementen Wasserstoff und Sauerstoff bestätigt damit das Ergebnis der Analyse des Wassers.

Wasser-Moleküle sind jeweils aus zwei Wasserstoff-Atomen und einem Sauerstoff-Atom aufgebaut. Wasser hat daher die Molekülformel $\mathbf{H_2O}$:

$$2\,H_2\,(g) + O_2\,(g) \longrightarrow 2\,H_2O\,(l);\ \text{exotherm}$$

Wasserstoff Sauerstoff Wasser

Wasserstoff-Gas verbrennt mit reinem Sauerstoff mit einer sehr heißen Flamme. Man verwendet daher Wasserstoff/Sauerstoff-Brenner zum Schweißen und zum Schneiden schwer schmelzbarer Metalle sowie für die Verarbeitung von Glas.

Wasser ist eine Verbindung aus den Elementen Wasserstoff und Sauerstoff, es ist Wasserstoffoxid. Die Molekülformel des Wassers lautet H_2O.

1 Erläutere, weshalb Wasser kein chemisches Element ist.
2 An Stelle von Magnesium kann auch Eisen zur Reduktion von Wasser benutzt werden.
Formuliere die Reaktionsgleichungen für die Bildung von Magnesiumoxid (MgO) und von Eisenoxid (Fe_3O_4).
3 Beschreibe die Vorgehensweise der Chemiker, wenn sie die Zusammensetzung einer Verbindung ermitteln.
4 Beschreibe die Verwendungsmöglichkeiten von Wasserstoff als Brennstoff.

5.9 H_2O – die Zusammensetzung von Wasser

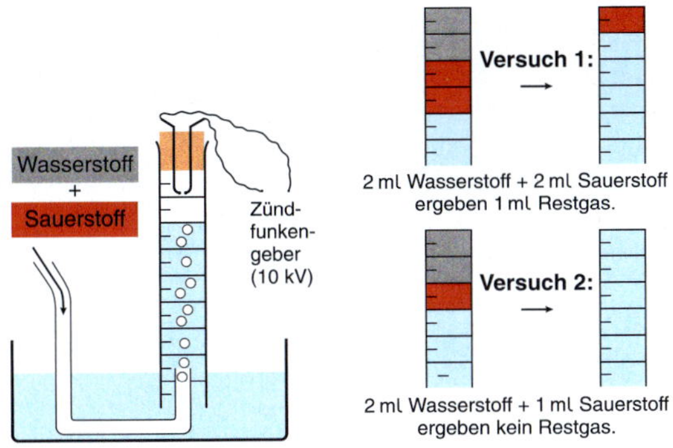

Volumenverhältnis bei der Bildung von Wasser

Anfang des 19. Jahrhunderts untersuchte der französische Forscher GAY-LUSSAC die Frage, in welchem *Volumenverhältnis* Wasserstoff-Gas und Sauerstoff-Gas miteinander zu Wasser reagieren. Dazu ließ er abgemessene Portionen beider Gase in einem mit Quecksilber gefüllten Glasrohr aufsteigen und löste die Knallgasreaktion durch einen elektrischen Funken aus. Immer wenn er *zwei* Volumenteile Wasserstoff mit *einem* Volumenteil Sauerstoff umsetzte, reagierte das Gasgemisch vollständig, es blieb *kein* Gas übrig. Bei diesem Volumenverhältnis setzten sich die Gase also vollständig zu Wasser um.

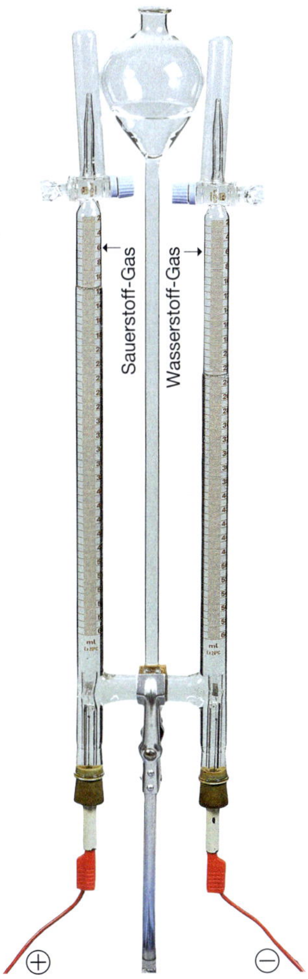

Analyse von Wasser. Dasselbe Volumenverhältnis liefert auch die Zerlegung von Wasser im HOFMANNschen Wasser-Zersetzungsapparat. Der Apparat wird dazu mit angesäuertem Wasser gefüllt. Legt man eine Gleichspannung von 10 V an, so steigen von den Elektroden Gasbläschen auf. Am Minuspol bildet sich dabei doppelt so viel Gas wie am Pluspol. Das am Minuspol entstandene Gas lässt sich anzünden, es brennt dabei mit farbloser Flamme. Es handelt sich um Wasserstoff-Gas. In dem am Pluspol entstandenen Gas flammt ein glimmender Holzspan auf; es handelt sich um Sauerstoff-Gas.

Das Volumenverhältnis zwischen Wasserstoff-Gas und Sauerstoff-Gas beträgt also sowohl bei der Synthese von Wasser als auch bei der Analyse von Wasser 2 zu 1.

$$\frac{V\,(\text{Wasserstoff})}{V\,(\text{Sauerstoff})} = \frac{2}{1}$$

Massenverhältnis. Dem Volumenverhältnis entspricht ein bestimmtes Massenverhältnis. Es lässt sich aus den Tabellenwerten für die Dichte der beiden Gase berechnen:
Bei 20 °C und normalem Luftdruck haben zwei Liter Wasserstoff-Gas eine Masse von 0,168 g; ein Liter Sauerstoff-Gas wiegt 1,33 g. Das Massenverhältnis zwischen der Wasserstoff-Portion und der Sauerstoff-Portion beträgt sowohl bei der Synthese als auch bei der Analyse von Wasser 1 zu 8.

$$\frac{m\,(\text{Wasserstoff})}{m\,(\text{Sauerstoff})} = \frac{0{,}168\text{ g}}{1{,}33\text{ g}} = \frac{1}{8}$$

Ein Wasserstoff-*Atom* hat eine Masse von etwa 1 u und ein Sauerstoff-*Atom* eine Masse von 16 u. Das experimentell ermittelte Massenverhältnis 1 zu 8 entspricht somit dem Massenverhältnis von zwei Wasserstoff-*Atomen* und einem Sauerstoff-*Atom*.

$$\frac{2 \cdot m\,(\text{H-Atom})}{1 \cdot m\,(\text{O-Atom})} = \frac{2 \cdot 1{,}008\text{ u}}{16\text{ u}} = \frac{1}{8}$$

Daraus folgt: Wasser enthält doppelt so viele Wasserstoff-Atome wie Sauerstoff-Atome. Dieses *Atomanzahlverhältnis* drückt man durch die **Verhältnisformel** H_2O_1 oder kurz H_2O aus.

Aus dem Volumenverhältnis von Wasserstoff-Gas und Sauerstoff-Gas bei der Synthese und bei der Analyse von Wasser ergibt sich die Verhältnisformel von Wasser: H_2O.

1 Beschreibe, wie GAY-LUSSAC das Volumenverhältnis von Wasserstoff und Sauerstoff bei der Wasser-Synthese ermittelt hat.

2 Welches Restgas bleibt übrig, wenn man die folgenden Gemische zur Reaktion bringt?

a) 2 ml Wasserstoff und 3 ml Sauerstoff

b) 6 ml Wasserstoff und 2 ml Sauerstoff

c) Erläutere, wie man deine Überlegung experimentell überprüfen kann.

3 Gib die Verhältnisformel an:

a) Im Aluminiumoxid ist das Anzahlverhältnis zwischen Aluminium-Atomen und Sauerstoff-Atomen 2:3.

b) Kupferchlorid enthält halb so viele Kupfer-Atome wie Chlor-Atome.

5.10 Wasserstoff in Labor und Technik

Leitet man ein Wasserstoff/Sauerstoff-Gemisch in eine Seifenlösung, so kann man die Seifenblasen mit einem brennenden Holzspan entzünden. Sie explodieren mit lautem Knall. Ein Wasserstoff/Sauerstoff-Gemisch wird daher als **Knallgas** bezeichnet. Reiner Wasserstoff brennt dagegen ruhig ab: Hält man eine brennende Kerze an die Öffnung eines mit Wasserstoff gefüllten Glaszylinders, entzündet sich das Gas und verbrennt mit kaum sichtbarer Flamme. Führt man die Kerze weiter in den Zylinder ein, so erlischt sie. Zieht man die Kerze langsam heraus, entzündet sie sich erneut an der Flammenfront. Wasserstoff ist also brennbar, unterhält die Verbrennung aber nicht.

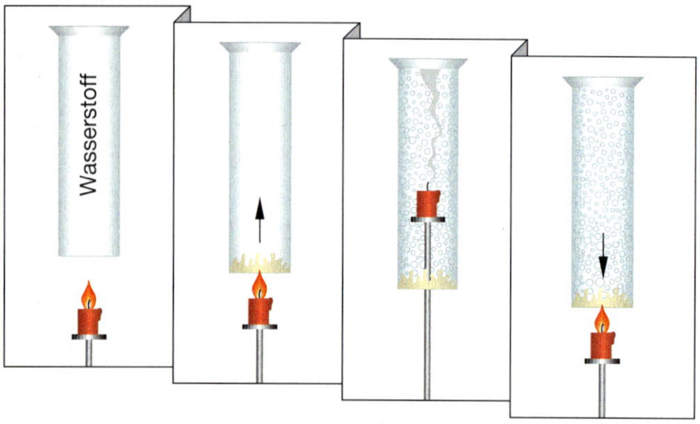

Knallgasprobe. Bei Reaktionen mit Wasserstoff muss man unbedingt prüfen, ob die Apparatur frei von Sauerstoff ist. Dazu führt man die *Knallgasprobe* durch: Man fängt eine Gasprobe in einem Reagenzglas auf und entzündet sie. Enthält die Gasprobe noch Sauerstoff, verbrennt sie mit einem pfeifenden Geräusch. Erst wenn die Probe ruhig abbrennt, die Knallgasprobe also negativ verläuft, kann man gefahrlos erhitzen.

Wasserstoff im Labor. Die Reaktion von Salzsäure mit einem unedlen Metall wie Zink oder Eisen ist die gebräuchlichste Methode, um Wasserstoff in kleinen Mengen herzustellen. Man tropft beispielsweise Salzsäure auf Zinkgranalien und fängt das entstehende Wasserstoff-Gas in einer pneumatischen Wanne auf. Will man einen gleichmäßigen Wasserstoff-Strom erzeugen, benutzt man einen größeren Gasentwickler mit Druckausgleich. Falls Wasserstoff in größeren Mengen benötigt wird, verwendet man eine Druckgasflasche. Der auffällig rote Anstrich weist darauf hin, dass sie ein brennbares Gas enthält.

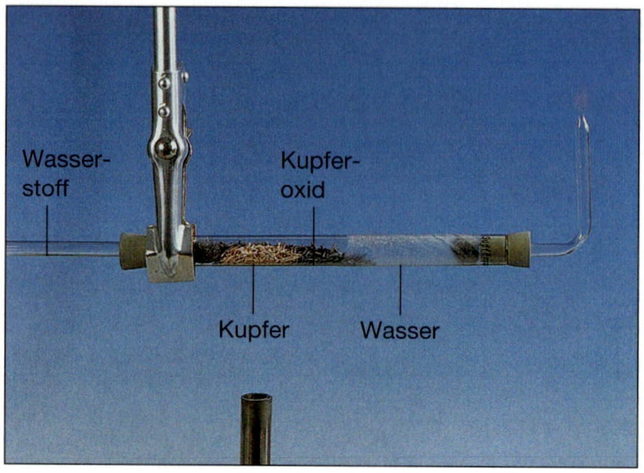

Reaktion von Wasserstoff mit Kupferoxid

Wasserstoff reagiert mit Metalloxiden. Leitet man Wasserstoff über erhitztes Kupferoxid, so glüht das Kupferoxid auf und es bilden sich Kupfer und Wasser.

CuO (s)	+	H_2 (g)	$\longrightarrow$	Cu (s)	+	H_2O (g); exotherm
Kupferoxid		Wasserstoff		Kupfer		Wasser

Ganz ähnlich reagiert Wasserstoff mit Oxiden einiger anderer Metalle. Solche Reaktionen, bei denen Oxiden Sauerstoff entzogen wird, bezeichnet man allgemein als *Reduktion*. Technisch bedeutsam ist die Reaktion von Wasserstoff mit Wolframoxid. Das so gewonnene Wolframpulver wird zu Drahtwendeln für Glühlampen verarbeitet.

Sehr unedle Metalle wie Magnesium und Zink reagieren dagegen mit Wasser. Bei hoher Temperatur bilden sich die entsprechenden Metalloxide und Wasserstoff-Gas.

Zn (s)	+	H_2O (g)	$\longrightarrow$	ZnO (s)	+	H_2 (g); exotherm
Zink		Wasser		Zinkoxid		Wasserstoff

> Wasserstoff bildet mit Sauerstoff ein explosives Gemisch (Knallgas). Reiner Wasserstoff brennt ruhig ab. Zur Herstellung von Wasserstoff im Labor nutzt man die Reaktion von Salzsäure mit unedlen Metallen.

1 Erkläre, warum eine Kerze in Wasserstoff-Gas erlischt.

2 Entwickle die Reaktionsgleichung für die Reaktion von Wolframoxid (WO_3) mit Wasserstoff.

3 Gib die Reaktionsgleichung für die Reaktion von Wasser mit Aluminium an.

4 Gib an, wie man experimentell nachweisen könnte, dass bei der Reaktion von Kupferoxid mit Wasserstoff Wasser gebildet wird.

Suche:

Wasserstoff in der Luftfahrt

Ergebnisse:

→ Die Charliere

Am 27.8.1785 befüllte der Professor Jacques CHARLES von der *Academie des Sciences* einen unbemannten Ballon von etwa 4 Meter Durchmesser mit Wasserstoff-Gas und ließ ihn vom Pariser Marsfeld aufsteigen. Der Wasserstoff sorgte aufgrund seiner geringen Dichte für den nötigen Auftrieb. CHARLES erhielt das Gas, indem er Schwefelsäure auf Eisenpfeilspäne einwirken ließ. Der Ballon verschwand in den Wolken und ging etwa 20 km von Paris entfernt nieder, wo er von verängstigten Bauern mit Forken angegriffen wurde, da er für ein teuflisches Lebewesen gehalten wurde.

→ Die Hindenburg-Katastrophe

Ferdinand Graf ZEPPELIN entwickelte ab 1900 Luftschiffe mit einer Gondel für Lasten und Passagiere. Die Luftschiffe waren mit Wasserstoff-Gas gefüllt. Die „Hindenburg" war das größte jemals gebaute Luftschiff; sie fasste 200 000 m^3 Wasserstoff-Gas. Am 6. Mai 1937 fing das Luftschiff nach einem Flug von Frankfurt nach New York beim Landen Feuer und brannte vollständig aus.
Mit dieser Katastrophe, bei der 35 Menschen ums Leben kamen, war das Kapitel Wasserstoff in der Luftfahrt praktisch beendet.
Erst heute, 70 Jahre nach dem Unglück, ist in groben Zügen klar, was damals zur Katastrophe führte. Am Tag der Landung herrschte stürmisches Wetter und die „Hindenburg" musst in Warteschleifen auf einen günstigen Moment für die Landung warten. Für die großen Zugkräfte, die bei den eng geflogenen Schleifen entstanden, war das Luftschiff jedoch nicht gebaut. Eines der Stahlhalteseile, die die Außenhaut mit der Stahlkonstruktion verbanden, gab nach und riss ein Loch in die Ummantelung am Hinterschiff. Durch den austretenden Wasserstoff senke sich das Schiff achtern ab, so dass der Kapitän gezwungen war, die Wassertanks zu leeren um an Gewicht zu verlieren. Als der Halteanker geworfen wurde, geschah das Unglück: Durch das schlechte Wetter war das Schiff elektrisch aufgeladen. Beim Kontakt des Ankers mit dem Boden wurde das Schiff geerdet. Beim Ladungsausgleich entstand ein Blitz zwischen den Stahlstreben der Konstruktion, der den austretenden Wasserstoff entzündete.

→ Der Raketentreibstoff

Space Shuttle und Ariane 5 sind die leistungsstärksten Transporter der amerikanischen und europäischen Raumfahrt. Ihre Schubkraft beziehen sie aus der Verbrennung von Wasserstoff. Der Treibstofftank des Space Shuttle fasst 1,5 Millionen Liter flüssigen Wasserstoff. Ein weiterer Tank enthält den zur Verbrennung benötigten Sauerstoff ebenfalls in flüssiger Form. Die beiden Gase werden unter hohem Druck in die Brennkammer geleitet. Dort reagieren sie zu Wasserdampf, der mit bis zu 12 000 km/h aus der Düse schießt und so den benötigten Schub liefert. Der gesamte Treibstoff ist in weniger als neun Minuten verbrannt.

Aufgaben

1 Erkläre, warum der Wasserstoff der „Hindenburg" verbrannt, aber nicht explodiert ist.

2 **a)** Nenne das Gas, welches heutzutage statt Wasserstoff als Ballongas verwendet wird.
b) Erkläre, wodurch der Auftrieb in einem Heißluftballon erfolgt.

3 **a)** Berechne die Masse der 1,5 Millionen Liter flüssigen Wasserstoffs ($\varrho = 71\ \frac{g}{l}$), mit der das Space Shuttle betankt wird.
b) Wie viel würde das gleiche Volumen Flugzeugbenzin wiegen ($\varrho = 780\ \frac{g}{l}$)?

Praktikum

Wasser und Wasserstoff

V1: Reaktion von Magnesium mit Wasser

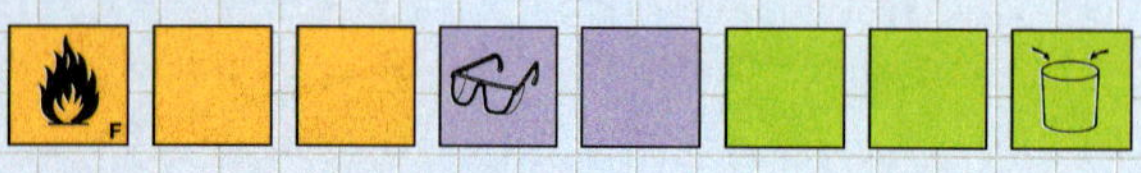

Materialien: gerades Gasableitungsrohr mit durchbohrtem Stopfen und Eisenwolle als Rückschlagsicherung, Tropfpipette, 2 Gasbrenner; Porzellanschiffchen; Magnesiumpulver (F), Sand, Wasser.

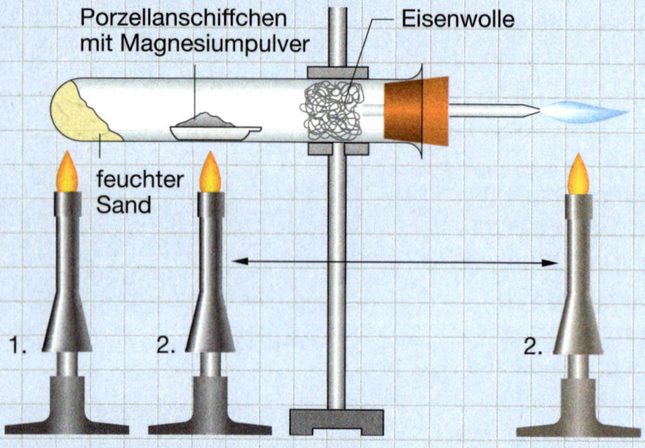

Durchführung:

Hinweis: Führt den Versuch in Partnerarbeit durch.

1. Gebt in ein Reagenzglas etwa 2 cm hoch Sand. Fügt mit der Tropfpipette so lange Wasser hinzu, bis der Sand vollständig durchtränkt ist, jedoch kein Wasser über dem Sand steht.
Hinweis: Für eine vollständige und gleichmäßige Durchtränkung des Sandes empfiehlt sich eine abwechselnde Zugabe von Sand und Wasser.
2. Baut die Apparatur nach der Abbildung auf. Spannt dazu das Reagenzglas waagerecht ein, gebt zwei Spatelspitzen Magnesiumpulver in das Porzellanschiffchen und führt es in das Reagenzglas ein.
3. Nehmt die Brenner in die Hand. Eine Person erhitzt vorsichtig den nassen Sand, sodass sich das Reagenzglas mit Wasserdampf füllt. Die zweite Person erhitzt danach das Magnesiumpulver im Schiffchen kräftig mit der entleuchteten Flamme des Brenners.
4. Eine Person erhitzt, sobald das Magnesiumpulver aufglüht, erneut den nassen Sand. Die zweite Person entzündet das an der Düse austretende Gas.
Hinweis: Sollte die Glut des Magnesiums erlöschen, muss das Magnesium erneut erhitzt und Arbeitsschritt 4 wiederholt werden.
5. Reguliert die Flammenhöhe, indem ihr den nassen Sand unterschiedlich stark erhitzt.

Aufgaben:

a) Notiert eure Beobachtungen und deutet sie.
b) Der Sand ist an der Reaktion nicht beteiligt. Erläutere seine Rolle bei dem Versuch.

V2: Bildung und Nachweis von Wasserstoff

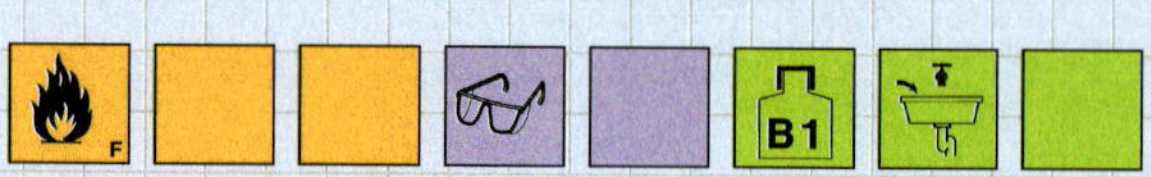

Materialien: Reagenzglas mit seitlichem Ansatz, Schlauch, Gasableitungsrohrstopfen, Stopfen mit Kanüle und Einwegspritze (5 ml), pneumatische Wanne, Gasbrenner; Magnesiumspäne (F), Salzsäure (verd.).

Durchführung:

1. Baue die Apparatur wie im Bild auf.
2. Gib mit der Einwegspritze nach und nach verdünnte Salzsäure zu einem Spatel Magnesiumspäne.
3. Warte etwas, bis die Luft aus der Apparatur verdrängt ist. Fange dann das entstehende Gas in zwei Reagenzgläsern auf. Verschließe sie sofort unter Wasser mit einem Stopfen.
4. Nimm das zuerst gefüllte Reagenzglas und führe die Knallgasprobe durch.
5. Wiederhole die Knallgasprobe mit dem zweiten Reagenzglas und beobachte genau.

Aufgaben:

a) Notiere deine Beobachtungen.
b) Gib Eigenschaften des entstehenden Gases an.
c) Das entstehende Gas sollte nicht sofort aufgefangen werden. Begründe.
d) Erkläre, warum man bei Reaktionen mit Wasserstoff die Knallgasprobe durchführen muss.

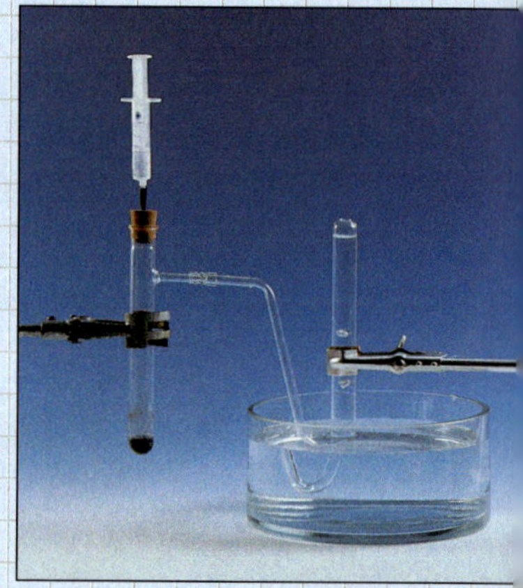

A1: Diffusion von Wasserstoff durch eine Tonzelle

Ein mit Wasserstoff gefülltes Becherglas hängt mit der Öffnung nach unten über einer luftgefüllten, geschlossenen Tonzelle.

a) Erkläre mithilfe des Teilchenmodells, warum in dem Versuch ein Springbrunnen zu beobachten ist.

b) Erstelle für deine Begründung eine Skizze, die die Situation auf Teilchenebene darstellt.

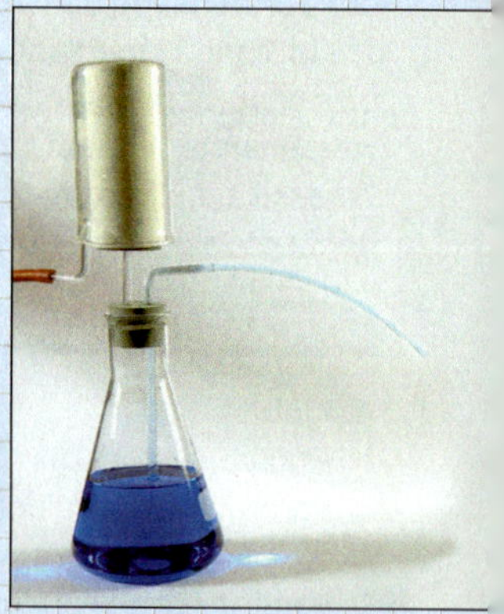

Wasserstoff im Weltall

Exkurs

Lagunennebel: Geburtsstätte der Sterne

Auf der Erde sind Wasserstoff-Atome nicht allzu häufig: nur 1 von 1000 Atomen ist ein Wasserstoff-Atom. Im Weltall treten sie dagegen sehr viel häufiger auf: 928 von 1000 Atomen sind Wasserstoff-Atome.

Nach der heute gängigen Theorie hat alles vor etwa 13,4 Milliarden Jahren mit dem *Urknall* begonnen. Im Bruchteil einer Sekunde bildete sich die gesamte Materie des Universums. Anfangs bestand sie nur aus Wasserstoffatomen. Lange Zeit war Wasserstoff das einzige Element im Universum. Langsam bildeten sich erste Gaswolken, die sich dann unter dem Einfluss der Schwerkraft verdichteten. Durch Reibung erhöhte sich die Temperatur immer weiter, bis bei einer Temperatur von 15 Millionen Grad im Zentrum einer extrem verdichteten Gaswolke eine Kernreaktion einsetzte: Wasserstoff-Atome verschmelzen zu Helium-Atomen. Bei diesem Prozess wird so viel Energie frei, dass die ersten Sonnen erstrahlten.

Durch weitere Kernreaktionen bildeten sich schließlich Atome anderer Elemente, wie beispielsweise Sauerstoff und Eisen. Elemente, deren Atommasse größer ist als die des Eisens, bilden sich nur bei Sternexplosionen, den sogenannten *Supernova-Ausbrüchen*. Die Explosionswolken liefern das Baumaterial für zukünftige Sterngenerationen. Auch heute kann man die Bildung von Sonnen in Gasnebeln und ihr Ende als Supernova beobachten.

1 Beschreibe die besondere Bedeutung des Wasserstoffs bei der Entwicklung des Universums.

Entdeckung des Wasserstoffs

Exkurs

LAVOISIER (1743 –1794)mit seiner Frau Marie Anne

Die Entdeckung des Wasserstoffs war eng mit der wissenschaftlichen Erforschung des Wassers verknüpft: Der französische Chemiker LAVOISIER stellte vor etwa 230 Jahren erstmals Wasserstoff her, indem er Wasserdampf über glühende Eisenfeilspäne leitete. Der englische Chemiker CAVENDISH erhielt 1784 das gleiche Gas durch die Reaktion von verdünnter Schwefelsäure mit Eisenspänen. Das entstehende Gas nannte er *entflammbare Luft*.
Zu seiner Verwunderung bildete sich Wasser bei der Verbrennung dieses Gases. CAVENDISH folgerte daraus, dass Wasser eine *Verbindung* aus *atembarer Luft* und *entflammbarer Luft* sei.

CAVENDISH ging davon aus, dass der Wasserstoff aus dem Metall stammte. LAVOISIER dagegen nahm an, dass Wasserstoff aus dem Wasser stammen müsse. Er wiederholte die Experimente von CAVENDISH zur Bildung von Wasser aus Wasserstoff und Sauerstoff. Dies war für ihn der endgültige Beweis, dass der Wasserstoff aus dem Wasser stammt und Wasser eine Verbindung ist. LAVOISIER nannte das neue Element **Hydrogenium** – der Stoff, aus dem sich Wasser bildet.

1 Erläutere, auf welche Weise man zu der Erkenntnis kommt, dass Wasser eine Verbindung ist.
2 Stelle die Auffassungen von LAVOISIER und CAVENDISH gegenüber; vergleiche sie mit dem heutigen Wissensstand.

Exkurs

Verbrennung von Kohlenwasserstoffen

Bei vielen technischen Prozessen verbrennt man Stoffe, um die Verbrennungsprodukte zu gewinnen. Andere Stoffe werden verbrannt, um sie zu beseitigen. Dieser Gedanke steht bei der Müllverbrennung im Vordergrund. Im Alltag spielen Verbrennungsvorgänge noch aus einem anderen Grund eine wichtige Rolle: Sie dienen der *Energienutzung*. In Heizungsanlagen werden Brennstoffe wie Heizöl, Erdgas oder auch Kohle verbrannt, um die freigesetzte Wärmeenergie zu nutzen. Die Energieausnutzung ist bei diesen Energieträgern relativ hoch.

Im täglichen Leben und in der Industrie nutzen wir ständig elektrische Energie. Diese elektrische Energie muss aber zunächst in Kraftwerken aus anderen Energieformen erzeugt werden. Bei einem solchen Vorgang wird Wärmeenergie oder Bewegungsenergie in elektrische Energie *umgewandelt*.

Im Straßenverkehr verwendet man Brennstoffe wie Benzin, Diesel oder Erdgas und wandelt die chemische Energie in Bewegungsenergie um.

Fossile Brennstoffe. Erdöl und Erdgas sind in Millionen von Jahren aus winzigen, in tropischen Meeren lebenden Organismen entstanden. Diese Mikroorganismen sanken nach dem Absterben auf den Meeresgrund, wo sie unter Luftabschluss zersetzt wurden. Dabei bildeten sich Verbindungen, die im Wesentlichen aus den Elementen Kohlenstoff und Wasserstoff bestehen. Auch Kohle hat sich aus biologischem Material gebildet: Sie ist in Jahrmillionen aus tropischen Sumpfwäldern entstanden.

Weil sich die Brennstoffe Kohle, Erdöl und Erdgas aus abgestorbenen Lebewesen gebildet haben, bezeichnet man sie auch als *fossile Brennstoffe*.

Erdöl und Erdgas und die aus Erdöl hergestellten Treibstoffe wie Benzin und Dieselkraftstoff sind Kohlenstoff-Wasserstoff-Verbindungen. Die Chemiker sprechen bei solchen Verbindungen von **Kohlenwasserstoffen.** Sie gehören wie andere Stoffe, die von Organismen produziert werden, zu den *organischen Stoffen*.

Der Hauptbestandteil von Erdgas ist *Methan*, dessen Moleküle aus einem Kohlenstoff-Atom und vier Wasserstoff-Atomen aufgebaut sind. Methan hat also die Molekülformel CH_4. Ein typischer Bestandteil von Benzin ist Octan mit der Molekülformel C_8H_{18}.

Verbrennung von fossilen Brennstoffen. Bei der Verbrennung werden Kohlenwasserstoffe mit Luftsauerstoff zu gasförmigen Produkten oxidiert. Leitet man die Verbrennungsgase eines Feuerzeugs oder einer Kerze in Kalkwasser ein, so beobachtet man eine Trübung. Dies ist ein *Nachweis für Kohlenstoffdioxid*.

An den kälteren Stellen der Apparatur bilden sich Tröpfchen. Wischt man diese mit blauem Cobaltchlorid-Papier ab, so färbt sich das Papier rosa. Diese Reaktion ist ein *Nachweis für Wasser*.

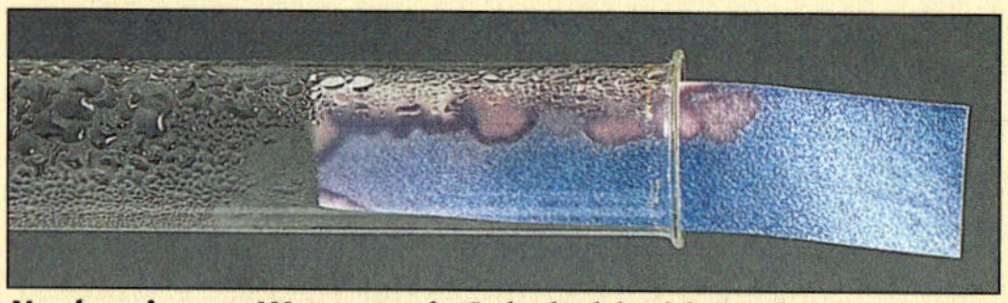

Nachweis von Wasser mit Cobaltchlorid-Papier

Bei der Oxidation von Kohlenwasserstoffen entstehen also Kohlenstoffdioxid (CO_2) und Wasser (H_2O).

Die Verbrennung von fossilen Brennstoffen schafft eine Reihe ökologischer Probleme:

- Fossile Brennstoffe enthalten stets geringe Mengen an Schwefel-Verbindungen. Daher entsteht beim Verbrennen fossiler Brennstoffe auch *Schwefeldioxid* (SO_2), das durch aufwendige Verfahren aus den Ausgangsstoffen oder aus den Verbrennungsprodukten entfernt werden muss.
- Bei hohen Verbrennungstemperaturen wird immer auch ein kleiner Teil des Luftstickstoffs oxidiert. Dabei bilden sich *Stickstoffoxide* (NO, NO_2), die ebenfalls aus den Abgasen entfernt werden. Dazu benötigt man eine aufwendige Katalysatortechnik.
- Ein ungelöstes Problem stellen die großen Mengen an Kohlenstoffdioxid dar, die bei der Verbrennung in die Atmosphäre gelangen. Sie verursachen möglicherweise gravierende Klimaveränderungen.

1 Aus wie vielen Atomen besteht ein Octan-Molekül?

2 **a)** Formuliere die Reaktionsgleichungen für die Verbrennung von Methan und Octan. Gib jeweils auch den Energieumsatz an.

b) Beschreibe, wie man die Reaktionsprodukte nachweisen kann.

3 Beschreibe die Entstehung fossiler Brennstoffe.

4 Recherchiere die weltweiten Vorkommen von Erdöl und Erdgas. Erstelle dazu eine Übersicht.

5 Welche Umweltprobleme können bei der Förderung fossiler Brennstoffe auftreten? Schlage in deinem Erdkundebuch oder in einem Lexikon nach.

Experimente mit Kerzen

V1: Untersuchung der Kerzenflamme

Materialien: Becherglas (400 ml, breit), Porzellantiegel (3 cm hoch), Glasrohr (5 cm, Innendurchmesser 5 mm) Tiegelzange, Pinzette, Gasbrenner;
Kerze, Teelicht, Streichhölzer, Baumwollfäden (3 cm).

Hinweis: Besprecht in eurer Gruppe zuerst den Ablauf des Versuchs und verständigt euch darüber, wer welche Aufgabe bei den einzelnen Arbeitsschritten übernimmt.

Durchführung:

1. Zünde die Kerze an und beobachte etwa 2 Min. lang die Flamme, den Docht und das Kerzenmaterial.
2. Halte den Kopf eines Streichholzes ganz kurz in die dunkle Zone der Kerzenflamme. Wiederhole diesen Test nach etwa 1 Min. in der Spitze der Kerzenflamme.
3. Stülpe das Becherglas über ein brennendes Teelicht und beobachte die Flamme. Hebe das Becherglas jeweils kurz an, sobald die Flamme zu erlöschen droht.
4. *Fernzündung:* Blase die Flamme vorsichtig aus und führe sofort ein brennendes Streichholz von oben in die Nähe des Dochts.
5. *Tochterflamme:* Halte das Glasrohr mit der Tiegelzange und erhitze es in der Brennerflamme.
   Bringe dann das untere Ende des schräg aufwärtsgerichteten Glasrohrs in die Mitte der Kerzenflamme und führe ein brennendes Streichholz an das obere Ende.
6. *Funktion des Dochtes:* Fülle etwa 1 cm hoch Speiseöl in den Porzellantiegel. Tauche den Baumwollfaden zur Hälfte in das Öl und lege ihn an die Wand, sodass das obere Ende herausragt. Dieser Docht wird nach etwa 3 Min. angezündet und mit der Pinzette weiter nach oben geschoben.
   Zum Vergleich wird ein zweiter Baumwollfaden in der Mitte mit der Pinzette gehalten und am oberen Ende angezündet.

Aufgaben:

a) Notiere deine Beobachtungen.
b) Beschreibe das Aussehen der Kerzenflamme. Wie viele Zonen lassen sich unterscheiden?
c) Zeichne eine Kerze mit Flamme. Trage die beteiligten Stoffe und ihre Strömung in verschiedenen Farben ein: festes, flüssiges und gasförmiges Kerzenwachs, frische Luft, Verbrennungsprodukte.
d) Erkläre deine Beobachtungen bei den einzelnen Arbeitsschritten.
e) Beschreibe die Funktion des Dochtes bei einer Kerze.
f) Erläutere, wie man eine Weihnachtskerze sicher auf einer Untertasse befestigen kann.

V2: Welche Produkte bilden sich?

Materialien: Bechergläser (250 ml, hoch; 400 ml, breit), Petrischale, Porzellanschale, Tiegelzange;
Teelicht, Kalkwasser, Alufolie.

Durchführung:

1. Zünde das Teelicht an und halte die Porzellanschale kurz in die obere Hälfte der Flamme.
2. Halte das 250-ml-Becherglas mit der Öffnung etwa 1 Min. lang über die Kerze in Höhe der Flamme. Hebe es dann an und prüfe die Innenwand mit einem Finger.
3. Stelle das brennende Teelicht auf ein Stück Alufolie und halte das 400-ml-Becherglas mit der Öffnung etwa 1 Min. in Höhe der Flamme. Setze das Becherglas ab und warte, bis die Flamme erloschen ist.
   Hebe das Becherglas nach 1 Min. ein wenig an, um das Teelicht zu entfernen; wende dann das mit Alu-Folie verschlossene Glas um. Hebe die Folie an einer Seite hoch, gib etwas klares Kalkwasser hinzu und schwenke die Lösung mehrfach um.

Aufgaben:

a) Notiere deine Beobachtungen.
b) Erkläre deine Beobachtungen bei den Arbeitsschritten 2 und 3. Begründe, welchen Sinn die im Arbeitsschritt 3 enthaltenen Zeitangaben haben.
c) Welche Verbrennungsprodukte konnten nachgewiesen werden? Formuliere ein Reaktionsschema für die bei der Verbrennung von Kerzenwachs ablaufende Reaktion. Berücksichtige dabei, dass Kerzenwachs aus verschiedenen Verbindungen besteht, die man zu den Kohlenwasserstoffen zählt.
d) Formuliere ein Reaktionsschema, mit dem sich die Bildung des in Arbeitsschritt 1 beobachteten Produkts erklären lässt.
e) Entwickle eine Reaktionsgleichung für die vollständige Verbrennung von Kerzenwachs. Als Vereinfachung soll dabei angenommen werden, dass es sich um einen Reinstoff handelt, der aus $C_{17}H_{36}$-Molekülen besteht.
f) In einem Reagenzglas wurde Kerzenwachs zusammen mit etwas Kupferoxid einige Minuten stark erhitzt. Oberhalb der Schmelze war dabei ein dichter weißer Nebel zu beobachten; unten bildete sich ein spiegelnder rötlicher Belag.
Erkläre diese Beobachtungen. Formuliere ein Reaktionsschema für die wahrscheinlich ablaufende Reaktion.

Exkurs

Oxide des Schwefels

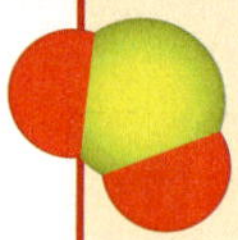

Entzündet man Schwefel an der Luft, so entsteht ein stechend riechendes, farbloses Gas. Man nennt es Schwefeldioxid, da es aus SO_2-Molekülen besteht. Neben Schwefeldioxid bildet sich *Schwefeltrioxid* (SO_3), das sich als feiner weißer Nebel bemerkbar macht. Beide Schwefeloxide lösen sich gut in Wasser; die Lösungen enthalten Schweflige Säure (H_2SO_3) und Schwefelsäure (H_2SO_4).

Schwefeldioxid entsteht auch bei der Verbrennung von Kohle oder Erdölprodukten, denn diese fossilen Brennstoffe enthalten Schwefelverbindungen. Früher gelangte deshalb mit dem Abgasen von Kraftwerken viel Schwefeldioxid in die Atmosphäre. Als wichtigste Ursache für den sauren Regen trug Schwefeldioxid erheblich zur Versauerung der Böden und zur Zerstörung historischer Bausubstanz bei.
Inzwischen werden weitgehend entschwefelte Kraftstoffe eingesetzt. Die Abgase von Kohlekraftwerken werden durch Anlagen zur Rauchgasentschwefelung geleitet. Eine nützliche Rolle spielt Schwefeldioxid als Konservierungsstoff in der Lebensmittelindustrie. Vor allem Trockenfrüchte, Fruchtsäfte und Wein werden „geschwefelt". Die Kurzbezeichnung E 220 steht für Schwefeldioxid, die E-Nummern 221 bis 228 weisen auf Verbindungen hin, die leicht Schwefeldioxid abspalten.

Schäden durch sauren Regen – Sandsteinfigur aus dem Jahr 1702 aufgenommen 1908 (links) und 1969

Exkurs

Rauchgasreinigung

In einem Kohlekraftwerk mit einer elektrischen Leistung von 400 Megawatt werden stündlich über 100 Tonnen Kohle verbrannt. Neben Kohlenstoff enthält Kohle etwa 0,7 % Schwefel und eine Reihe fester Bestandteile, die nicht brennbar sind. In einer Stunde entsteht durch die Verbrennung die unvorstellbare Menge von 1 400 000 m^3 Abgas.

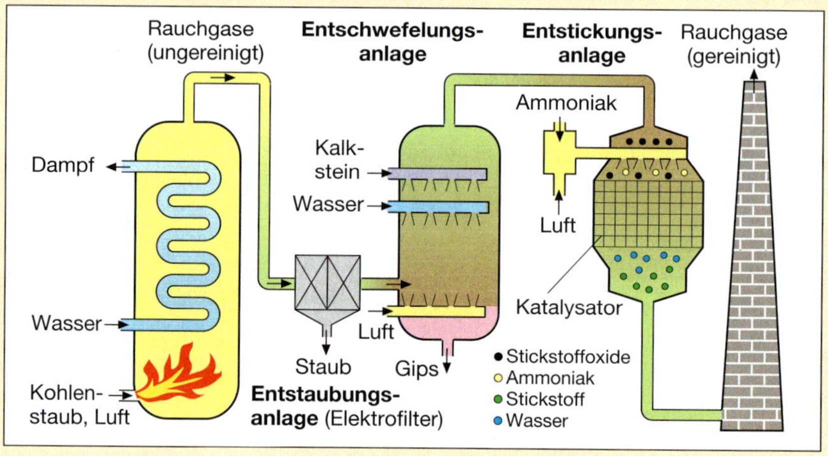

Dieses Rauchgas enthält Staub und gasförmige Schadstoffe. Das Rauchgas wird zuerst entstaubt. Mit einem Elektrofilter werden über 99 % des Staubes entfernt. Das entspricht etwa zehn Lkw-Ladungen täglich. Eine Entschwefelungsanlage wandelt das Schwefeldioxid unter Zusatz von Kalkstein in Gips um. Dabei entstehen täglich etwa 13 Lkw-Ladungen Gips. Das Rauchgas wird so zu 85 % von Schwefeldioxid befreit. Bei Verbrennungstemperaturen von 1200 °C verbindet sich ein Teil des reaktionsträgen Stickstoffs der Luft mit Sauerstoff zu Stickstoffmonooxid. In Entstickungsanlagen wandelt sich Stickstoffmonooxid durch Zusatz von Ammoniak-Gas zu mehr als 80 % in harmlosen Stickstoff und Wasser um.
Das gereinigte Rauchgas enthält zwar immer noch bis zu 50 mg Staub, 400 mg Schwefeldioxid und 200 mg Stickstoffoxid je Kubikmeter, insgesamt wird die Umweltbelastung durch die Rauchgasreinigung jedoch deutlich reduziert.

Saurer Regen

Exkurs

Kohle, Benzin und Heizöl enthalten immer auch etwas Schwefel. Werden diese Energieträger in Kraftwerken, Heizungsanlagen oder Automotoren verbrannt, entsteht als Nebenprodukt *Schwefeldioxid.* Über das Abgas gelangt Schwefeldioxid in die Luft. Mit dem Wasser und dem Sauerstoff aus der feuchten Luft wird aus Schwefeldioxid schließlich *Schwefelsäure;* Regen kann deshalb relativ stark sauer sein. Neben Schwefelsäure spielt auch Salpetersäure eine wesentliche Rolle beim sauren Regen: Bei hohen Verbrennungstemperaturen wird ein kleiner Teil des Stickstoffs aus der Luft mit Sauerstoff umgesetzt. Die dadurch gebildeten *Stickstoffoxide* werden wiederum an feuchter Luft in *Salpetersäure* überführt.

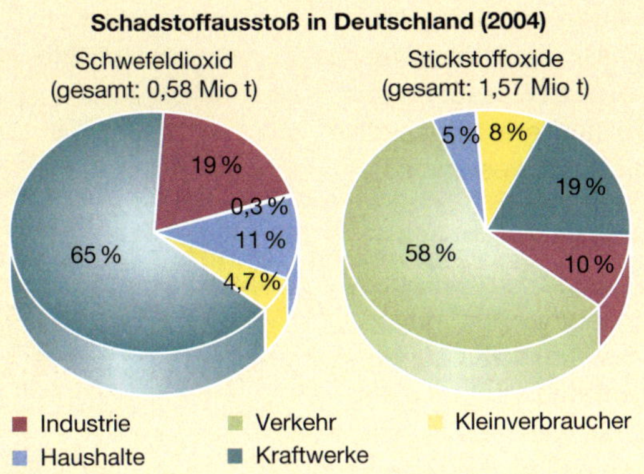

Waldschäden. Vor etwa 20 Jahren kam es in einigen Bergregionen zu schweren Waldschäden. Ganze Wälder starben ab. Als Hauptursache gilt der saure Regen; wahrscheinlich spielte aber auch der erhöhte Ozongehalt der Luft eine Rolle bei diesem Waldsterben. Der Zustand des Waldes wird seit dieser Zeit genau beobachtet. Jedes Jahr erscheint ein *Waldschadensbericht.*

Auf welche Weise der saure Regen die Bäume schädigt, ist noch nicht genau erforscht. Man nimmt an, dass er eine Veränderung im Boden bewirkt. Diese Veränderung verursacht zum einen eine Schädigung der Pflanzenwurzeln, sie führt aber auch dazu, dass wichtige Mineralien aus dem Boden ausgewaschen werden und der Baum sie so nicht mehr aufnehmen kann.

Zerstörung von Bauwerken. Nicht nur Bäume werden geschädigt, auch Hausfassaden, Betonbrücken und Kunstdenkmäler werden durch sauren Regen angegriffen und zersetzt. Besonders davon betroffen sind viele alte Baudenkmäler. Die Schäden durch den sauren Regen verursachen Kosten in Höhe von mehreren Milliarden Euro pro Jahr.

Maßnahmen gegen sauren Regen. Die Belastung der Umwelt durch Stickstoffoxide wird hauptsächlich durch den Kraftfahrzeugverkehr verursacht, Schwefeldioxid stammt vor allem aus Kraftwerken. Durch den Einbau von Katalysatoren in Kraftfahrzeugen und durch den Einbau von Entschwefelungsanlagen in Kraftwerken konnte bei uns die Bildung des sauren Regens in den letzten Jahren stark verringert werden.

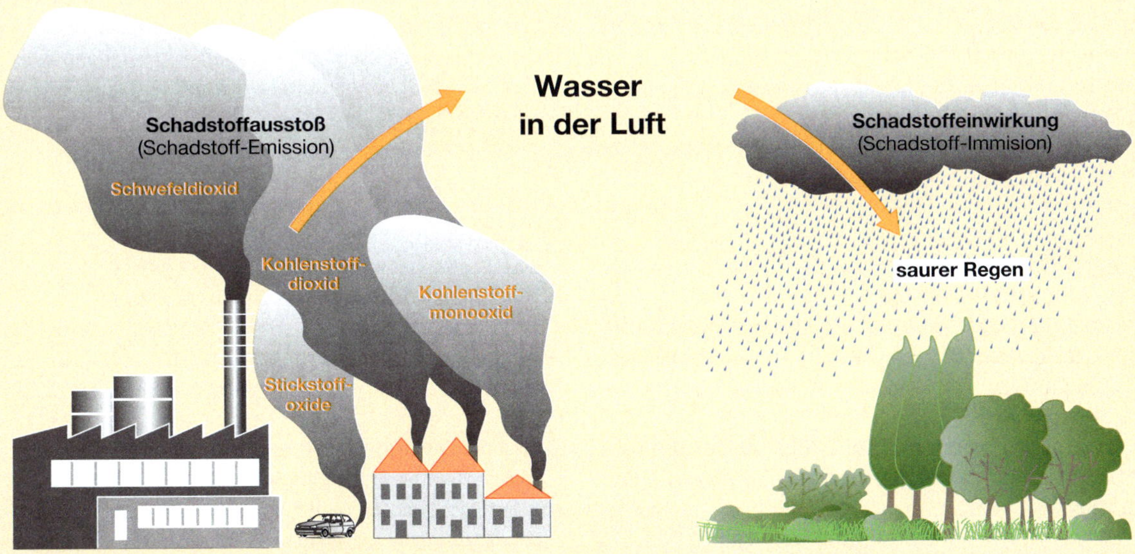

Schadstoffausstoß und Saurer Regen

5.11 Elemente in Stoffkreisläufen

Das Leben auf der Erde läuft in einem riesigen chemischen System ab, das man auch als *Geosphäre* bezeichnet. Die Geosphäre umfasst die *Atmosphäre* (Lufthülle der Erde), die *Hydrosphäre* (Wasser an der Erdoberfläche), die *Lithosphäre* (äußerer Gesteinsmantel) und die *Biosphäre* (von Lebewesen besiedelter Bereich der Erde).

Vorkommen der Elemente. In der *Geosphäre* kommen ungefähr 90 chemische Elemente vor. Fünf davon, Sauerstoff, Silicium, Aluminium, Eisen und Calcium, bilden mehr als 90 % der Masse der Erde.
Am chemischen Aufbau eines *Lebewesens* sind nur etwa 20 chemische Elemente beteiligt. Die Masse des menschlichen Körpers ergibt sich zu mehr als 90 % aus den Atomen der drei Elemente Sauerstoff, Kohlenstoff und Wasserstoff.

Stoffkreislauf. In der Geosphäre laufen ständig Umwandlungsprozesse ab: Einerseits ändern Stoffe ihre Aggregatzustände; andererseits werden sie durch chemische Reaktionen in andere Stoffe überführt. Beide Vorgänge sind häufig mit einem Transport von einer Sphäre in eine andere verbunden: Wasser gelangt beim Verdunsten von der Hydrosphäre in die Atmosphäre. Kohlenstoffdioxid wird von Pflanzen aus der Atmosphäre oder der Hydrosphäre aufgenommen. Bei der Photosynthese wird es in organische Verbindungen wie Glucose überführt und wechselt so in die Biosphäre.

Bei chemischen Reaktionen geht Materie nicht verloren und wird auch nicht neu geschaffen. Es entstehen lediglich neue Verbindungen, in denen die Atome eines Elements mit Atomen verschiedener anderer Elemente verbunden sind. Kehren die Atome eines Elements nach einer Anzahl von Umwandlungsschritten zu anderen Verbindungen zurück, so spricht man von einem *Stoffkreislauf*. Praktisch alle chemischen Reaktionen, die in der Natur ablaufen, sind Teilprozesse von Stoffkreisläufen.
Wie jedes Lebewesen ist auch der Mensch in diese Stoffkreisläufe eingebunden. Der Einfluss des Menschen steigt dabei ständig an. Denn einerseits nimmt die Bevölkerungszahl weiter zu, und mit wachsendem Wohlstand werden auch pro Kopf immer mehr Stoffe umgewandelt.

Um Kreisläufe kurz und einheitlich zu beschreiben, verwendet man meist die Begriffe *Reservoir*, *Quelle* und *Senke*.
Beispiel: Bei der Verbrennung von Kraftstoffen im Motor bildet sich Kohlenstoffdioxid. Der Autoverkehr ist damit eine Kohlenstoffdioxid-*Quelle*. Das Kohlenstoffdioxid wird von der Atmosphäre aufgenommen, die insgesamt große Mengen an Kohlenstoffdioxid enthält. Sie ist also ein *Reservoir* für Kohlenstoffdioxid. Pflanzen wirken als Kohlenstoffdioxid-*Senke*, denn sie nehmen Kohlenstoffdioxid aus der Atmosphäre auf.

Die Stoffkreisläufe der Elemente Sauerstoff, Kohlenstoff, Stickstoff und Phosphor wurden besonders gut untersucht, da sie von existenzieller Bedeutung für das Leben auf der Erde sind. Verbindungen dieser Elemente spielen für das Wachstum der Pflanzen eine bedeutende Rolle. Verbindungen des Kohlenstoffs und des Stickstoffs haben zudem noch einen starken Einfluss auf unser Klima.

Ein Stoffkreislauf beschreibt eine Reaktionsfolge, bei der der Ausgangsstoff nach einer Anzahl von Schritten wieder zurückgebildet wird. Häufig ist damit ein Wechsel zwischen Atmosphäre, Lithosphäre, Hydrosphäre oder Biosphäre verbunden.

1 Skizziere schematisch den Wasserkreislauf zwischen Hydrosphäre, Atmosphäre und Litosphäre.
2 a) Recherchiere, welchen Anteil die zehn wichtigsten Elemente an der Masse der Erdkruste haben.
b) Veranschauliche die Unterschiede durch Säulendiagramme in geeignetem Maßstab.
Beispiel: 10 cm ≙ 50 % für die ersten fünf Elemente
10 cm ≙ 5 % für die weiteren Elemente
c) Gib an, welche Elemente zu den Metallen und welche zu den Nichtmetallen gehören.
3 Weltweit werden täglich in großem Maßstab Stoffumwandlungen von Menschen durchgeführt. Einige dieser Reaktionen sichern unser Überleben, andere machen das Leben angenehmer. Nenne jeweils mehrere Beispiele.

5.12 Der Sauerstoffkreislauf

Das häufigste Element in der Erdkruste ist der Sauerstoff; dabei sind Silicate und Carbonate die wichtigsten Sauerstoff-Verbindungen. Charakteristisch für unseren Planeten ist aber vor allem das Vorkommen des Sauerstoffs in Form von Wasser und elementarem Sauerstoff.

Geschichte der Atmosphäre. Die *Uratmosphäre* bestand wahrscheinlich hauptsächlich aus Wasserdampf, Kohlenstoffdioxid und Stickstoff, daneben spielten Schwefelwasserstoff, Methan und Ammoniak eine Rolle.
Man nimmt an, dass anfänglich auch Wasserstoff vorhanden war. Da Wasserstoff-Moleküle aufgrund ihrer kleinen Masse eine besonders hohe Geschwindigkeit haben, entweicht der Wasserstoff allmählich in den Weltraum.
Aus der Zusammensetzung der ältesten Gesteine lässt sich schließen, dass die Atmosphäre während der ersten Milliarde an Jahren noch keine Sauerstoff-Moleküle enthielt: In diesen Gesteinen treten Eisenverbindungen auf; es fehlen aber völlig die sich in Gegenwart von Sauerstoff bildenden Eisenoxide.

Als erste mikroskopisch kleine Lebensformen traten in den Urmeeren Bakterien und Blaualgen auf, die in sauerstofffreiem Milieu leben können. Erst später entwickelten sich Organismen, die körpereigene Substanzen mithilfe der Energie des Sonnenlichts aufbauen. Bei dieser *Photosynthese* wird elementarer Sauerstoff freigesetzt. Man vermutet, dass dieser Sauerstoff zunächst nicht in die Atmosphäre gelangte, sondern unter Bildung von Eisenoxiden in den Gesteinen chemisch gebunden wurde.
Später gelangte auch molekularer Sauerstoff in die Atmosphäre und der Gehalt stieg kontinuierlich an. In den letzten 200 bis 300 Milliarden Jahren pendelte sich der Sauerstoffgehalt auf etwa 21 % ein.

Sauerstoffproduktion. Bei der Photosynthese werden Wasser-Moleküle mithilfe der Energie des Sonnenlichtes gespalten. In den Pflanzenzellen werden zunächst Wasserstoff-Atome auf Kohlenstoffdioxid-Moleküle übertragen. In einer komplizierten Reaktionsfolge bildet sich dann Traubenzucker (Glucose). Als Nebenprodukt der Spaltung der Wasser-Moleküle wird molekularer Sauerstoff freigesetzt. Vereinfacht lässt sich der Stoffumsatz durch die folgende Reaktionsgleichung beschreiben:

$$6\ CO_2 + 6\ H_2O \longrightarrow \underset{\text{Glucose}}{C_6H_{12}O_6} + 6\ O_2;\ \text{endotherm}$$

Insgesamt werden durch die photosynthetisch aktiven Pflanzen jährlich etwa 94 Milliarden Tonnen Sauerstoff produziert.

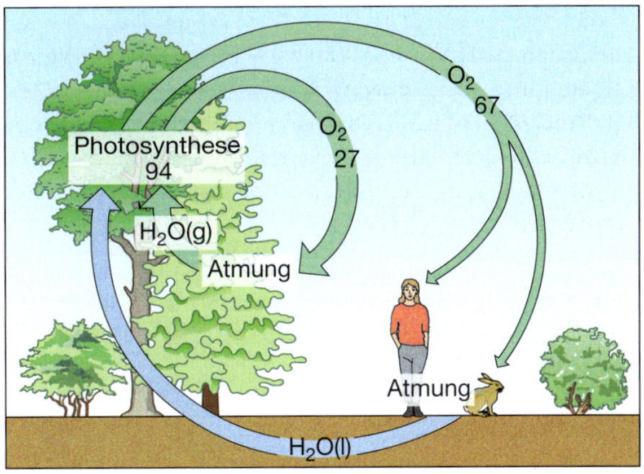

Sauerstoffverbrauch. Die sauerstoffhaltige Atmosphäre ermöglichte die Entwicklung von Organismen, die ihren Energiebedarf durch die *Atmung* deckten. Diese Lebewesen benötigen Sauerstoff für ihren Stoffwechsel: Energiereiche Verbindungen wie Glucose werden stufenweise zu Kohlenstoffdioxid oxidiert. Vereinfacht wird der Stoffumsatz durch die folgende Reaktionsgleichung erfasst:

$$\underset{\text{Glucose}}{C_6H_{12}O_6} + 6\ H_2O + 6\ O_2 \longrightarrow 6\ CO_2 + 12\ H_2O;\ \text{exotherm}$$

Durch die Atmungsprozesse von Mikroorganismen, Pflanzen und Tieren wird ebenso viel Sauerstoff verbraucht, wie durch die Photosynthese gebildet wird. Die Gesamtmenge des Sauerstoffs in der Atmosphäre bleibt somit unverändert.

Im Sauerstoffkreislauf erfolgt ein Stoffaustausch zwischen Biosphäre und Atmosphäre: Bei der Photosynthese setzen pflanzliche Organismen aus Wasser Sauerstoff frei. Bei den Atmungsprozessen wird Sauerstoff für die Oxidation energiereicher Verbindungen verbraucht. Dabei entsteht wieder Wasser.

1 Erläutere die wesentlichen Schritte auf dem Weg von der Uratmosphäre zu unserer heutigen Atmosphäre.
2 Berechne, in wie vielen Jahren durch die Photosynthese so viel Sauerstoff gebildet wird, wie sich gegenwärtig in der Atmosphäre befindet (etwa 1200 Billionen Tonnen).
3 Recherchiere, wie alt die Erde ist.
4 Jährlich werden durch die Aktivitäten des Menschen rund 30 Milliarden Tonnen Sauerstoff umgesetzt.
a) Berechne, welche Masse an Sauerstoff jeder Mensch im weltweiten Durchschnitt pro Tag umwandelt.
b) Erkläre, warum sich ein Problem eher aus den gebildeten Produkten ergibt als aus dem Sauerstoffverbrauch selbst.

Methode Arbeit mit Texten

In Büchern, Zeitschriften, Nachschlagewerken und im Internet gibt es eine Flut von Informationen in Form von Texten. Wenn man sich mit diesen Informationen auseinandersetzen will, bietet sich das folgende Vorgehen an:

1. Orientierendes Lesen
Verschaffe dir mithilfe von Zwischenüberschriften, Hervorhebungen im Text, Merksätzen und Abbildungen einen ersten Überblick über den Inhalt.
Die folgenden Fragen können dir dabei helfen: Was ist das Wesentliche? Was weiß ich bereits? Was ist neu?

2. Genaues Lesen
Lies den Text Abschnitt für Abschnitt durch, notiere dir auf einem gesonderten Zettel die wichtigsten Aussagen stichpunktartig (Schlüsselwörter). Falls das Buch oder die Zeitschrift dir gehört, kannst du die wichtigsten Passagen auch unterstreichen. Wenn dir unbekannte Fachbegriffe auffallen, die für das Verständnis des Textes notwendig sind, schau in Nachschlagewerken nach oder frage deine Lehrerin oder deinen Lehrer. Beachte beim Lesen die unten stehenden Markierungsregeln.

3. Zusammenfassen der wichtigsten Inhalte
Lege nach jedem Abschnitt eine kurze Pause ein und überlege nochmals, was du gelesen hast. Vergleiche mit dem Stichpunktzettel, streiche Überflüssiges und ergänze Fehlendes. Fasse jetzt den Inhalt zusammen.

4. Aufgaben zum Text
Falls Aufgaben gestellt sind, versuche sie zu lösen, nachdem du den Text sorgfältig durchgearbeitet hast. Gib nicht gleich auf, wenn du eine Aufgabe nicht auf Anhieb lösen kannst; beschaffe dir zusätzliche Informationen, die dir weiterhelfen könnten.

Markierungsregeln

1. Lege Bleistift, Radiergummi, Lineal, Textmarker und dünnen Rotstift bereit. Falls das Buch nicht dein Eigentum ist, fertige eine Kopie der Seite an.
2. Unterstreiche beim Durchlesen wichtige Stellen mit dem Bleistift.
3. Überfliege das Unterstrichene nochmals und finde die Schlüsselbegriffe heraus. Diese werden mit dem Textmarker gekennzeichnet.
4. Unterstreiche Informationen, die der Erläuterung der wichtigen Begriffe dienen, in Rot. Achte darauf, nicht zu viel zu unterstreichen. Es wird sonst unübersichtlich.
5. Schreibe die Schlüsselbegriffe auf den Stichpunktzettel. Der Stichpunktzettel sollte zur weiteren Verwendung im Unterricht oder zum Lernen stets zur Hand sein.

Großfeuer setzte giftige Gase frei

Bei einem Großbrand in einem Reinigungsmittelbetrieb ist am Mittwoch eine riesige Giftgaswolke freigesetzt worden. Das Feuer war entstanden, nachdem auf dem Betriebsgelände ein Großtank mit Chemikalien aus bislang noch ungeklärter Ursache explodiert war. In der weiteren Umgebung des Brandortes wurden am Nachmittag aber keine hohen Gift-Belastungen in der Luft ermittelt.
Die Polizei forderte die Bevölkerung auf, in ihren Häusern zu bleiben. Kurz nachdem die Feuerwehr angerückt war, brach die Wasserversorgung zusammen. Die Feuerwehrmänner mussten zuschauen, wie der Brand auf die gesamte Halle Übergriff.
Eine Analyse der Rauchgase ergab, dass bei dem Brand nitrose Gase, ein Gemisch giftiger Stickstoffoxide, sowie Chlorwasserstoff frei wurden. Diese Gase bilden Säuren, sodass die Atemwege gereizt werden; langfristig können sie Krebserkrankungen hervorrufen.

Ähnlich wie in diesem Artikel, finden sich in den Tageszeitungen häufig Informationen über chemische Reaktionen und die Eigenschaften verschiedener Stoffe.
Wichtige Aussagen über die beteiligten Stoffe und ihr Reaktionsverhalten finden sich in diesem Fall vor allem zum Schluss des Berichtes. Deine Unterstreichungen und Hervorhebungen könnten etwa folgendermaßen aussehen:

Eine Analyse der Rauchgase ergab, dass bei dem Brand nitrose Gase, ein Gemisch giftiger Stickstoffoxide, sowie Chlorwasserstoff frei wurden. Diese Gase bilden Säuren, sodass die Atemwege gereizt werden; langfristig können sie Krebserkrankungen hervorrufen.

Anlass zu einer Suche nach Informationen geben vor allem die Fachbegriffe „nitrose Gase" und „Chlorwasserstoff". Aus einem größeren Lexikon oder anderen Nachschlagewerken lassen sich diese Informationen gewinnen.

1 Recherchiere die Begriffe Stickstoffoxide und Chlorwasserstoff. Erstelle einen kurzen Bericht über die wichtigsten Informationen, die du finden konntest.

Atome und der Aufbau von Stoffen

1. Elemente und Verbindungen

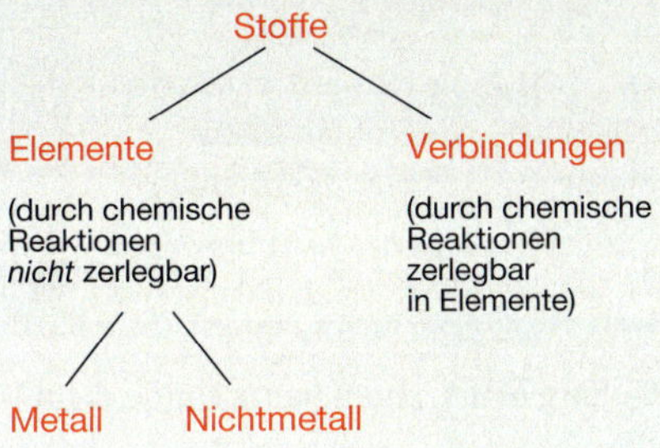

Elemente: Reinstoffe, die sich auf chemischem Wege nicht weiter in andere Stoffe zerlegen lassen.

Verbindungen: Reinstoffe, die sich chemisch noch weiter in Elemente zerlegen lassen.

2. Chemische Grundgesetze

Erhaltung der Masse: Bei einer chemischen Reaktion geht keine Masse verloren. Die Masse der Endstoffe ist gleich der Masse der Ausgangsstoffe.

Konstante Massenverhältnisse: Die Ausgangsstoffe reagieren in einem bestimmten Massenverhältnis. Die Produkte enthalten die Elemente in einem konstanten Atomanzahlverhältnis.

3. DALTONs Atommodell

— Jedes Element besteht aus kleinsten, nicht weiter teilbaren Teilchen, den Atomen.
— Die Atome eines Elements haben alle die gleiche Größe und die gleiche Masse. Die Atome unterschiedlicher Elemente unterscheiden sich in ihrer Masse. Damit gibt es genauso viele Atomarten, wie es Elemente gibt.
— Atome sind unzerstörbar. Sie können durch chemische Vorgänge weder vernichtet noch erzeugt werden.
— Bei chemischen Reaktionen werden die Atome der Ausgangsstoffe neu angeordnet und in bestimmten Anzahlverhältnissen miteinander verknüpft.

Beispiel:

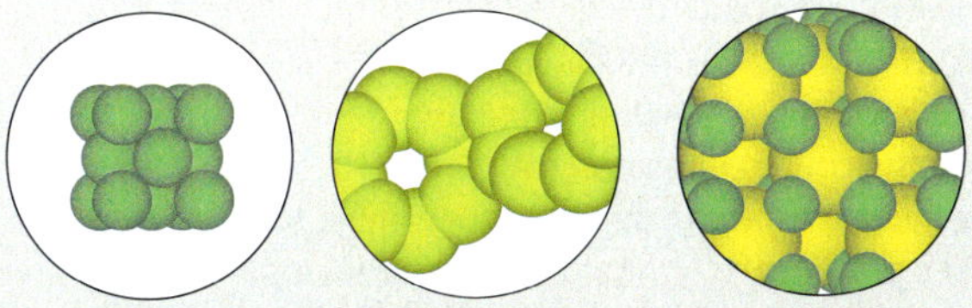

Kupfer Schwefel Kupfersulfid

4. Atommassen

Da die Masse eines Atoms außerordentlich klein ist, hat man eine besondere Masseneinheit für den atomaren Bereich eingeführt: die **atomare Masseneinheit** u. 1 u entspricht ungefähr der Masse des leichtesten Atoms, des Wasserstoff-Atoms. Zu den schwersten Atomen gehört das Uran-Atom mit einer Masse von 238 u.
Für die Umrechnung zwischen der Masseneinheit Gramm und der atomaren Masseneinheit gilt:

$$1\ \text{g} = 602\ 200\ 000\ 000\ 000\ 000\ 000\ 000\ \text{u} = 6 \cdot 10^{23}\ \text{u}.$$

5. Elementsymbole und Formeln

Elementsymbole wie Cu (Kupfer) oder Fe (Eisen) stehen für die *Atomart* der betreffenden Elemente.

Bei vielen nichtmetallischen Elementen und bei Nichtmetall/Nichtmetall-Verbindungen liegen *Moleküle* vor. Moleküle sind Teilchen, die aus zwei oder mehreren Atomen bestehen. Moleküle werden durch **Molekülformeln** beschrieben.
Beispiele: I_2, S_8, H_2O, CO_2.

Metall/Nichtmetall-Verbindungen bestehen nicht aus Molekülen; sie besitzen eine gitterartige Anordnung der Atome. Man gibt das Atomanzahlverhältnis durch **Verhältnisformeln an.**
Beispiele: CuI, Al_2S_3.

6. Reaktionsschema und Reaktionsgleichung

Ein *Reaktionsschema* beschreibt eine chemische Reaktion durch die Namen der Ausgangsstoffe und der Endstoffe; oft wird auch noch ein Hinweis auf den Energieumsatz hinzugefügt:

Magnesium + Sauerstoff → Magnesiumoxid; exotherm

Eine **Reaktionsgleichung** ist eine Kurzbeschreibung einer chemischen Reaktion mit Elementsymbolen und Formeln. Die vor den Formeln stehenden Faktoren beschreiben das Verhältnis der Teilchenzahlen. Insgesamt muss dabei die Anzahl der Atome links vom Reaktionspfeil mit der Anzahl der entsprechenden Atome rechts vom Reaktionspfeil übereinstimmen:

$2\ Cu\ (s) + O_2\ (g) \rightarrow 2\ CuO\ (s)$; exotherm
$CuO\ (s) + H_2\ (g) \rightarrow Cu\ (s) + H_2O\ (g)$; exotherm

Prüfe dein Wissen

Quiz

A1 a) Erkläre die Begriffe des Fensters.
b) Notiere auf der Vorderseite von Karteikarten den Begriff, auf der Rückseite die Erklärung.

A2 Kläre mithilfe eines Lexikons, woher die Elementsymbole N für Stickstoff, O für Sauerstoff und Sb für Antimon stammen.

A3 a) Gib die Elementsymbole an: Kupfer, Eisen, Zink, Schwefel, Iod, Aluminium, Sauerstoff, Silber, Gold.
b) Welche Elemente verbergen sich hinter: H, C, Ca, Sn, Cl?

A4 a) Erkläre den Unterschied zwischen einer Verhältnisformel und einer Molekülformel.
b) Für Benzol wird die Formel C_6H_6 verwendet. Erläutere, ob es sich dabei um eine Verhältnisformel oder um eine Molekülformel handelt.

Know-how

A5 Suche die Atommasse von Eisen heraus und rechne den Wert von der atomaren Masseneinheit u in die Einheit Gramm um.

A6 Bei der Ermittlung einer Verhältnisformel ist Alexander zu dem Ergebnis $Fe_1O_{1,5}$ gekommen. Bringe sein Ergebnis in die übliche Form.

A7 Das folgende Diagramm zeigt das Ergebnis einer Versuchsreihe zur Verbrennung von Magnesium. Ermittle das Massenverhältnis von Magnesium zu Sauerstoff und die Verhältnisformel für Magnesiumoxid.

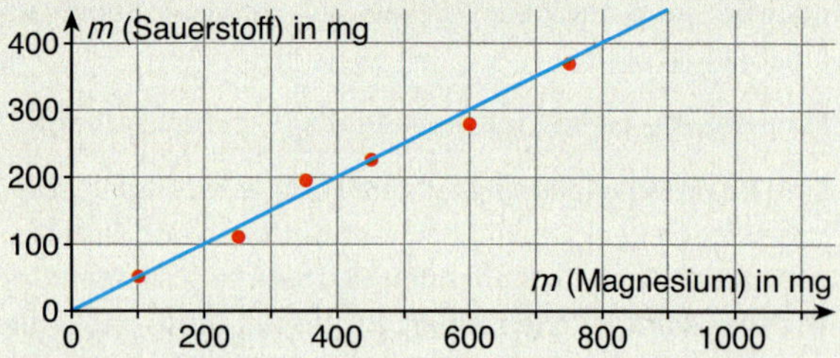

A8 Eisen und Schwefel reagieren im Verhältnis
m (Eisen) : *m* (Schwefel) = 1,00 : 0,57.
Berechne, wie viel Eisensulfid aus einem Gemisch von 5 g Eisen mit 5 g Schwefel entstehen kann.

A9 Magnesiumsulfid hat die Verhältnisformel MgS. Ermittle das Massenverhältnis, in dem Magnesium mit Schwefel reagiert.

Die wichtigsten Begriffe

- Reaktionsgleichung
- Element, Verbindung
- DALTONs Atommodell
- Elementsymbol
- Verhältnisformel
- Molekül, Molekülformel
- Erhaltung der Masse
- konstantes Massenverhältnis
- Wasserstoff
- Knallgasprobe
- Zusammensetzung von Wasser
- fossile Brennstoffe
- Stoffkreisläufe
- Brandbekämpfung

A10 Bei der Auswertung eines Experiments wurde die folgende Grafik erstellt:

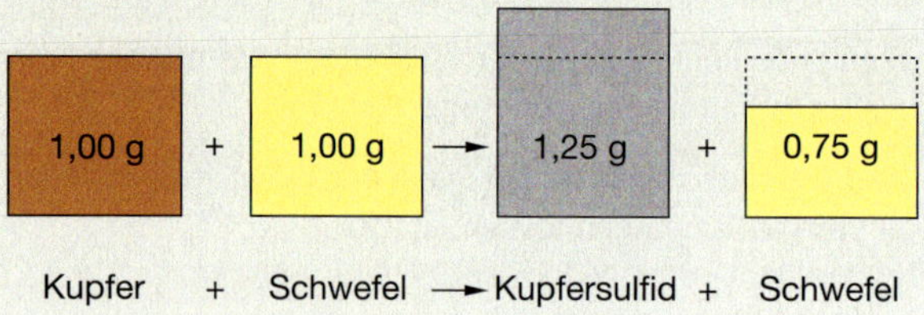

Stelle auf entsprechende Weise die Reaktion von 2 g Kupfer mit 1,5 g Schwefel dar.

Natur – Mensch – Technik

A11 Erkläre, wie sich die Beobachtungen beim Abbrennen einer Kerze mit dem Gesetz von Erhaltung der Masse vereinbaren lassen.

A12 a) Informiere dich über brennbare Stoffe, die als erneuerbare Energieträger eingesetzt werden.
b) Diskutiere die Verbrennung von Biomasse im Vergleich zur Verbrennung von Kohle und Erdöl in einem Kraftwerk.

A13 In jedem Labor stand früher mindestens ein KIPPscher Apparat. Er wurde immer dann eingesetzt, wenn für die Durchführung eines Experiments ein Gas in größeren Mengen selbst hergestellt werden musste. Durch die Reaktion von Zinkblechstücken mit Salzsäure konnte man so problemlos einen gleichmäßigen Wasserstoff-Strom erzeugen.

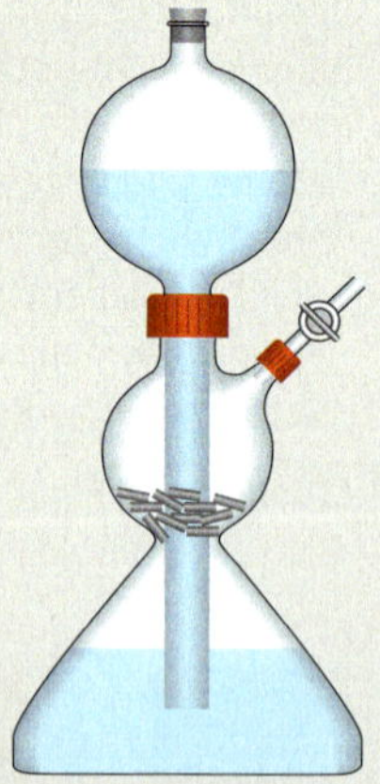

a) Erläutere die Vorgänge, die nach Öffnen des Hahns ablaufen.
b) Welche Beobachtungen sind zu erwarten, wenn der Hahn für wenige Minuten geschlossen wird?
c) Wurde ein KIPPscher Apparat neu befüllt, musste die Gasentwicklung erst einige Zeit laufen, ehe man den Wasserstoff sammeln durfte. Begründe diese Sicherheitsregel.

A1 Stickstoff – eine Spezialgasfüllung für Autoreifen?

Fill + Drive Reifenbefüllung

2,50 € pro Rad

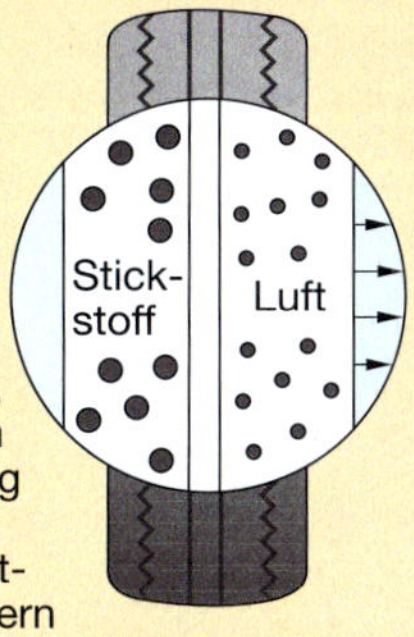

Wer Sprit sparen und die Lebensdauer seiner Reifen verlängern will, sollte eine Alternative zur normalen Druckluft in den Reifen in Erwägung ziehen: die Stickstofffüllung. Ursprünglich für den Rennsport entwickelt, wird es nun auch Autofahrern empfohlen. Die unbedenkliche Stickstofffüllung enthält größere Gasmoleküle als normale Druckluft. Die Reifen erwärmen nicht so stark, der Rollwiderstand wird geringer, der Spritverbrauch sinkt.

Ein Autofahrer war skeptisch in Bezug auf die Werbeaussagen und Zeitungsmeldungen über Vorteile von Stickstoff als Füllgas für Autoreifen. Er richtete deshalb eine Anfrage an die Wissensredaktion einer Wochenzeitung. Dies war die Antwort des zuständigen Redakteurs:

Offenbar wurmt es manche Tankstellen und Reifendienste, dass Luft immer noch umsonst ist, und man sinnt auf teure Alternativen. Eine Zeit lang war das Gas SF_6 in Mode, das allerdings sehr teuer ist und außerdem die Ozonschicht schädigt. Jetzt wird N_2 propagiert, reiner Stickstoff, zum Preis von einigen Euro pro Reifen. N_2 ist aber just der Stoff, der 80 Prozent der Luft ausmacht. Was soll es bringen, die restlichen 20 Prozent, vornehmlich Sauerstoff, auch durch Stickstoff zu ersetzen?

Die vorgebrachten Argumente sind zahlreich, und fast alle sind unseriös. Ein verringerter Rollwiderstand des Reifens tritt nur dann auf, wenn zuvor der mit Normalluft gefüllte Pneu ständig mit zu wenig Druck gefahren wurde.

Der dürftige wahre Kern der Stickstoffgeschichte: Die N_2-Moleküle diffundieren etwas langsamer als die Sauerstoffmoleküle durch die Reifenhülle. Der Druckverlust durch Diffusion macht aber bei einem normalen Reifen allenfalls ein zehntel Bar pro Jahr aus, sagt ein ADAC-Reifenexperte. Und wer seinen Reifendruck nur selten kontrolliert, handelt sowieso fahrlässig.

a) Nenne die Vorteile von Stickstoff gegenüber Luft als Füllgas für Reifen, die von Tankstellen und Reifenhändlern angegeben werden.

b) Stelle die Meinung des Redakteurs bezüglich der Stickstofffüllung von Autoreifen dar.

c) Bewerte die Teilchendarstellung von Stickstoff und Luft in der Anzeige. Entwickle eine besser zutreffende Darstellung.

A2 Auf die Zusammensetzung kommt es an

Eine Fabrik benötigt Eisenoxid zur Herstellung einer rotbraunen Anstrichfarbe. Die Zusammensetzung des Oxids muss der Formel Fe_2O_3 entsprechen. Ein anderes Eisenoxid mit der Formel Fe_3O_4 ist für diesen Zweck unbrauchbar. Das vom Rohstoffhersteller gelieferte Eisenoxid wurde deshalb im Labor auf seinen Eisengehalt untersucht. Dazu wurden drei Proben durch Wasserstoff vollständig reduziert. Man erhielt die folgenden Analyseergebnisse:

Probe	*m* (Eisenoxid)	*m* (Eisen)
1	1,49 g	1,05 g
2	3,41 g	2,38 g
3	7,63 g	5,32 g

a) Gib an, welche Masse an Sauerstoff in den einzelnen Proben gebunden ist.

b) Berechne jeweils das Massenverhältnis zwischen Eisen und Sauerstoff für die einzelnen Proben und gib den Mittelwert an.

c) Berechne die Massenverhältnisse für Fe_2O_3 und für Fe_3O_4. Entscheide, ob das gelieferte Oxid akzeptiert werden kann.

d) Stelle Reaktionsgleichungen für die Reduktion der Oxide durch Wasserstoff auf.

A3 Atome – kleinste Teilchen

Anfang des 19. Jahrhunderts gab es noch keine allgemein akzeptierten Vorstellungen vom Aufbau der Materie. Wesentliche Grundgedanken finden sich erstmals in John DALTON's Buch „A New System of Chemical Philosophy" aus dem Jahre 1808:

„Chemical analysis and synthesis go no farther than to the separation of particles one from another, and to their reunion. No new creation or destruction of matter is within the reach of chemical agency. We might as well attempt to introduce a new planet into the solar system, or to annihilate one already in existence, as to create or destroy a particle of hydrogen."

matter: Materie; agency: Wirkung; might as well attempt: könnten genauso gut versuchen; to annihilate: vernichten; hydrogen: Wasserstoff

a) Übersetze den Artikel.

b) Erläutere die Grundgedanken DALTONs, die er in diesem Text ausgesprochen hat.

c) Zeige an Beispielen, wie sich die von DALTON vertretene Auffassung in der auf BERZELIUS zurückgehenden Formelschreibweise widerspiegelt.

6 Vom Erz zum Metall

Vor rund 6000 Jahren entwickelten erstmals Menschen Verfahren, Metalle zu bearbeiten und zu nutzen: Aus Gold und Silber wurde Schmuck hergestellt, Kupfer wurde für Werkzeuge verwendet. Bald verdrängte die Bronze, eine Legierung aus Kupfer und Zinn, das Kupfer, denn sie ist weitaus härter.
Vor etwa 2000 Jahren begann die Eisenzeit und sie ist noch längst nicht zu Ende. Eisen und der daraus gewonnene Stahl ermöglichten aufgrund ihrer Härte und Festigkeit bis dahin ungeahnte Konstruktionen, die zu Wahrzeichen vieler Städte wurden. Neben dem Eiffelturm in Paris und der Golden Gate Bridge in San Francisco gehört dazu auch der 1926 errichtete Berliner Funkturm.

Zentrale Fragen:
- Welche Eigenschaften bestimmen die Nutzung von Metallen und Legierungen?
- Auf welche Weise werden Metalle aus ihren Erzen gewonnen?
- Welche Reaktionen laufen im Hochofen ab?

6.1 Eigenschaften der Metalle

Metalle sind auch heute die wichtigsten Werkstoffe. Mit ihren typischen Eigenschaften sind sie aus unserem Leben nicht mehr wegzudenken.

Glatte Metalloberflächen reflektieren das Licht fast vollständig. Dadurch erscheinen polierte Flächen der meisten Metalle silbrig glänzend. Man spricht vom *metallischen Glanz.*

Beim Anlegen einer elektrischen Spannung leiten Metalle den Strom. Ein besonders guter *elektrischer Leiter* ist Kupfer; die meisten elektrischen Leitungen bestehen somit aus Kupferdrähten.

Metalle sind außerdem gute *Wärmeleiter,* sie werden daher zur Herstellung von Kochtöpfen und Heizkörpern verwendet.

Metalle unterscheiden sich in ihrer *Härte* und *Verformbarkeit.* Blei kann man mit der Hand verbiegen, Kupfer ist erst durch Hammerschläge plastisch verformbar.

Abgesehen von Quecksilber, das bereits bei Raumtemperatur flüssig ist, schmelzen die meisten Metalle erst bei höheren Temperaturen. Die *Schmelztemperatur* des Eisens beträgt 1535 °C, Zink schmilzt bereits bei 420 °C.

Die *Siedetemperaturen* der Metalle liegen ebenfalls relativ hoch. So siedet Zink bei 907 °C, Eisen bei 2750 °C und Platin sogar erst bei 3825 °C.

Nach ihrer unterschiedlichen Dichte werden die Metalle in *Leichtmetalle* und *Schwermetalle* eingeteilt. Leichtmetalle haben eine Dichte unter 5 $\frac{g}{cm^3}$. Die bekanntesten Leichtmetalle sind Aluminium und Magnesium, sie spielen beispielsweise im Flugzeugbau eine wichtige Rolle. Zu den Schwermetallen gehören Eisen, Kupfer und Blei. Die Metalle mit der höchsten Dichte sind Iridium und Osmium ($\varrho = 22{,}6\ \frac{g}{cm^3}$). Platin-Legierungen dieser beiden harten und korrosionsbeständigen Metalle werden in speziellen elektrischen Kontakten und in Zündkerzen für Flugzeugmotoren eingesetzt. Auch das Urkilogramm besteht aus einer Platin/Iridium-Legierung.

Die meisten Metalle sind Stoffe mit charakteristischem Glanz und relativ hohen Schmelztemperaturen und Siedetemperaturen. Sie sind plastisch verformbar, leiten den elektrischen Strom und die Wärme.

1 Nenne wichtige Eigenschaften der Metalle.

2 Stelle mithilfe von Nachschlagewerken in einer Tabelle die Schmelztemperaturen und Siedetemperaturen von Magnesium, Aluminium, Zinn, Kupfer, Silber, Gold und Quecksilber zusammen.

3 Nenne Unterschiede zwischen Blei und Aluminium.

4 Nenne Beispiele für die Verwendung von Kupfer.

Euromünzen

Exkurs

In den frühesten Kulturen wurde Ware gegen Ware getauscht. Als der Handel zunahm, einigte man sich auf bestimmte Wert- und Tauschverhältnisse. So dienten etwa Tiere, Waffen oder Schmuck als Tauschmittel. Gold, Silber und Kupfer gewannen im Laufe der Zeit immer mehr an Bedeutung. Etwa im 7. Jahrhundert vor unserer Zeitrechnung wurden in Kleinasien erste Edelmetallmünzen geprägt. Man achtete darauf, dass Metallwert und Münzwert übereinstimmten.

Heute sind Münzen nur noch staatlich anerkannte Wertmarken. Wichtig ist ihre Kreditwürdigkeit: Die Münze kann gegen entsprechend wertvolle Gegenstände oder Dienstleistungen eingetauscht werden. Der Materialwert heutiger Münzen liegt weit unter ihrem Handelswert.

Am häufigsten stellt man Münzen heute aus Kupfer, Zink, Nickel und Eisen her.

Die 50-Cent-Münze besteht aus einer Legierung von 89 % Kupfer, 5 % Aluminium, 5 % Zink und 1 % Zinn. Aus dem gleichen Legierungsmaterial werden die 10-Cent-Münzen sowie die 20-Cent-Münzen hergestellt. Die 1-, 2- und 5-Cent-Münzen bestehen aus Stahl mit einer dünnen Kupferauflage. Bei den Bicolor-Münzen (1 Euro und 2 Euro) wird nickelhaltiges Messing mit einer Kupfer/Nickel-Legierung kombiniert. Der Kern beider Münzen besteht aus reinem Nickel. Betrügereien werden dadurch erschwert: Ein Münzautomat nimmt nur solche Münzen, die aufgrund der eingeschlossenen Nickelschicht magnetisch sind.

6.2 Bedeutung und Verwendung der Metalle

Verpackungsmetall Aluminium

Vorkommen: mit 7,5 % in der Erdrinde das häufigste metallische Element; Aluminiumoxid ist Bestandteil von Ton.
Eigenschaften: silberweißes Metall, guter Wärmeleiter und guter elektrischer Leiter, durch dünne undurchlässige Oxidschicht beständig an der Luft
Dichte: 2,7 $\frac{g}{cm}$ (Leichtmetall)
Schmelztemperatur: 660 °C
Siedetemperatur: ≈ 2520 °C
Herstellung: Reduktion von Aluminiumoxid durch elektrischen Strom
Verwendung: Fahrzeugbau, Flugzeugbau; Aluminiumfolie

Gebrauchsmetall Eisen

Vorkommen: als Oxid wie Roteisenstein (Fe_2O_3) und Magneteisenstein (Fe_3O_4) sowie als Sulfid (Pyrit, FeS_2)
Eigenschaften: silberweißes Metall, überzieht sich rasch mit einer Oxidschicht und bildet Rost
Dichte: 7,9 $\frac{g}{cm}$ (Schwermetall)
Schmelztemperatur: 1535 °C
Siedetemperatur: ≈ 2860 °C
Herstellung: Reduktion von Eisenoxid durch Kohlenstoffmonooxid (aus der Verbrennung von Koks) im Hochofen
Verwendung: als Stahl wichtigstes Gebrauchsmetall; Schiffsbau, Schienen, Stahlträger, Nägel, Bestecke

Überzugsmetall Zink

Vorkommen: als Zinksulfid in der Zinkblende und in anderen zinkhaltigen Erzen
Eigenschaften: bläulich weißes, stark glänzendes Metall; bildet an der Luft eine beständige Oxidschicht
Dichte: 7,14 $\frac{g}{cm}$ (Schwermetall)
Schmelztemperatur: 420 °C
Siedetemperatur: 907 °C
Herstellung: Reduktion von Zinkoxid durch Koks
Verwendung: Überzug auf eisernen Gegenständen wie Autokarosserien und Laternenmasten zum Rostschutz, Zinkblech für Dachrinnen und in Batterien

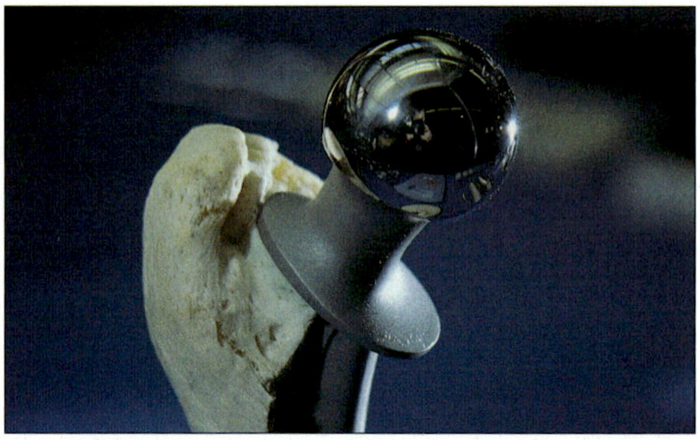

Prothesenmetall Titan

Vorkommen: in zahlreichen verschiedenen Mineralien
Eigenschaften: metallisch glänzende nadelförmige Kristalle
Dichte: 4,5 $\frac{g}{cm}$ (Leichtmetall)
Schmelztemperatur: 1670 °C
Siedetemperatur: ≈ 3350 °C
Herstellung: Reaktion von Titandioxid (TiO_2) mit Chlor zu Titanchlorid ($TiCl_4$), anschließend Umsetzung mit Magnesium
Verwendung: Werkstoff in der Luftfahrt und Raumfahrt, Endoprothesen (künstliche Gelenke, Knochennägel) in der Medizin, Schmuck, Uhrengehäuse, Brillengestelle

Leitermetall Kupfer

Vorkommen: selten gediegen, meist als Kupferoxid und Kupfersulfid (Kupferglanz, Cu_2S; Kupferkies, $CuFeS_2$)
Eigenschaften: hellrot, dehnbar, leicht verformbar
Dichte: 8,96 $\frac{g}{cm}$ (Schwermetall)
Schmelztemperatur: 1085 °C
Siedetemperatur: ≈ 2570 °C
Herstellung: Rösten von Kupfersulfid, Reduktion von Kupferoxid durch Kohlenstoff
Verwendung: als elektrischer Leiter in der Elektrotechnik und Elektronik, Heizungs- und Sanitärinstallation

Schmuckmetall Silber

Vorkommen: vereinzelt gediegen, meist als Silbersulfid (Ag_2S) in sulfidischen Erzen
Eigenschaften: weiß glänzendes polierbares Edelmetall
Dichte: 10,5 $\frac{g}{cm}$ (Schwermetall)
Schmelztemperatur: 962 °C
Siedetemperatur: ≈ 2200 °C
Herstellung: als Nebenprodukt bei der Gewinnung anderer Metalle
Verwendung: Münzmetall, Schmuckwaren, Bestecke, elektrische Kontakte, Legierungen in der Zahnmedizin

Legierungsmetall Magnesium

Vorkommen: in verschiedenen Mineralien; im Meerwasser als Magnesiumchlorid ($MgCl_2$)
Eigenschaften: silberweißes Metall; durch dünne, undurchlässige Oxidschicht beständig an der Luft; verbrennt mit blendend hellem Licht
Dichte: 1,74 $\frac{g}{cm^3}$ (Leichtmetall)
Schmelztemperatur: 650 °C
Siedetemperatur: 1093 °C
Herstellung: aus Magnesiumchlorid ($MgCl_2$) durch elektrischen Strom
Verwendung: Flugzeugbau, Raumfahrt; Feuerwerk

Schalterpreise 05.02.2007	**Ankauf (in €)**	**Verkauf (in €)**	
Goldbarren (1kg)	15931	16376	
Silberbarren (1kg)	330	363	+ MWSt
Platinbarren (1kg)	28151	30226	+ MWSt
Palladiumbarren (1kg)	8487	8942	+ MWSt
Krügerrand (31,1g)	490	512	

Edelmetalle sind besonders teuer. Sie dienten lange als Währungsreserve. Noch heute lagern große Mengen von Goldmünzen und Goldbarren in den Tresoren der Banken.

Der Begriff *Edelmetall* leitet sich aus den chemischen Eigenschaften dieser Metalle ab: Selbst beim Erhitzen reagieren sie nicht mit Sauerstoff. Sie können somit nicht ohne Weiteres oxidiert werden; in der Natur treten sie deshalb vorwiegend als Element auf. Man spricht von gediegenen Metallen.

6.3 Spaltung von Metalloxiden

Spaltung von Silberoxid

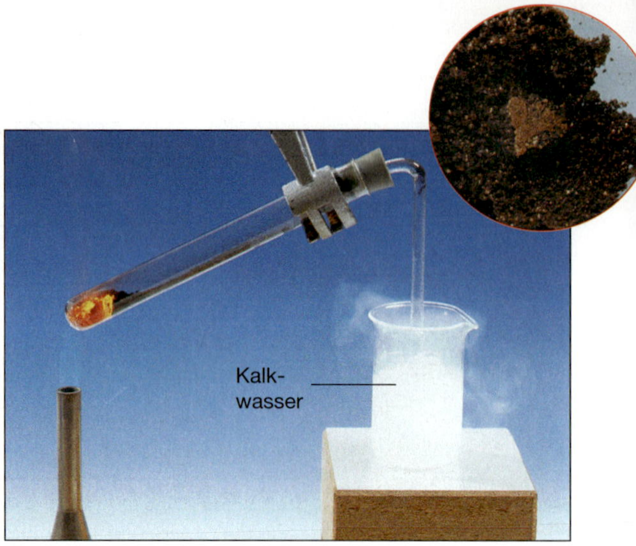

Reduktion von Kupferoxid mit Kohlenstoff

Viele Metalle reagieren mit Sauerstoff. Bei diesen *Oxidationen* entstehen Oxide. In der Natur kommen viele Metalle in den Erzen als Metalloxide vor. Aus diesen lassen sich die Metalle durch chemische Reaktionen gewinnen.

Reduktion. Erhitzt man eine Probe von Silberoxid, so wird die Verbindung in metallisches Silber und Sauerstoff gespalten. Eine solche chemische Reaktion, bei der aus einem Oxid Sauerstoff abgespalten wird, bezeichnet man als *Reduktion* (lat. *reducere:* zurückführen). Die Reduktion ist also die Umkehrung der Oxidation.

$2\ Ag_2O\ (s) \longrightarrow 4\ Ag\ (s) + O_2\ (g)$

Silberoxid — Silber — Sauerstoff

Redoxreaktion. Aus Kupferoxid lässt sich der Sauerstoff nicht durch Erhitzen abspalten. Man kann die Verbindung jedoch durch eine Reaktion mit Kohlenstoff zu Kupfer reduzieren. Der Kohlenstoff nimmt dabei den Sauerstoff auf; er wird zu Kohlenstoffdioxid oxidiert. Zusammenfassend spricht man von einer *Redoxreaktion*. Die Silbe *Red* deutet auf den *Red*uktionsvorgang hin, die Silbe *Ox* auf den *Ox*idationsvorgang. In einer Redoxreaktion laufen Oxidation und Reduktion also gleichzeitig ab.

Reduktion (CuO → Cu)

$2\ CuO\ (s) + C\ (s) \longrightarrow 2\ Cu\ (s) + CO_2\ (g)$; exotherm

Kupferoxid — Kohlenstoff — Kupfer — Kohlenstoffdioxid

Oxidation (C → CO_2)

Theorie

Die Redoxreaktion im Modell

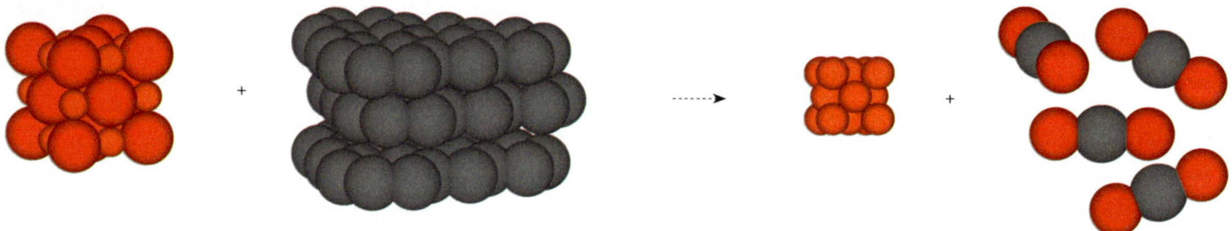

Kupferoxid + Kohlenstoff ⟶ Kupfer + Kohlenstoffdioxid

Kupferoxid besteht aus Kupfer-Atomen und Sauerstoff-Atomen. Kohlenstoff ist nur aus Kohlenstoff-Atomen aufgebaut. Bei der Reaktion zwischen Kupferoxid und Kohlenstoff werden Kupfer-Atome und Sauerstoff-Atome getrennt. Die Sauerstoff-Atome verbinden sich mit den Kohlenstoff-Atomen zu Kohlenstoffdioxid-Molekülen.

Reduktion von Eisenoxid durch Aluminium: a) Laborversuch, b) Verschweißen von Eisenbahnschienen

Oxidationsmittel und Reduktionsmittel. Kupferoxid reagiert mit Eisen in einer Redoxreaktion zu Kupfer und Eisenoxid. Dabei gibt Kupferoxid Sauerstoff ab, es wird zu Kupfer reduziert. Eisen nimmt Sauerstoff auf, es wird zu Eisenoxid oxidiert.
Stoffe wie Kupferoxid, die Sauerstoff an andere Stoffe abgeben, werden allgemein als *Oxidationsmittel* bezeichnet. Stoffe wie Eisen, die anderen Stoffen den Sauerstoff entreißen, bezeichnet man als *Reduktionsmittel.*

$$3\,CuO\,(s) + 2\,Fe\,(s) \longrightarrow 3\,Cu\,(s) + Fe_2O_3\,(s);\ \text{exotherm}$$

Kupferoxid Eisen Kupfer Eisenoxid

Oxidations-mittel **Reduktions-mittel**

Bei einer Redoxreaktion wird der Sauerstoff von einem Oxidationsmittel auf ein Reduktionsmittel übertragen. Das Oxidationsmittel wird dabei reduziert, das Reduktionsmittel wird oxidiert.

Wer reduziert wen? Eisen reduziert Kupferoxid. Umgekehrt kann Kupfer jedoch Eisenoxid nicht reduzieren. Man sagt, Eisen ist ein stärkeres Reduktionsmittel als Kupfer. Die Reduktion von Eisenoxid gelingt dagegen mit Aluminium. Aluminium ist also ein stärkeres Reduktionsmittel als Eisen. Ein Vergleich zwischen verschiedenen Metallen ergibt eine Rangfolge der Reduktionswirkung.
Man spricht dabei allgemein von der **Redoxreihe der Metalle:**

Mg	**Al**	**Zn**	**Fe**	**Pb**	**Cu**	**Ag**	**Hg**	**Au**
unedle			Metalle		edle			Metalle

stark Reduktionswirkung schwach

In der Redoxreihe stehen links starke Reduktionsmittel. Dazu gehören Magnesium, Aluminium und Eisen. Diese Metalle liefern bei der Umsetzung mit Sauerstoff viel Energie, sie werden leicht oxidiert. Solche Metalle bezeichnet man als **unedle Metalle.** Im Gegensatz dazu haben Silber, Gold und Platin praktisch keine Reduktionswirkung. Diese Metalle, die rechts in der Redoxreihe stehen, sind als **Edelmetalle** bekannt. Sie werden an der Luft nicht oxidiert.

Thermit-Verfahren. In der Technik nutzt man die Redoxreaktion von Aluminium mit Eisenoxid zum Verschweißen von Schienen. Hierzu füllt man das *Thermit-Gemisch,* eine Mischung aus Aluminiumgrieß und Eisenoxid, in ein feuerfestes Gefäß und zündet es mithilfe eines Zündstabes. In einer stark exothermen Reaktion bilden sich flüssiges Eisen und Aluminiumoxid. Aufgrund der höheren Dichte sinkt das Eisen in der Schmelze nach unten. Es fließt aus einem Loch im Boden in den Spalt zwischen den Schienen und verschweißt sie.

Eine chemische Reaktion, bei der einem Oxid Sauerstoff entzogen wird, nennt man Reduktion. In Redoxreaktionen laufen Oxidation und Reduktion gleichzeitig ab. Nach der Stärke ihres Reduktionsvermögens ordnet man die Metalle in der Redoxreihe.

1 Nenne einige unedle und einige edle Metalle.
2 Zink reagiert mit Silberoxid (Ag_2O).
a) Stelle die Reaktionsgleichung auf.
b) Ordne die Begriffe Oxidation, Reduktion, Oxidationsmittel und Reduktionsmittel zu.
3 Um Zinkoxid zu Zink zu reduzieren, stehen die Metalle Magnesium und Eisen zur Verfügung. Welches Metall ist geeignet? Begründe deine Antwort.

Praktikum

Metalloxide

V1: Reduktion von Kupferoxid mit Holzkohle

Materialien: 2 Bechergläser (50 ml), durchbohrter Stopfen mit Gasableitungsrohr, Gasbrenner, Waage;
schwarzes Kupferoxid, Holzkohlepulver, Kalkwasser

Durchführung:

1. Vermische im Becherglas 2 g schwarzes Kupferoxid gründlich mit 0,2 g Holzkohlepulver und fülle das Gemisch in ein Reagenzglas.
2. Befestige das Reagenzglas schräg an einem Stativ und setze den Stopfen mit Gasableitungsrohr auf.
3. Gib vorsichtig etwas Kalkwasser in ein sauberes Becherglas.
4. Erhitze das Gemisch aus schwarzem Kupferoxid und Holzkohle am Reagenzglasboden mit rauschender Flamme, bis es hell aufglüht. Entferne dann sofort den Brenner.
5. Leite das entstehende Gas in das Kalkwasser ein.

Hinweis: Stelle das Becherglas nach beendeter Reaktion sofort zur Seite.

Aufgaben:

a) Notiere deine Beobachtungen.
b) Stelle das Reaktionsschema und die Reaktionsgleichung für die Reaktion zwischen Kupferoxid und Holzkohle auf.
c) Erläutere das Reaktionsverhalten des Kalkwassers.

V2: Reduktion von Kupferoxid durch Eisen

Materialien: Gasbrenner; Becherglas (50 ml), Luftballon Waage;
schwarzes Kupferoxid, Eisenpulver (Ferrum reductum; F)

Durchführung:

1. Vermische in dem Becherglas 1,6 g schwarzes Kupferoxid gründlich mit 0,8 g Eisenpulver und fülle das Gemisch in ein Reagenzglas.
2. Verschließe das Reagenzglas mit dem Luftballon und befestige es an einem Stativ.
3. Erhitze das Gemisch aus Kupferoxid und Eisenpulver am Reagenzglasboden mit rauschender Flamme, bis es hell aufglüht. Entferne dann sofort den Brenner.
4. Erhitze etwas schwarzes Kupferoxid in einem Reagenzglas. Führe anschließend die Glimmspanprobe durch.

Aufgaben:

a) Notiere deine Beobachtungen.
b) Werte deine Beobachtungen bei der Reaktion von Kupferoxid mit Eisenpulver aus. Gib an, welcher Stoff als Oxidationsmittel und welcher als Reduktionsmittel reagiert.
c) Stelle Reaktionsschema und Reaktionsgleichung für diese Reaktion auf und kennzeichne den Oxidations- und Reduktionsvorgang.
d) Der Luftballon wurde nicht aus Sicherheitsgründen verwendet. Erläutere, welche zusätzlichen Aussagen sich aus der Verwendung des Luftballons und aus dem Ergebnis des Schrittes 4 ergeben.

V3: Entwicklung der Redoxreihe

Materialien: Gasbrenner;
rotes Eisenoxid, schwarzes Kupferoxid, Zinkoxid, Magnesiumoxid, Eisenpulver, Kupferpulver, Zinkpulver (F), Magnesiumpulver (F).

Durchführung:

1. Legt in der Klasse fest, welche Reaktionen durchgeführt werden sollen. Bildet Gruppen und verteilt die Versuche.
2. Füllt jeweils *eine* Spatelspitze eines Metalloxids in ein trockenes Reagenzglas und gebt *eine* Spatelspitze eines Metallpulvers hinzu.
3. Schüttelt das Reagenzglas, um die Stoffe zu vermischen.
4. Befestigt das Reagenzglas an einem Stativ und erwärmt das Gemisch vorsichtig mit der nicht leuchtenden Brennerflamme.

Hinweis: Die Mengenangaben sind unbedingt einzuhalten.

Aufgaben:

a) Übernehmt die Tabelle in euer Heft und tragt eure Ergebnisse ein.

	Mg	Zn	Fe	Cu
MgO				
ZnO				
Fe_2O_3				
CuO				

b) Ergänzt in der Tabelle die Ergebnisse der anderen Gruppen. Stellt die Reaktionsgleichungen für die beobachteten Reaktionen auf.
c) Ordnet die Metalle nach ihrer Reduktionswirkung.

Energieumsatz bei Redoxreaktionen

Exkurs

Verbrennung von Magnesiumpulver

Die meisten Metalle bilden Oxide in einer exothermen Reaktion, wenn man sie in Gegenwart von Sauerstoff erhitzt. Nur Edelmetalle wie Silber, Gold oder Platin bleiben unverändert.

Oxidation. Der Reaktionsverlauf bei der Oxidation von Metallen lässt sich vergleichen, wenn man Metallpulver gleicher Feinheit in die nicht leuchtende Brennerflamme bläst. Magnesiumpulver verbrennt blitzartig, und auch Eisenpulver gibt eine helle Flamme; mit Kupferpulver ist der Effekt wesentlich schwächer. Offensichtlich verläuft die Oxidation von Magnesium und Eisen stark exotherm. Im Fall von Kupfer ist dagegen nicht eindeutig zu erkennen, ob die Reaktion schwach exotherm oder endotherm abläuft.
Klare Aussagen ergeben sich aus wissenschaftlichen Experimenten, in denen der Energieumsatz bei der Bildung von Metalloxiden genau gemessen wurde.
Da sich die Massen der verschiedenen Metallatome stark unterscheiden, geht man für den Vergleich von Werten aus, die sich auf jeweils 1 g gebundenen Sauerstoff beziehen. So wird bei der Oxidation von Magnesium eine Wärmemenge von 38 kJ frei, bei der Oxidation von Kupfer sind es nur 10 kJ.

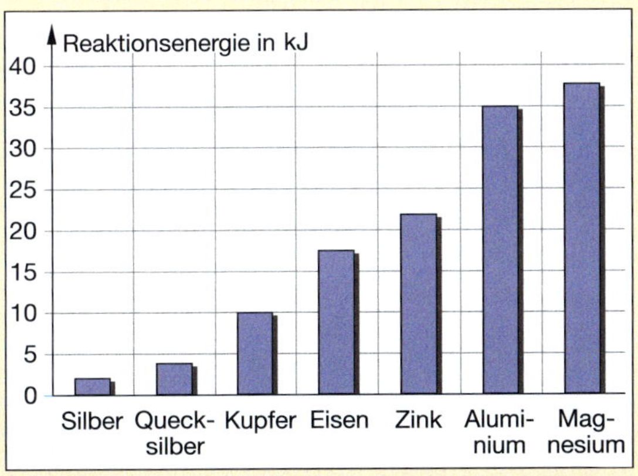

Energieabgabe bei der Oxidation verschiedener Metalle

Die Abstufung der Energie entspricht der Stellung der Metalle in der *Redoxreihe*: Je weiter links ein Metall in der Redoxreihe steht, desto mehr Energie wird bei der Oxidation frei.

Reduktion. Da die Bildung eines Oxids exotherm verläuft, wird bei der Reaktion Energie an die Umgebung abgegeben; das Oxid hat somit einen geringeren Energieinhalt als die Ausgangsstoffe. Soll ein Oxid wieder in die Elemente zerlegt werden, muss dementsprechend Energie zugeführt werden.
Bei Silberoxid oder Quecksilberoxid erreicht man eine Zerlegung des Oxids bereits durch Erhitzen mit der Brennerflamme. Die Oxide der übrigen Metalle lassen sich aber nur dann reduzieren, wenn man einen geeigneten Reaktionspartner ins Spiel bringt.

Ein Beispiel ist die exotherm verlaufende Reduktion von Kupferoxid mithilfe von Eisen. Wie viel Energie bei der Reaktion frei wird, ergibt sich aus dem Vergleich der Energien, die bei der Bildung der Oxide aus den Elementen frei werden. Pro Gramm gebundenen Sauerstoff werden bei der Oxidation von Kupfer 10 kJ frei. Genau diesen Energiebetrag müsste man wieder zuführen, um das gebildete Kupferoxid in die Elemente zu zerlegen. Die bei der Bildung von Eisenoxid aus den Elementen frei werdende Wärmemenge ist mit 17 kJ erheblich größer. Der überschüssige Betrag von 7 kJ wird bei der Redoxreaktion von Kupferoxid mit Eisen als Reaktionswärme an die Umgebung abgegeben.

Ob eine Redoxreaktion möglich ist oder nicht, lässt sich mithilfe von *Energiediagrammen* deutlich machen: Damit ein Metall als Reduktionsmittel wirken kann, muss bei der Oxidation mehr Energie frei werden, als bei der Bildung des zu reduzierenden Oxids an die Umgebung abgegeben wurde.

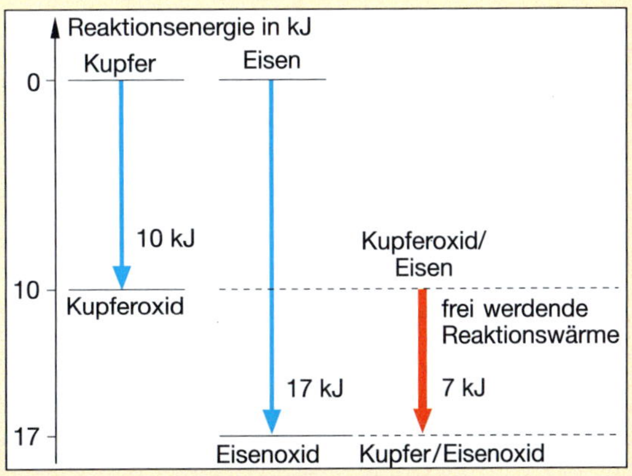

Energiediagramm für eine Redoxreaktion

6.4 Gewinnung von Metallen

Kupfer kommt in der Natur nur selten als Element vor. Meist ist es an Sauerstoff oder Schwefel gebunden. Solche natürlich vorkommenden Verbindungen bezeichnet man als **Mineralien.** Mineralien, die für die Gewinnung von Metallen eingesetzt werden, nennt man *Erze*. Ein bekanntes Kupfererz ist Kupferkies, eine Verbindung aus Kupfer, Eisen und Schwefel.

Gewinnung von Kupfer. Um aus Kupfererzen das Metall zu gewinnen, muss es von seinen Bindungspartnern Sauerstoff beziehungsweise Schwefel getrennt werden. Oxidische Kupfererze werden bei hohen Temperaturen mit Kohlenstoff reduziert. In einer exothermen Reaktion entstehen metallisches Kupfer und Kohlenstoffdioxid, das als Gas entweicht. Sulfidische Kupfererze müssen zuerst an der Luft erhitzt werden, man sagt, sie werden „geröstet". Dabei bilden sich Schwefeldioxid und Kupferoxid, das dann zum Metall reduziert wird.

Die Reduktion von Erzen mit Kohlenstoff war bereits im Altertum bekannt. Man füllte das Erz zusammen mit Holzkohle in Erdmulden. Um die erforderliche Reaktionstemperatur zu erreichen, wurde die Holzkohle entzündet. Dann blies man mithilfe von Blasebälgen Luft in das Gemisch.

Bronze. Kupfer ist ein verhältnismäßig weiches Metall; es nutzt sich als Werkstoff schnell ab. Deshalb verwendete man sehr bald einen wesentlich härteren Werkstoff für Waffen und Werkzeuge: die Bronze. Diese Legierung (lat. *ligare:* verbinden) besteht aus 90 % Kupfer und 10 % Zinn. Die Technik der Gewinnung und Verarbeitung von Metallen hatte vor vier Jahrtausenden im alten Ägypten einen hohen technologischen Stand erreicht. Das beweisen bis heute erhaltene Bronzegüsse aus Gräbern.

Eisen. Die frühesten Funde von eisernen Gebrauchsgegenständen stammen ebenfalls aus Ägypten. Sie gehen auf das 4. Jahrtausend vor unserer Zeitrechnung zurück, also in eine Zeit, die noch weit vor der Bronzezeit liegt. Diese Fundstücke bestehen aus *Meteoreisen,* einem Material, das im wahrsten Sinne vom Himmel fällt. Die Ägypter haben das Material wahrscheinlich einfach eingesammelt und daraus Eisenperlen für Schmuck hergestellt.

Erst als es gelang, in *Schachtöfen* sehr hohe Temperaturen zu erzeugen, konnte man Eisen aus Eisenerzen durch Reduktion mit Holzkohle gewinnen. Nachweislich wurden südlich des Kaukasus schon 1500 v. Chr. größere Mengen an Eisen hergestellt. Das neue Metall machte Karriere, denn es war dem Kupfer und der Bronze in vielen Eigenschaften überlegen. Auch in unserer Zeit wird Eisen in *Hochöfen* aus Eisenerzen durch Reduktion mit Kohlenstoff gewonnen. Die *Eisenzeit* ist also noch längst nicht zu Ende.

Wichtige Gebrauchsmetalle werden aus Metalloxiden gewonnen. Sulfidische Erze werden zunächst in Oxide überführt und dann mit Kohlenstoff zum Metall reduziert.

1 Erkläre die Begriffe Erz und Mineral.
2 Beschreibe die Gewinnung von Kupfer.
3 Aus Zinkoxid kann Zink hergestellt werden. Als Reaktionspartner verwendet man Kohlenstoff.
a) Stelle das Reaktionsschema und die Reaktionsgleichung auf.
b) Welche Funktion hat der Kohlenstoff bei der Reaktion?
c) Nenne zwei Metalle, die anstelle von Kohlenstoff eingesetzt werden könnten.
4 Welche Vorgänge sind in der Abbildung dargestellt?

Metallverarbeitung: Bronzeguss im alten Ägypten (1450 v. Chr.)

Aus der Geschichte der Metalle

Der Goldschatz von Eberswalde

Immer wieder stoßen Archäologen bei ihren Ausgrabungen auf kunstvoll bearbeitete Metallgegenstände. Großes Aufsehen erregen vor allem Schatzfunde mit Edelmetallen. Ein berühmtes Beispiel aus Deutschland ist der Goldschatz von Eberswalde in Brandenburg: 1913 entdeckte man dort ein Tongefäß im Boden, das mit Goldschalen und Goldschmuck gefüllt war. Man geht heute davon aus, dass dieser Schatz im 9. Jahrhundert v. Chr. zum Besitz eines bronzezeitlichen Herrschers gehörte – schon immer bedeutete Gold auch Reichtum und Macht.

Metallfunde geben vielfach auch Hinweise auf Handelswege in vorgeschichtlicher Zeit. Ein typischer Fall ist der 4500 Jahre alte Goldschmuck aus den Königsgräbern von Ur im heutigen Irak. Wie man bei einer genaueren Untersuchung im Jahre 1973 herausfand, weist dieses Gold eine sehr ungewöhnliche Verunreinigung auf: Platin-Iridium Flitter, die sich manchmal schon mit der Lupe erkennen lassen.
Gold mit solchen Einschlüssen ist aber nur im Sand eines Flusses im Westen Kleinasiens gefunden worden, 2000 km entfernt. In dieser Region wurden um 650 v. Chr. die ersten Goldmünzen geprägt: Sie enthalten genau die gleichen Einschlüsse wie der viel ältere Goldschmuck aus Ur.

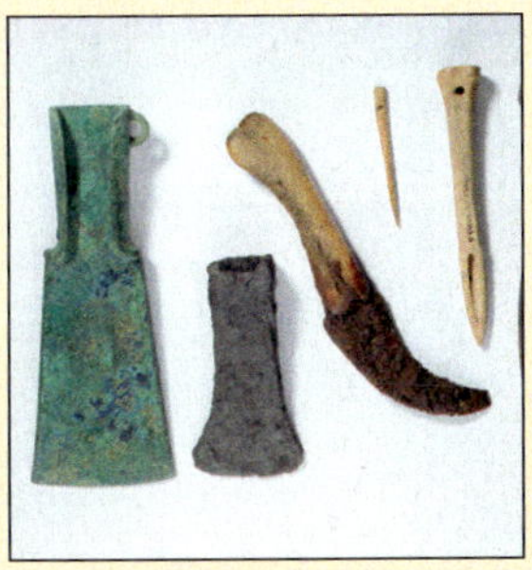

Neben den Edelmetallen Gold und Silber kannte man in der Antike nur fünf weitere Metalle: Kupfer, Zinn, Blei, Quecksilber und Eisen. Die größte praktische Bedeutung hat-te über lange Zeit die Bronze, eine Legierung aus Kupfer und Zinn.

In römischer Zeit wurden aber neben Waffen auch große Kessel, Wagenbeschläge und Pferdegeschirr überwiegend aus Eisen hergestellt.
Im Mittelalter entwickelten sich einige wichtige Zentren des Erzabbaus und der Metallgewinnung im deutschsprachigen Raum. Im Harz (Goslar), im Erzgebirge (Freiberg) und in Tirol (Schwaz) spielte neben Blei und Kupfer vor allem Silber eine wichtige Rolle.
Auf die besondere Bedeutung des Bleis für die kulturelle Entwicklung der Neuzeit weist der Göttinger Physiker und Schriftsteller Johann Christoph LICHTENBERG um 1780 mit den folgenden Worten hin:
„Mehr als das Gold hat das Blei die Welt verändert, und mehr als das Blei in der Flinte das Blei im Setzkasten."
Johannes GUTENBERGs Erfindung des Buchdrucks um 1450 nutzte eine wichtige Eigenschaft des Bleis. Aufgrund der niedrigen Schmelztemperatur kann es leicht in Formen gegossen werden. Für den Druck mit beweglichen Lettern verwendete man Metallstäbchen, die an einem Ende jeweils einen Buchstaben erhöht wiedergeben. Reines Blei ist für den Buchdruck allerdings zu weich; man arbeitete deshalb mit einer Legierung, die neben Blei auch Antimon, Bismut und Zinn enthält.

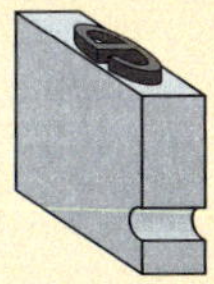

Der Text wurde zeilenweise aus einzelnen Lettern aufgebaut und mit Abstandhaltern zu einer Seite zusammengesetzt. Mithilfe von schwarzer Druckfarbe konnte er dann von den Bleilettern auf das Papier übertragen werden. Dieses Verfahren war bis etwa 1960 die Grundlage für den Druck von Büchern, Zeitungen und Zeitschriften.

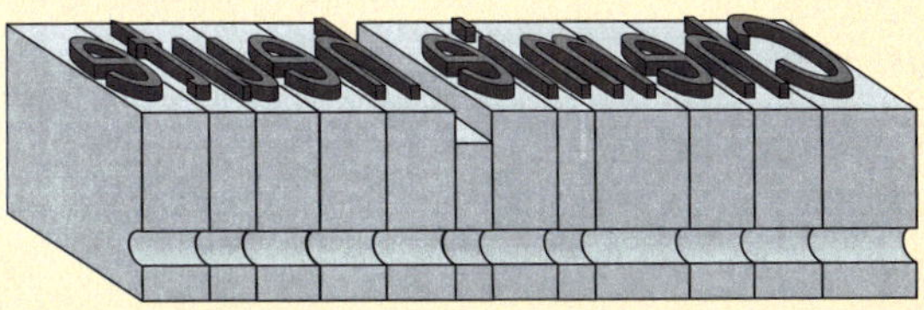

Metalle heute. Die meisten der insgesamt etwa 70 metallischen Elemente wurden erst im Verlauf des 19. Jahrhunderts entdeckt. Das hat einen ganz einfachen Grund: Die aus den Erzen erhaltenen Oxide lassen sich nur mit großem Geschick zum Metall reduzieren. In vielen Fällen dauerte es nach der Entdeckung noch viele Jahrzehnte, bis das Metall schließlich auch als Werkstoff genutzt werden konnte.
Um 1900 wurden bereits Aluminium und Nickel in größeren Mengen hergestellt, nach dem 1. Weltkrieg auch Chrom, Cobalt, Wolfram und Vanadium. Inzwischen werden zahlreiche weitere Metalle technisch angewendet. Bekannte Beispiele sind Magnesium und Titan, zu den weniger bekannten gehören Zirconium, Niob und Neodym.

6.5 Vom Eisenerz zum Roheisen

Die wichtigsten Eisenerze sind **Magneteisenstein** (Magnetit, Fe_3O_4) und **Roteisenstein** (Hämatit, Fe_2O_3). Sie enthalten bis zu 70 % Eisen. Weitere Bestandteile sind Verbindungen von Mangan, Schwefel und Phosphor. Außerdem enthalten Erze mehr oder weniger „taubes" Gestein, die *Gangart*.

Eisenerze werden im **Hochofen** zu Roheisen verarbeitet. Als Reduktionsmittel benutzt man *Koks*, dabei handelt es sich um Kohlenstoff.
Zusätzlich werden *Kalkstein* und andere Zuschläge eingesetzt. Aus den Zuschlägen und der Gangart bildet sich eine leicht abtrennbare Schlacke. Daraus werden Mauersteine für die Bauindustrie und Hochofenzement hergestellt.

Aufbau eines Hochofens. Moderne Hochöfen sind bis zu 40 Meter hoch und haben einen Durchmesser von etwa 10 Metern. Die Wände bestehen aus dickem, hitzebeständigem Mauerwerk, das von einem Stahlmantel umgeben ist. Im Hochofen herrschen Temperaturen von bis 1800 °C. Ständig fließen große Kühlwassermengen durch die äußeren Wandungen, um Wärme abzuführen. Ein Hochofen benötigt rund 100 000 m^3 Kühlwasser täglich, das entspricht dem Wasserbedarf einer Großstadt mit etwa 350 000 Einwohnern.

Arbeitsweise des Hochofens. Der Hochofen wird von oben mit einem Gemisch aus Eisenerz, Zuschlägen und Koks gefüllt („beschickt"). Im unteren Teil wird Heißluft mit hohem Druck eingeblasen. Dort verbrennt der Koks mit dem Luftsauerstoff. Die Temperatur nimmt von unten nach oben ab, denn die Verbrennungsgase geben einen Teil ihrer Energie an die Feststoffe ab. In mittlerer Höhe des Hochofens wird das Eisenoxid zu Roheisen reduziert. Die Gase verlassen den Hochofen am oberen Abschluss, der **Gicht.** Dieses Gichtgas besitzt noch eine Temperatur von rund 200 °C.
Im unteren Teil des Hochofens sammeln sich Schlacke und Roheisen getrennt an. Da die Dichte der Schlacke geringer ist als die des Roheisens, schwimmt die Schlacke auf dem Roheisen. Dadurch können beide Stoffe einzeln entnommen werden.

Winderhitzer. Das Gichtgas strömt in einen Winderhitzer. Dort werden die im Gichtgas enthaltenen brennbaren Bestandteile verbrannt. Die frei werdende Energie wird von feuerfesten Steinen aufgenommen und gespeichert. Anschließend wird frische Kaltluft („Wind") eingeblasen und durch die glühenden Steine auf 1000–1300 °C erwärmt. Die Heißluft wird durch mehrere Düsen in den unteren Teil des Hochofens geleitet.

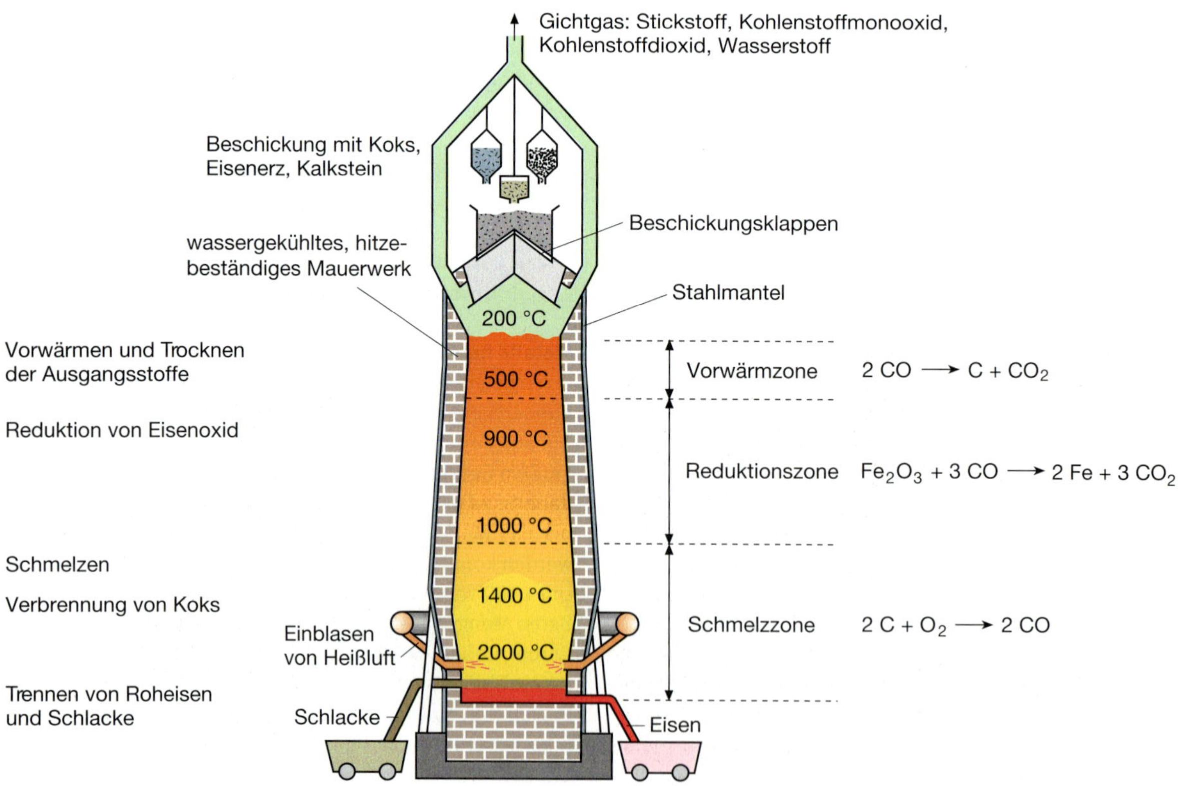

Redoxreaktionen im Hochofen. Nachdem die Ausgangsstoffe vorgewärmt wurden, laufen in der **Reduktionszone** in der Mitte des Hochofens die wesentlichen chemischen Reaktionen ab: Bei etwa 900 °C entsteht aus Eisenoxid Eisen. Das eigentliche Reduktionsmittel ist dabei Kohlenstoffmonooxid. Es bildet sich bei der Verbrennung von Koks:

$$2\,C\,(s) + O_2\,(g) \longrightarrow 2\,CO\,(g);\ \text{exotherm}$$

Kohlenstoff | Sauerstoff | Kohlenstoffmonooxid

$$Fe_2O_3\,(s) + 3\,CO\,(g) \longrightarrow 2\,Fe\,(s) + 3\,CO_2\,(g);\ \text{exotherm}$$

Eisenoxid | Kohlenstoffmonooxid | Eisen | Kohlenstoffdioxid

Ein Teil des Kohlenstoffmonooxids zerfällt zu Kohlenstoff und Kohlenstoffdioxid:

$$2\,CO\,(g) \longrightarrow C\,(s) + CO_2\,(g);\ \text{exotherm}$$

Kohlenstoffmonooxid | Kohlenstoff | Kohlenstoffdioxid

Im unteren Teil des Hochofens löst sich in dem Eisen ein Teil des Kohlenstoffs und eine geringe Menge anderer Elemente. Das entstehende Gemisch wird als *Roheisen* bezeichnet. Während reines Eisen erst bei 1535 °C schmilzt, wird Roheisen bereits bei Temperaturen ab 1200 °C flüssig. In der Schmelzzone tropft es durch die glühenden Koksstücke und sammelt sich unter der flüssigen Schlacke. Diese schützt das Eisen vor erneuter Oxidation.

Etwa alle vier Stunden wird das flüssige Roheisen abgestochen. Die Schlacke fließt dagegen dauernd ab. Ein Hochofen bleibt etwa zehn Jahre ununterbrochen in Betrieb. Er erzeugt bis zu 10 000 t Roheisen täglich. Dazu werden 20 000 t Eisenerz, 5000 t Koks, 3000 t Kalkstein und 15 000 t Heißwind benötigt. Dabei fallen 3000 t Schlacke und 30 000 t Gichtgas und Staub an. Um das fertige Roheisen und die Schlacke abzutransportieren, werden täglich mehr als 2000 Eisenbahnwagen benötigt.

Weltweit werden jährlich etwa 560 Millionen Tonnen Roheisen erzeugt. Dafür sind mehr als 200 Hochöfen ständig in Betrieb.

Roheisen wird durch Reduktion von oxidischen Eisenerzen in Hochöfen gewonnen. Als Reduktionsmittel wirkt dabei Kohlenstoffmonooxid, das bei der Verbrennung von Koks entsteht.

1 Nenne das eigentliche Reduktionsmittel im Hochofen und gib an, wie es entsteht.
2 Schlacke, die auf dem Roheisen schwimmt, schützt das Eisen vor erneuter Oxidation. Erläutere diesen Zusammenhang.
3 Stelle die Reaktionsgleichung für die Reduktion von Magneteisenstein (Fe_3O_4) durch Kohlenstoffmonooxid auf.
4 Gereinigtes Gichtgas besteht zu etwa 21 % aus Kohlenstoffmonooxid, zu 23 % aus Kohlenstoffdioxid, zu 4 % aus Wasserstoff und zu 52 % aus Stickstoff. Nenne die Bestandteile des Gichtgases, die im Winderhitzer verbrannt werden. Stelle die Reaktionsgleichungen auf.
5 Im Hochofen laufen physikalische Vorgänge und chemische Reaktionen nebeneinander ab. Nenne je drei Beispiele.
6 Obwohl ständig von unten Heißluft in den Hochofen eingeblasen wird, bleibt das Temperaturgefälle von unten nach oben konstant. Begründe.
7 In Bezug auf die Bewegung der Stoffe im Hochofen spricht man vom *Gegenstromprinzip*. Erkläre, welche Vorteile mit der Anwendung dieses Prinzips verbunden sind.
8 Schlage im Atlas nach, an welchen Standorten in Deutschland Eisenhütten in Betrieb sind. Ermittle, welche Standortfaktoren heute ausschlaggebend sind.

Entnahme einer Roheisenprobe

Hochofenanlage in einem Hüttenwerk

Exkurs

Vom Roheisen zum Stahl

Roheisen besteht nur zu etwa 90 % aus Eisen. Ein Anteil von bis zu 5 % Kohlenstoff und weitere Begleitstoffe wie Mangan, Silicium, Phosphor und Schwefel machen das Roheisen hart und brüchig. Versucht man es mit dem Hammer zu bearbeiten, so zerspringt es. Roheisen lässt sich weder schmieden noch schweißen, darum eignet es sich nur begrenzt als Werkstoff. Man stellt daraus beispielsweise Abwasserrohre und Heizungsradiatoren her. Etwa 90 % des erzeugten Roheisens werden jedoch zu Stahl verarbeitet.

Stahl. Unter Stahl versteht man eine Eisen-Legierung, die weniger als 2,1 % Kohlenstoff und nur noch sehr geringe Anteile an Mangan, Silicium, Phosphor und Schwefel enthält. Bei der Stahlerzeugung werden die im Roheisen enthaltenen unerwünschten Stoffe durch Sauerstoff oxidiert. Man bezeichnet diesen Vorgang als *Frischen*. Dieser Prozess wird in einem schwenkbaren, feuerfesten, birnenförmigen Tiegel, dem *Konverter*, durchgeführt (lat. *convertere:* umwandeln).

Bei dem heute üblichen **Sauerstoffaufblas-Verfahren** wird reiner Sauerstoff unter hohem Druck durch ein wassergekühltes Rohr auf eine Schmelze aus Roheisen und bis zu 30 % Eisen-Schrott geblasen. Sobald der Sauerstoff auf das Roheisen trifft, kocht und brodelt die sich erhitzende Schmelze. Unter ohrenbetäubendem Lärm sprüht ein Funkenregen aus der Tiegelöffnung. Es handelt sich hauptsächlich um Schlacke, in der ein Teil der Verbrennungsprodukte durch Kalksteinzusätze gebunden ist. Der Rest der Verbrennungsprodukte entweicht als gasförmiges Oxid. Nach etwa 20 Minuten ist der Frischvorgang beendet. Der Konverter wird geschwenkt und der fertige Stahl fließt in eine *Gießpfanne*. Von dort wird er zur Weiterverarbeitung in ein Walzwerk transportiert.

Stahlsorten. In der Technik unterscheidet man sehr viele verschiedene Stahlsorten, die sich in zwei große Gruppen einteilen lassen, die *unlegierten Stähle (Werkzeugstahl)* und die *Edelstähle*. In beiden Fällen handelt es sich um Eisen mit sehr geringem Kohlenstoffgehalt. Edelstähle enthalten zusätzlich Anteile anderer Metalle.

Werkzeugstahl. Nicht legierte Stahlsorten unterschiedlichen Kohlenstoffgehalts machen etwa 75 % des weltweit erzeugten Stahls aus.
Stahl mit weniger als 0,25 % Kohlenstoff ist leicht verformbar. Er lässt sich zu Drähten ausziehen oder zu dünnen Blechen walzen. Aus diesem Stahl fertigt man beispielsweise Spezialdrähte, Nägel, Konservendosen und Autokarosserien.
Stahl mit einem Kohlenstoffgehalt zwischen 0,25 % und 0,7 % ist weniger verformbar, dafür aber fester. Daraus stellt man Maschinenachsen, Eisenbahnschienen, Feilen, Zangen und Schraubendreher her. Noch härter ist Stahl mit einem Kohlenstoffgehalt von 0,7 % bis 1,5 %. Er wird für die Herstellung von Stahlfedern, Rasierklingen, Handsägen und Messern verwendet.

Edelstahl. Um die physikalischen und chemischen Eigenschaften von Stahl gezielt zu verbessern, werden der Stahlschmelze *Legierungsmetalle* wie Chrom, Nickel, Cobalt, Wolfram, Molybdän, Mangan, Vanadium oder Titan zugesetzt. Man spricht auch von *Stahlveredlern*.

Vanadium erhöht die Elastizität und Mangan vermindert die Abnutzung von Stahlwerkzeugen. Stähle mit Molybdän und Wolfram sind sehr hitzebeständig. Chrom verbessert die Korrosionsbeständigkeit und die Härte. Zusammen mit Nickel verhindert es das Rosten (Nirosta). Dieser Stahl wird vor allem zur Herstellung von Spültischen und Küchengeräten verwendet.

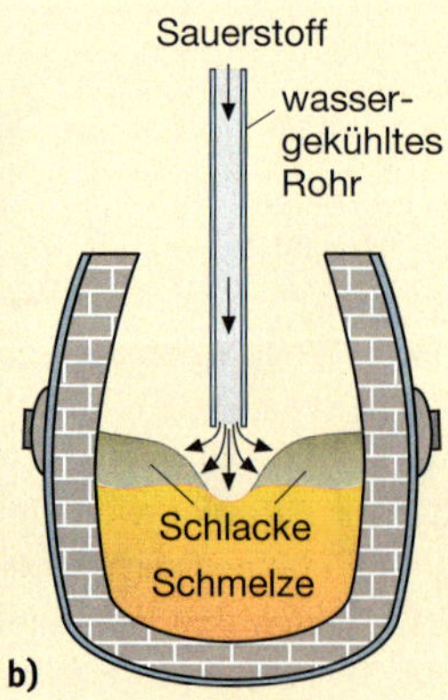

Konverter. a) Befüllung mit Roheisen, b) Schema

Walzwerk

Herstellung und Recycling von Blei

Exkurs

Blei ist ein leicht verformbares mattgraues Schwermetall. Neben Kupfer, Silber, Gold, Quecksilber, Zinn und Eisen gehört es zu den Metallen, die schon im Altertum bekannt waren. Archäologische Funde beweisen, dass in Vorderasien Blei schon vor 9000 Jahren zu Perlen verarbeitet wurde. Um 2500 v. Chr. nutzte man Blei auch in Indien und im ganzen Mittelmeerraum. Die Römer verwendeten Blei in großem Umfang, vor allem für den Bau von Wasserleitungen und zur Herstellung von Trinkbechern und Essgeschirr.

Im Mittelalter war Blei ein wichtiges Material für das Zusammenfügen farbiger Gläser zu Fenstern und zur Eindeckung von Kirchendächern. Noch heute werden Bleibleche eingesetzt, um Schornsteine und Gauben wasserdicht mit der Dacheindeckung zu verbinden.

Ein bedeutender Anwendungsbereich ist auch die Abschirmung gegen gefährliche Strahlung, beispielsweise beim Röntgen. Die größte wirtschaftliche Bedeutung haben Blei und Bleiverbindungen für die Herstellung von Autobatterien.

Bleistäube und lösliche Bleiverbindungen können zu schweren Vergiftungen führen. Für Trinkwasser ist deshalb mit 0,01 mg Blei pro Liter ein sehr niedriger Grenzwert festgelegt worden.

Die früher übliche Verwendung von farbigen Bleiverbindungen als Pigmenten in Anstrichfarben und Rostschutzfarben ist inzwischen weitgehend verboten. Gesundheitlich unbedenklich ist aber der Einsatz von Bleioxid zur Herstellung von Bleikristallgläsern.

Herstellung. Der Rohstoff für die Gewinnung von Blei ist ein sulfidisches Erz, der *Bleiglanz* (PbS). Bei dem in der Technik angewendeten *Röstreduktionsverfahren* lassen sich zwei Arbeitsschritte unterscheiden:

- Das fein gemahlene Erz wird zunächst in einem Röstofen erhitzt. Bleisulfid reagiert dabei mit Sauerstoff aus der Luft zu Bleioxid und Schwefeldioxid; diese Reaktion bezeichnet man als *Röstreaktion:*

  $2\,PbS\,(s) + 3\,O_2\,(g) \longrightarrow 2\,PbO\,(s) + 2\,SO_2\,(g)$

- Im zweiten Schritt erfolgt die *Reduktion.* Dazu wird das gebildete Bleioxid zusammen mit Koks und Kalkstein als Zuschlagstoff in einem Schachtofen erhitzt. Gleichzeitig bläst man durch mehrere Düsen Luft in den Ofen. Wie beim Hochofen wirkt auch hier nicht der Kohlenstoff selbst als Reduktionsmittel, sondern das bei der Verbrennung von Koks entstehende Kohlenstoffmonooxid:

  $PbO\,(s) + CO\,(g) \longrightarrow Pb\,(l) + CO_2\,(g)$

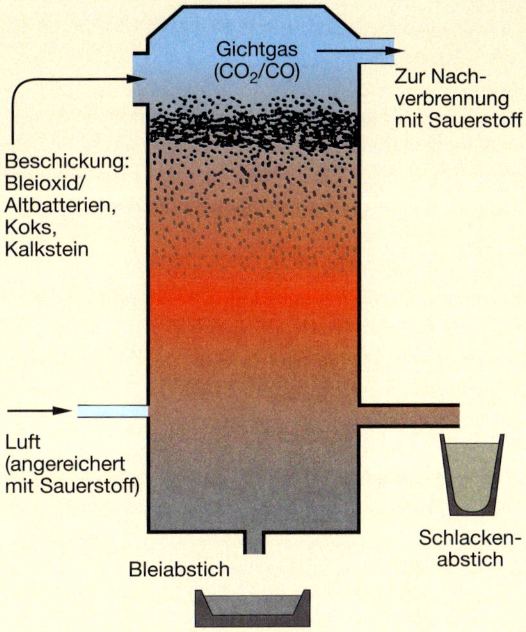

Gewinnung von Blei im Schachtofen

Beim Abstich fließt das Blei in Formen und erstarrt dort. Dieses Rohblei wird in mehreren Verfahrensschritten weiter gereinigt. Als wertvolles Nebenprodukt gewinnt man dabei auch Silber. Insgesamt werden in Deutschland jährlich etwa 350 000 Tonnen Blei verarbeitet. Über die Hälfte davon ist sogenanntes *Sekundärblei,* also Blei, das aus Altmaterial zurückgewonnen wurde.

Recycling von Bleibatterien. Die Batterieverordnung von 1998 verpflichtet die Hersteller und den Handel, Batterien und Akkus zurückzunehmen. Die Verbraucher müssen im Gegenzug alle unbrauchbar gewordenen Batterien beim Händler abgeben oder zu den kommunalen Sammelstellen bringen; die Rücknahme ist kostenlos. Über die Hersteller werden die Batterien dann Recycling-Betrieben zur Wiederverwertung übergeben.

Durch eine Pfandregelung hat man bei Autobatterien einen nahezu vollständigen Rücklauf erreicht. Über das Recycling kehren somit Blei und Bleiverbindungen zum größten Teil in den Produktionsprozess zurück:

Zunächst wird aus den Batterien die flüssige Säure entleert und für eine Weiterverwertung gesammelt. Die entleerten Batterien werden dann mit dem Kunststoffgehäuse in einem Schachtofen zusammen mit Koks und Kalkstein erhitzt. Ganz ähnlich wie bei der Gewinnung von Primärblei aus Bleierzen entsteht neben Blei auch eine schmelzflüssige Schlacke.

Chemie-Recherche

Location: http://www.schroedel.de/chemie_heute.html

Suche:

Legierungen: Eigenschaften auf Wunsch

Ergebnisse:

→ **Legierungen**
Reine Metalle sind für technische Anwendungen meist zu weich. Um Werkstoffe mit besseren Eigenschaften zu gewinnen, werden Metalle im geschmolzenen Zustand miteinander vermischt. Nach dem Abkühlen erhält man eine *Legierung.* Diese Gemische von Metallen haben oft günstigere Werkstoffeigenschaften als die reinen Metalle.

→ **Bronze**
Bronze ist eine Kupfer/Zinn-Legierung. Sie ist deutlich härter als Kupfer. In der Bronzezeit (2000 – 1000 v. Chr.) wurden Werkzeuge und Gebrauchsgegenstände aus dieser Legierung hergestellt. Noch heute bestehen viele Statuen, Denkmäler und Kirchenglocken aus Bronze.

→ **Messing**
Messing ist eine goldglänzende Legierung. Sie besteht zu 65 % aus Kupfer und zu 35 % aus Zink. Diese Legierung lässt sich leicht verarbeiten und ist vor allem gegen Witterungseinflüsse beständig. Aus Messing werden Blechblasinstrumente, Haltegriffe und Türklinken herstellt.

→ **Amalgam**
Quecksilber-Legierungen nennt man Amalgame. Das in der Zahnmedizin verwendete Amalgam enthält Quecksilber und Silber sowie geringe Mengen an Zinn, Kupfer und Zink. Beim Anmischen ist das Metallgemisch zunächst plastisch, danach härtet es aus. Amalgam ist ein noch immer oft verwendeter Werkstoff für Zahnfüllungen, wenngleich es inzwischen wegen möglicher Gesundheitsschäden umstritten ist.

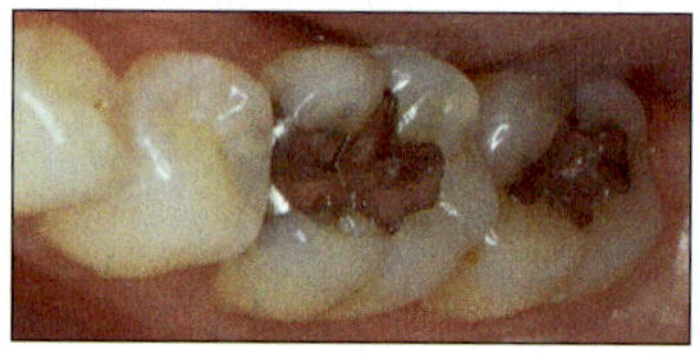

→ **Gold-Legierungen**
Zur Herstellung von Schmuck verwendet man kein reines Gold, sondern Gold-Legierungen. Schmuckstücke aus Gold sind mit einem Prägestempel gekennzeichnet. Die Zahl 585 bedeutet, dass ein Gramm der vorliegenden Legierung 585 mg Gold enthält. Der Rest besteht im Falle von Rotgold vor allem aus Kupfer. Dieses Material ist im Vergleich mit reinem Gold härter und nicht so leicht verformbar. Bei Weißgold wird statt Kupfer Nickel oder Silber als Legierungsmetall verwendet.
Auch die Bezeichnung Karat wird häufig genutzt, um den Goldanteil einer Legierung anzugeben. Reines Gold hat 24 Karat. 18-karätiger Goldschmuck besteht demnach zu 75 % aus Gold. Das gute Stück trägt dann die Prägung 750.

→ **Aluminium-Legierungen**
Alu-Sportfelgen und Alu-Fahrradrahmen bestehen aus einer Legierung aus Aluminium und geringen Mengen von Kupfer, Magnesium und Silicium. Dieses Material ist wesentlich härter als reines Aluminium.

→ **Titan-Legierungen**
Titanlegierungen zeichnen sich durch geringe Dichten, hohe Festigkeit und gute Korrosionsbeständigkeit aus. Sie werden in der Chemietechnik sowie in der Luftfahrt und in der Raumfahrt verwendet, daneben auch in der Medizin für künstliche Gelenke. Im Gegensatz zu Nickel sind bei Titan keine Kontaktallergien bekannt. Aus diesem Grund werden für Allergiker Brillenfassungen aus Titan angeboten. Die sogenannten Titan-Flex-Brillen dagegen sind weniger geeignet. Der Name steht hier für eine außergewöhnlich flexible Titanlegierung, die einen hohen Nickelanteil aufweist.

Vom Erz zum Metall

1. Oxidation und Reduktion

a) Oxidation ist eine chemische Reaktion, bei der sich ein Stoff mit Sauerstoff verbindet. Als Reaktionsprodukt entsteht dabei ein Oxid.

$2\,Cu + O_2 \longrightarrow 2\,CuO$; exotherm
Kupfer + Sauerstoff → Kupferoxid

b) Reduktion ist eine chemische Reaktion, bei der einem Oxid Sauerstoff entzogen wird. Sie ist die Umkehrung der Oxidation.

$2\,Ag_2O \longrightarrow 4\,Ag + O_2$; endotherm
Silberoxid → Silber + Sauerstoff

c) Bei einer **Redoxreaktion** laufen Oxidation und Reduktion gleichzeitig ab. **Oxidationsmittel** übertragen Sauerstoff auf andere Stoffe. Sie werden dabei reduziert. **Reduktionsmittel** entziehen einem Oxid den Sauerstoff. Sie werden oxidiert.

Oxidation (3 CO → 3 CO_2)

$Fe_2O_3 + 3\,CO \longrightarrow 2\,Fe + 3\,CO_2$
Oxidationsmittel + Reduktionsmittel → reduzierter Stoff + oxidierter Stoff

Reduktion (Fe_2O_3 → 2 Fe)

2. Redoxreihe der Metalle

Magnesium – Aluminium – Zink – Eisen – Blei – Kupfer – Silber – Quecksilber – Gold

Je weiter links die Metalle in der Redoxreihe stehen, desto unedler sind sie und desto größer ist ihre Reduktionswirkung.

Je weiter rechts die Metalle in der Redoxreihe stehen, desto edler sind sie. Ihre Oxide sind gute Oxidationsmittel, denn sie geben leicht Sauerstoff ab.

3. Legierungen

Legierungen sind metallische Werkstoffe, die durch Zusammenschmelzen mehrerer Metalle hergestellt werden. Sie besitzen günstigere Werkstoffeigenschaften als die reinen Metalle.

Legierung	Bestandteile
Bronze	Kupfer und Zinn
Messing	Kupfer und Zink
Stahl	Eisen und z. B. Chrom, Nickel
Amalgam	Quecksilber und z. B. Silber

4. Eisenerz – Roheisen – Stahl

Eisenerze sind Mineralien mit einem hohen Anteil oxidischer oder sulfidischer Eisen-Verbindungen.

Im Hochofen gewinnt man aus Eisenerz **Roheisen.** Als Reduktionsmittel dient dabei Kohlenstoffmonooxid, das bei der Verbrennung von Koks entsteht. Roheisen enthält bis zu 5 % Kohlenstoff und weitere Bestandteile.

Bei der Herstellung von **Stahl** werden Kohlenstoff und weitere Begleitstoffe durch Aufblasen von Sauerstoff auf die Roheisenschmelze zum großen Teil oxidiert und damit entfernt.

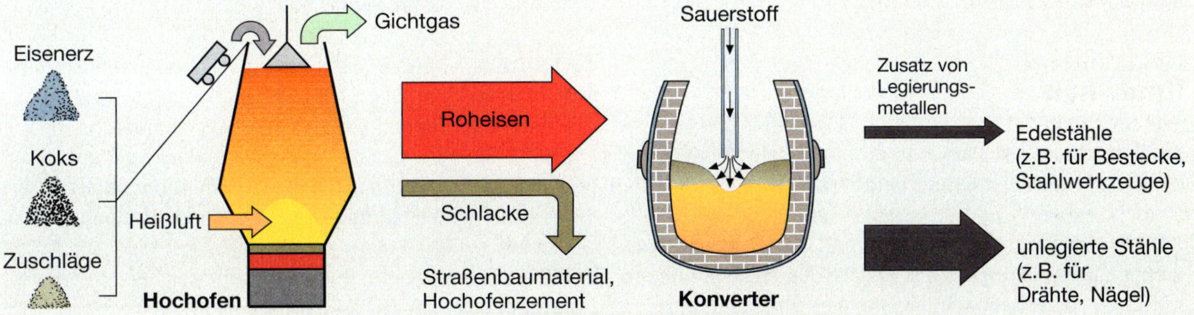

Prüfe dein Wissen

Quiz

A1 a) Erkläre die Begriffe des Fensters.
b) Notiere auf der Vorderseite von Karteikarten den Begriff, auf der Rückseite die Erklärung.

A2 Erhitzt man Bleioxid (PbO) auf Holzkohle, so bildet sich Blei.
a) Stelle die Reaktionsgleichung auf.
b) Erläutere an diesem Beispiel die Begriffe Oxidation, Reduktion und Redoxreaktion.
c) Welcher Stoff ist bei dieser Reaktion das Reduktionsmittel, welcher das Oxidationsmittel?

A3 Stelle für die beim Thermit-Verfahren ablaufende chemische Reaktion die Reaktionsgleichung auf. Das eingesetzte Eisenoxid hat die Formel Fe_3O_4, das entstehende Aluminiumoxid hat die Formel Al_2O_3.

A4 Quarzsand besteht aus Siliciumdioxid (SiO_2). Aluminium ist ein stärkeres Reduktionsmittel als Silicium. Leite aus diesen Hinweisen ein Verfahren zur Gewinnung von Silicium ab und stelle die Reaktionsgleichung auf.

A5 Erläutere an einigen Beispielen, wie man die Eigenschaften von Metallen gezielt verändern kann?

A6 Um Roheisen in Stahl umzuwandeln, bläst man Sauerstoff auf die Schmelze.
a) Nenne die Bestandteile des Roheisens, die dadurch entfernt werden, und stelle für die ablaufenden Oxidationen die Reaktionsgleichungen auf.
b) Erkläre, warum sich die Schmelze erhitzt, obwohl keine Wärme zugeführt wird?

A7 Erläutere, auf welche Weise sich Gold von Messing unterscheiden lässt.

A8 In einem Goldring ist die Zahl 333 eingraviert.
a) Erläutere die Bedeutung dieser Angabe?
b) Berechne, wie viel Gramm reines Gold dieser Ring enthält, wenn er 5 g wiegt.

Know-how

A9 Entwickle einen Plan, wie du die Metalle Aluminium, Zink, Blei und Kupfer unterscheiden kannst.

A10 Münzen von 1 Cent, 2 Cent und 5 Cent werden von einem Magneten angezogen. Erkläre den Zusammenhang zwischen dieser Beobachtung und der Farbe der Münze.

Die wichtigsten Begriffe

- Oxidation, Reduktion
- Oxidationsmittel, Reduktionsmittel
- Redoxreaktion
- unedles Metall, edles Metall
- Redoxreihe der Metalle
- Hochofen
- Roheisen
- Stahl
- Legierung

A11 Kaliumnitrat (KNO_3) wird in einem Reagenzglas so lange erhitzt, bis eine Schmelze entstanden ist, aus der Gasbläschen aufsteigen. Wirft man dann Aktivkohle in die Schmelze, so glüht sie auf und verbrennt. Erkläre diese Beobachtung.

A12 Quecksilberoxid (HgO) wird durch Wärmezufuhr in Quecksilber und Sauerstoff gespalten.
a) Stelle die Reaktionsgleichung auf.
b) Die Zerlegung von Quecksilberoxid darf nicht als Schulversuch durchgeführt werden. Nenne die Gründe.

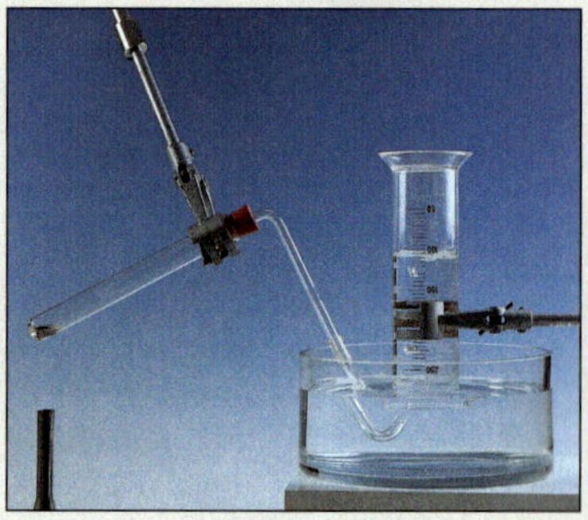

Natur – Mensch – Technik

A13 Begründe, warum man zur Herstellung von Heizkörpern, Bügeleisen und Kochplatten metallische Werkstoffe einsetzt?

A14 Edelmetalle wie Gold, Silber und Kupfer wurden wesentlich früher vom Menschen genutzt als unedle Metalle wie Eisen oder Aluminium. Erkläre diese Tatsache.

A15 Begründe, warum man Ohrstecker möglichst aus Edelmetallen herstellen sollte?

A16 Früher wurden Fahrradrahmen ausschließlich aus Stahl hergestellt. Begründe, warum man heute häufig Aluminium oder Titan anstelle von Stahl verwendet.

A17 Oft klebt man hinter Heizkörpern Aluminiumfolie an das Mauerwerk. Begründe den Sinn dieser Maßnahme.

A18 Erläutere, warum Hochöfen meist an Flüssen errichtet werden.

A1 Die Phlogiston-Theorie – ein Irrweg der Chemie

In jeder Wissenschaft bemüht man sich, die vielfältigen Erfahrungen nach übergeordneten Gesichtspunkten zu ordnen. Die erste Vorstellung, mit der sich Verbrennungsvorgänge allgemein erfassen ließen, wurde bereits um 1700 entwickelt: Georg Ernst STAHL, Professor der Medizin in Halle, stellte 1697 eine **Phlogiston-Theorie** auf (gr. *phlogistos*: brennbar). Er ging dabei von der längst bekannten Tatsache aus, dass bei der Verbrennung Stoffe mit völlig anderen Eigenschaften entstehen. Die Verbrennungsprodukte der Metalle bezeichnete man damals als *Kalke*.

STAHL nahm an, dass alle brennbaren Stoffe einen bestimmten Stoff enthalten, der sie brennbar macht: das *Phlogiston*. Bei der Verbrennung sollte dieses Phlogiston entweichen und von der Luft aufgenommen werden – wie von einem Schwamm.
Ein Metall ist nach dieser Auffassung aus dem Metallkalk und Phlogiston zusammengesetzt. Im Sinne eines heutigen Reaktionsschemas würden wir die STAHLsche Vorstellung folgendermaßen wiedergeben:

Metall $\longrightarrow$ Metallkalk + Phlogiston

Nahezu 100 Jahre lang waren fast alle Naturforscher Anhänger der Phlogiston-Theorie. Auch als man erkannt hatte, dass mit der Bildung der Metallkalke eine Massenzunahme verbunden ist, hielt man an dieser Theorie fest. Man machte die zusätzliche Annahme, Phlogiston habe eine negative Masse.

Durch LAVOISIER, der anfangs selbst die Phlogiston-Theorie vertrat, wurde diese Lehre um 1780 widerlegt. Er führte Experimente über die Verbrennung der Metalle durch. Dann konnte er die Beobachtungen auf der Grundlage des von ihm aufgestellten *Gesetzes von der Erhaltung der Masse* neu deuten.
In seiner Oxidationstheorie führte er die Massenzunahme auf die Vereinigung der Metalle mit Sauerstoff zurück. Seit dieser Zeit spielt die Waage bei der Untersuchung chemischer Vorgänge eine entscheidende Rolle.

a) Formuliere ein Reaktionsschema, das die Bildung von Kupfer bei der Reaktion von Kupferoxid mit Wasserstoff im Sinne der Phlogiston-Theorie beschreibt.
b) Beschreibe diese Reaktion durch ein Reaktionsschema und eine Reaktionsgleichung auf der Grundlage der Atomvorstellung. Erläutere den Widerspruch zur Phlogiston-Theorie.
c) Erkläre, warum vor allem Wasserstoff und Kohlenstoff von den Anhängern der Phlogiston-Theorie als besonders phlogistonreiche Stoffe angesehen wurden.
d) Erläutere, von welchen Alltagserfahrungen mit Verbrennungsvorgängen STAHL in seiner Theorie ausgeht.

A2 Magnesium brennt unter Wasser

Angezündetes Magnesium kann auch unter Wasser brennen. Man setzt es deshalb für Unterwasserfackeln ein. Die leichte Brennbarkeit des Metalls kann aber auch zu gefährlichen Bränden mit Magnesiumwerkstoffen in der Technik führen.

a) Begründe, warum der Brandsatz einer Unterwasserfackel neben Magnesium und Bindemitteln auch Stoffe enthält, die leicht Sauerstoff abgeben können.
b) Im Gegensatz zu einer Magnesiumfackel erlischt ein brennendes Magnesiumband, wenn man es in Wasser taucht. Erkläre das unterschiedliche Verhalten.
c) Welche Reaktionen könnten bei einer Unterwasserfackel ablaufen? Formuliere Reaktionsgleichungen und gib Oxidationsmittel und Reduktionsmittel an.
d) Erläutere, welches Gas in den von der brennenden Fackel aufsteigenden Blasen enthalten sein könnte.
e) Ein Magnesiumbrand lässt sich weder mit Wasser noch mit einem Kohlenstoffdioxidlöscher bekämpfen.
Formuliere die Reaktionsgleichung für die Reaktion von Magnesium mit Kohlenstoffdioxid.
f) Bei einem Experiment wird ein Magnesiumband mit der Brennerflamme an der Luft entzündet und dann in einen Standzylinder mit Kohlenstoffdioxid gehalten.
Stelle Ausgangsstoffe und Reaktionsprodukte modellhaft auf der Teilchenebene dar.
g) Nenne und begründe eine mögliche Löschmethode für einen Magnesiumbrand.
h) Weltweit werden jährlich etwa 500 000 Tonnen Magnesium hergestellt.
Recherchiere, in welchen Bereichen Magnesium und Magnesiumlegierungen hauptsächlich verwendet werden. Nenne auch einige Produkte aus dem Alltag.
i) Metallisches Magnesium wurde erstmals 1808 hergestellt und ab 1860 auch praktisch in der Feuerwerkerei eingesetzt. Als Werkstoff spielt Magnesium erst seit etwa 80 Jahren eine Rolle; in letzter Zeit steigt die Bedeutung stark an.
Erläutere einige Gesichtspunkte, die diese Entwicklung erklären.

Gefahrenhinweise und Sicherheitsratschläge für gefährliche Stoffe

Gefahrenhinweise (R-Sätze)

Diese Hinweise geben in einer ausführlicheren Weise als die Gefahrensymbole Auskunft über die Art der Gefahr.

R 1 In trockenem Zustand explosionsgefährlich
R 2 Durch Schlag, Reibung, Feuer oder andere Zündquellen explosionsgefährlich
R 3 Durch Schlag, Reibung, Feuer oder andere Zündquellen besonders explosionsgefährlich
R 4 Bildet hochempfindliche explosionsgefährliche Metallverbindungen
R 5 Beim Erwärmen explosionsfähig
R 6 Mit und ohne Luft explosionsfähig
R 7 Kann Brand verursachen
R 8 Feuergefahr bei Berührung mit brennbaren Stoffen
R 9 Explosionsgefahr bei Mischung mit brennbaren Stoffen
R 10 Entzündlich
R 11 Leichtentzündlich
R 12 Hochentzündlich
R 14 Reagiert heftig mit Wasser
R 15 Reagiert mit Wasser unter Bildung hoch entzündlicher Gase
R 16 Explosionsgefährlich in Mischung mit brandfördernden Stoffen
R 17 Selbstentzündlich an der Luft
R 18 Bei Gebrauch Bildung explosionsfähiger / leicht entzündlicher Dampf-Luft-Gemische möglich
R 19 Kann explosionsfähige Peroxide bilden
R 20 Gesundheitsschädlich beim Einatmen
R 21 Gesundheitsschädlich bei Berührung mit der Haut
R 22 Gesundheitsschädlich beim Verschlucken
R 23 Giftig beim Einatmen
R 24 Giftig bei Berührung mit der Haut
R 25 Giftig beim Verschlucken
R 26 Sehr giftig beim Einatmen
R 27 Sehr giftig bei Berührung mit der Haut
R 28 Sehr giftig beim Verschlucken
R 29 Entwickelt bei Berührung mit Wasser giftige Gase
R 30 Kann bei Gebrauch leicht entzündlich werden
R 31 Entwickelt bei Berührung mit Säure giftige Gase
R 32 Entwickelt bei Berührung mit Säure sehr giftige Gase
R 33 Gefahr kumulativer Wirkung
R 34 Verursacht Verätzungen
R 35 Verursacht schwere Verätzungen
R 36 Reizt die Augen
R 37 Reizt die Atmungsorgane
R 38 Reizt die Haut
R 39 Ernste Gefahr irreversiblen Schadens
R 40 Irreversibler Schaden möglich
R 41 Gefahr ernster Augenschäden
R 42 Sensibilisierung durch Einatmen möglich
R 43 Sensibilisierung durch Hautkontakt möglich
R 44 Explosionsgefahr bei Erhitzen unter Einschluss
R 45 Kann Krebs erzeugen
R 46 Kann vererbbare Schäden verursachen
R 48 Gefahr ernster Gesundheitsschäden bei längerer Exposition
R 49 Kann Krebs erzeugen beim Einatmen
R 50 Sehr giftig für Wasserorganismen
R 51 Giftig für Wasserorganismen
R 52 Schädlich für Wasserorganismen
R 53 Kann in Gewässern längerfristig schädliche Wirkungen haben
R 54 Giftig für Pflanzen
R 55 Giftig für Tiere
R 56 Giftig für Bodenorganismen
R 57 Giftig für Bienen
R 58 Kann längerfristig schädliche Wirkungen auf die Umwelt haben
R 59 Gefährlich für die Ozonschicht
R 60 Kann die Fortpflanzungsfähigkeit beeinträchtigen
R 61 Kann das Kind im Mutterleib schädigen
R 62 Kann möglicherweise die Fortpflanzungsfähigkeit beeinträchtigen
R 63 Kann das Kind im Mutterleib möglicherweise schädigen
R 64 Kann Säuglinge über die Muttermilch schädigen
R 65 Gesundheitsschädlich: Kann beim Verschlucken Lungenschäden verursachen
R 66 Wiederholter Kontakt kann zu spröder oder rissiger Haut führen
R 67 Dämpfe können Schläfrigkeit oder Benommenheit verursachen

Sicherheitsratschläge (S-Sätze)

Hier werden Empfehlungen gegeben, wie Gesundheitsgefahren beim Umgang mit gefährlichen Stoffen abgewehrt werden können.

S 1 Unter Verschluss aufbewahren
S 2 Darf nicht in die Hände von Kindern gelangen
S 3 Kühl aufbewahren
S 4 Von Wohnplätzen fernhalten
S 5 Unter ... aufbewahren (geeignete Flüssigkeit vom Hersteller anzugeben)
S 6 Unter ... aufbewahren (inertes Gas vom Hersteller anzugeben)
S 7 Behälter dicht geschlossen halten
S 8 Behälter trocken halten
S 9 Behälter an einem gut gelüfteten Ort aufbewahren
S 12 Behälter nicht gasdicht verschließen
S 13 Von Nahrungsmitteln, Getränken und Futtermitteln fernhalten
S 14 Von ... fernhalten (inkompatible Substanzen sind vom Hersteller anzugeben)
S 15 Vor Hitze schützen
S 16 Von Zündquellen fernhalten – Nicht rauchen
S 17 Von brennbaren Stoffen fernhalten
S 18 Behälter mit Vorsicht öffnen und handhaben
S 20 Bei der Arbeit nicht essen und trinken
S 21 Bei der Arbeit nicht rauchen
S 22 Staub nicht einatmen
S 23 Gas/Rauch/Dampf/Aerosol nicht einatmen (geeignete Bezeichnung(en) vom Hersteller anzugeben)
S 24 Berührung mit der Haut vermeiden
S 25 Berührung mit den Augen vermeiden
S 26 Bei Berührung mit den Augen sofort gründlich mit Wasser abspülen und Arzt konsultieren
S 27 Beschmutzte, getränkte Kleidung sofort ausziehen
S 28 Bei Berührung mit der Haut sofort abwaschen mit viel ... (vom Hersteller anzugeben)
S 29 Nicht in die Kanalisation gelangen lassen
S 30 Niemals Wasser hinzugießen
S 33 Maßnahmen gegen elektrostatische Aufladung treffen
S 35 Abfälle und Behälter müssen in gesicherter Weise beseitigt werden
S 36 Bei der Arbeit geeignete Schutzkleidung tragen
S 37 Geeignete Schutzhandschuhe tragen
S 38 Bei unzureichender Belüftung Atemschutzgerät anlegen
S 39 Schutzbrille/Gesichtsschutz tragen
S 40 Fußboden und verunreinigte Gegenstände mit ... reinigen (Material vom Hersteller anzugeben)
S 41 Explosions- und Brandgase nicht einatmen
S 42 Bei Räuchern/Versprühen geeignetes Atemschutzgerät anlegen (geeignete Bezeichnung(en) vom Hersteller anzugeben)
S 43 Zum Löschen ... (vom Hersteller anzugeben) verwenden (wenn Wasser die Gefahr erhöht, anfügen: „Kein Wasser verwenden“)
S 45 Bei Unfall oder Unwohlsein sofort Arzt hinzuziehen (wenn möglich dieses Etikett vorzeigen)
S 46 Bei Verschlucken sofort ärztlichen Rat einholen und Verpackung oder Etikett vorzeigen
S 47 Nicht bei Temperaturen über ... °C aufbewahren (vom Hersteller anzugeben)
S 48 Feucht halten mit ... (geeignetes Mittel vom Hersteller anzugeben)
S 49 Nur im Originalbehälter aufbewahren
S 50 Nicht mischen mit ... (vom Hersteller anzugeben)
S 51 Nur in gut gelüfteten Bereichen verwenden
S 52 Nicht großflächig für Wohn- und Aufenthaltsräume verwenden
S 53 Exposition vermeiden – vor Gebrauch besondere Anweisungen einholen
S 56 Diesen Stoff und seinen Behälter der Problemfall-entsorgung zuführen
S 57 Zur Vermeidung einer Kontamination der Umwelt geeigneten Behälter verwenden
S 59 Information zur Wiederverwendung beim Hersteller/Lieferanten erfragen
S 60 Dieser Stoff und sein Behälter sind als gefährlicher Abfall zu entsorgen
S 61 Freisetzung in die Umwelt vermeiden. Besondere Anweisungen einholen / Sicherheitsdatenblatt zu Rate ziehen
S 62 Bei Verschlucken kein Erbrechen herbeiführen. Sofort ärztlichen Rat einholen und Verpackung oder dieses Etikett vorzeigen
S 63 Bei Unfall durch Einatmen: Verunfallten an die frische Luft bringen und ruhig stellen
S 64 Bei Verschlucken Mund mit Wasser ausspülen (nur wenn Verunfallter bei Bewusstsein ist)

Stoffliste

Stoff	Gefahrensymbole, Sicherheitssymbole, Entsorgungssymbole	Ratschläge R/S-Sätze
Brennspiritus (96 % Ethanol)	F B3	R: 11 S: 7–16
Bromthymolblau		R: S:
Calciumchlorid	Xi	R: 36 S: 22–24
Eisenpulver, -wolle (Stahlwolle)		R: S:
Essigsäure 10 % ≤ w < 25 %	Xi	R: 36/38 S: 23–26–45
Ethanol	F B3	R: 11 S: 7–16
Heptan	Xn F N B3	R: 11–38–50/53–65–67 S: 9–16–29–33–60–61–62
Kaliumaluminiumsulfat (Alaun)		R: S:
Kaliumnitrat	O	R: 8 S: 16–41
Kaliumpermanganat	Xn O N B2	R: 8–22–50/53 S: 60–61
Kalkwasser		R: S:
Kohlenstoffdioxid		R: S:
Kupferoxid	B2	R: 22 S: 22
Kupfersulfat	Xn N B2	R: 22–36/38–50/53 S: 22–60–61
Kupferblech, -pulver		R: S:
Lithiumchlorid	Xn	R: 22–36/38 S:
Magnesium	F X	R: 11–15–17 S: 7/8–43
Magnesiumoxid	Xn	R: 20–36/37/38 S: 9–26–36/37
Natriumcarbonat (Soda)	Xi	R: 36 S: 22–26
Natriumchlorid		R: S:
Natriumhydrogencarbonat (Natron)		R: S:
Natriumhydrogensulfat	Xi	R: 41 S: 24–26
Natriumhydroxid	C B1	R: 35 S: 26–37/39–45
Natronlauge 0,5 % ≤ w < 2 %	Xi B1	R: 36/38 S: 26
Paraffin	B3	R: S:
Propanol	Xi F B3	R: 11–41–67 S: 7–16–24–26–39
Salzsäure 10 % ≤ w < 25 %	Xi B1	R: 36/37/38 S: 28
Schwefel		R: S:
Seifenlösung (alkohol.)	F B3	R: 10 S:
Stearinsäure		R: S:
Wasserstoffperoxid (w = 3 %)		R: S:
Zinkoxid	Xn B2	R: 50/53 S: 60–61
Zinkpulver	F	R: 15–17 S: 7/8–43
Zitronensäure		R: S:

X: spezielle Entsorgungsreaktion

Die chemischen Elemente

Name	Symbol	Ordnungszahl	Atommasse[1] in u	Dichte[2] in $\frac{g}{cm^3}$ (Gase: $\frac{g}{l}$)	Schmelztemperatur[3] in °C	Siedetemperatur[3] in °C
Actinium	Ac	**89**	(227)	10,1	1050	3200
Aluminium	Al	**13**	26,98	2,7	660	2467
Americium *	Am	**95**	(241)	11,7	1176	–2067
Antimon (Stibium)	Sb	**51**	121,8	6,68	631	1635
Argon	Ar	**18**	39,95	*1,66*	–189	–186
Arsen (grau)	As	**33**	74,92	5,72	817p	613s
Astat	At	**85**	(210)	–	302	(335)
Barium	Ba	**56**	137,3	3,5	725	1640
Berkelium *	Bk	**97**	(249)	15	986	(2623)
Beryllium	Be	**4**	9,012	1,85	1278	2471
Bismut	Bi	**83**	209	9,8	271	1560
Blei (Plumbum)	Pb	**82**	207,2	11,3	327	1740
Bor	B	**5**	10,81	2,34	2300	3660
Brom	Br	**35**	79,9	3,12	–7	59
Cadmium	Cd	**48**	112,4	8,65	321	767
Caesium	Cs	**55**	132,9	1,87	28	669
Calcium	Ca	**20**	40,08	1,55	842	1484
Californium *	Cf	**98**	(252)	–	–	–
Cer	Ce	**58**	140,1	6,78	795	3433
Chlor	Cl	**17**	35,45	*2,99*	–101	–34
Chrom	Cr	**24**	52	7,19	1857	2672
Cobalt	Co	**27**	58,93	8,9	1495	2870
Curium *	Cm	**96**	(244)	13,5	1340	3110
Dysprosium	Dy	**66**	162,5	8,54	1410	2567
Einsteinium *	Es	**99**	(252)	–	(860)	–
Eisen (Ferrum)	Fe	**26**	55,85	7,86	1535	2750
Erbium	Er	**68**	167,3	9,05	1529	2900
Europium	Eu	**63**	152	5,24	826	1596
Fermium *	Fm	**100**	(257)	–	–	–
Fluor	F	**9**	19	*1,58*	–220	–188
Francium	Fr	**87**	(223)	–	(27)	(680)
Gadolinium	Gd	**64**	157,3	7,9	1313	3273
Gallium	Ga	**31**	69,72	5,91	30	2403
Germanium	Ge	**32**	72,61	5,32	937	2830
Gold (Aurum)	Au	**79**	197	19,3	1064	2808
Hafnium	Hf	**72**	178,5	13,3	2233	4450
Helium	He	**2**	4,003	*0,17*	–272p	–269
Holmium	Ho	**67**	164,9	8,8	1472	2694
Indium	In	**49**	114,8	7,31	157	2072
Iod	I	**53**	126,9	4,94	114	184
Iridium	Ir	**77**	192,2	22,69	2466	4428
Kalium	K	**19**	39,1	0,86	63	760
Kohlenstoff (Carboneum)	C	**6**	12,01	[4]	> 3550	> 3900
Krypton	Kr	**36**	83,8	*3,48*	–157	–152
Kupfer (Cuprum)	Cu	**29**	63,55	8,96	1085	2527
Lanthan	La	**57**	138,9	6,17	920	3470
Lawrencium *	Lr	**103**	(262)	–	–	–
Lithium	Li	**3**	6,941	0,53	180	1342
Lutetium	Lu	**71**	175	9,84	1663	3402
Magnesium	Mg	**12**	24,31	1,74	650	1110
Mangan	Mn	**25**	54,94	7,43	1244	2095
Mendelevium *	Md	**101**	(258)	–	(827)	–
Molybdän	Mo	**42**	95,94	10,2	2610	5560
Natrium	Na	**11**	22,99	0,97	98	883
Neodym	Nd	**60**	144,2	7	1024	3074
Neon	Ne	**10**	20,18	*0,84*	–249	–246
Neptunium *	Np	**93**	(237)	20,4	637	(3900)
Nickel	Ni	**28**	58,69	8,9	1455	2730
Niob	Nb	**41**	92,91	8,57	2468	4758
Nobelium *	No	**102**	(259)	–	–	–

Name	Symbol	Ordnungszahl	Atommasse[1] in u	Dichte[2] in $\frac{g}{cm^3}$ (Gase: $\frac{g}{l}$)	Schmelztemperatur[3] in °C	Siedetemperatur[3] in °C
Osmium	Os	**76**	190,2	22,6	(3045)	(5000)
Palladium	Pd	**46**	106,4	12	1554	2970
Phosphor	P	**15**	30,97	[5]	[6]	[7]
Platin	Pt	**78**	195,1	21,4	1772	3825
Plutonium *	Pu	**94**	(239)	19,8	640	3230
Polonium	Po	**84**	(210)	9,4	254	962
Praseodym	Pr	**59**	140,9	6,77	935	3510
Promethium *	Pm	**61**	(146)	7,22	1042	(2730)
Protactinium	Pa	**91**	(231)	15,4	1572	(4000)
Quecksilber (Hydrargyrum)	Hg	**80**	200,6	13,53	–39	357
Radium	Ra	**88**	(226)	5	700	1737
Radon	Rn	**86**	(222)	*9,73*	–71	–62
Rhenium	Re	**75**	186,2	21	3180	5630
Rhodium	Rh	**45**	102,9	12,4	1964	3695
Rubidium	Rb	**37**	85,47	1,53	39	686
Ruthenium	Ru	**44**	101,1	12,4	2310	4150
Samarium	Sm	**62**	150,4	7,54	1072	1791
Sauerstoff (Oxygenium)	O	**8**	16	*1,33*	–219	–183
Scandium	Sc	**21**	44,96	3	1538	2730
Schwefel (Sulfur)	S	**16**	32,07	[8]	113	445
Selen	Se	**34**	78,96	4,8	217	685
Silber (Argentum)	Ag	**47**	107,9	10,5	962	2212
Silicium	Si	**14**	28,09	2,33	1410	3267
Stickstoff (Nitrogenium)	N	**7**	14,01	*1,16*	–210	–196
Strontium	Sr	**38**	87,62	2,6	769	1384
Tantal	Ta	**73**	180,9	16,6	3000	5534
Technetium*	Tc	**43**	(98)	11,5	2157	4880
Tellur	Te	**52**	127,6	6,24	450	990
Terbium	Tb	**65**	158,9	8,25	1360	3230
Thallium	Tl	**81**	204,4	11,85	303	1457
Thorium	Th	**90**	(232)	11,7	1750	4788
Thulium	Tm	**69**	168,9	9,32	1545	1950
Titan	Ti	**22**	47,87	4,5	1660	3287
Uran *	U	**92**	(238)	19,1	1135	3818
Vanadium	V	**23**	50,94	6,1	1910	3407
Wasserstoff (Hydrogenium)	H	**1**	1,008	*0,084*	–259	–253
Wolfram	W	**74**	183,8	19,3	3410	5660
Xenon	Xe	**54**	131,3	*5,46*	–112	–108
Ytterbium	Yb	**70**	173	6,97	824	1194
Yttrium	Y	**39**	88,91	4,47	1522	3338
Zink	Zn	**30**	65,39	7,14	420	907
Zinn (Stannum)	Sn	**50**	118,7	7,3	232	2602
Zirconium	Zr	**40**	91,22	6,49	1852	4377

[1] Eine eingeklammerte Zahl gibt die Nukleonenzahl des häufigsten Isotops des Elements an.

[2] Die Dichteangaben gelten für 25 °C und 1013 hPa. Bei gasförmigen Elementen wird die Dichte kursiv angegeben. Sie gilt für 20 °C und 1013 hPa.

[3] Eine eingeklammerte Zahl gibt Schätzwerte an.

[4] Graphit: 2,26 $\frac{g}{cm^3}$; Diamant: 3,51 $\frac{g}{cm^3}$

[5] weißer Phosphor: 1,82 $\frac{g}{cm^3}$; roter Phosphor: 2,35 $\frac{g}{cm^3}$; schwarzer Phosphor: 2,7 $\frac{g}{cm^3}$

[6] weißer Phosphor: 44 °C; roter Phosphor: 590 °C (p); schwarzer Phosphor: –

[7] weißer Phosphor: 280 °C; roter Phosphor: 417 °C (s); schwarzer Phosphor: –

[8] rhombischer Schwefel: 2,07 $\frac{g}{cm^3}$; monokliner Schwefel: 1,96 $\frac{g}{cm^3}$

– Werte nicht bekannt

p unter Druck

s sublimiert

* radioaktives Element

Größen und ihre Einheiten

Größe		Einheit		
Name	Zeichen	Name	Zeichen	Beziehungen
Masse	m	Kilogramm	kg	1 kg = 1000 g 1 g = 1000 mg
Volumen	V	Kubikmeter	m^3	$1\ m^3 = 1000\ dm^3$ $1\ dm^3 = 1\ l$
		Liter	l	1 l = 1000 ml $1\ ml = 1\ cm^3$
Dichte	ϱ	$\frac{\text{Kilogramm}}{\text{Kubikmeter}}$	$\frac{kg}{m^3}$	$1\ \frac{g}{cm^3} = 1000\ \frac{kg}{m^3}$
		$\frac{\text{Gramm}}{\text{Liter}}$	$\frac{g}{l}$	$1\ \frac{g}{l} = 0{,}001\ \frac{g}{m^3}$
Druck	p	Pascal	Pa	$1\ Pa = 1\ \frac{N}{m^2}$ 100 Pa = 1 hPa
		Bar	bar	1 bar = 100 000 Pa 1 mbar = 100 Pa
Energie	E	Joule	J	$1\ J = 1\ N \cdot m = 1\ \frac{kg \cdot m^2}{s^2}$
Elektrizitätsmenge	Q	Coulomb	C	$1\ C = 1\ A \cdot s$
Anzahl	N			
Stoffmenge	n	Mol	mol	1 mol enthält $6{,}022 \cdot 10^{23}$ Teilchen
molare Masse	M	$\frac{\text{Gramm}}{\text{Mol}}$	$\frac{g}{mol}$	
Stoffmengenkonzentration	c	$\frac{\text{Mol}}{\text{Liter}}$	$\frac{mol}{l}$	
Temperatur	ϑ	Grad Celsius	°C	
	T	Kelvin	K	0 °C = 273,15 K

Umrechnungsfaktoren

Energie	J	cal	eV
1 J	1	0,2390	$6{,}242 \cdot 10^{18}$
1 cal	4,184	1	$2{,}612 \cdot 10^{19}$
1 eV	$1{,}602 \cdot 10^{-19}$	$3{,}829 \cdot 10^{-20}$	1

$1\ J = 1\ N \cdot m = 1\ W \cdot s = 1\ V \cdot A \cdot s$

Druck	Pa	atm	mm Hg	bar
1 Pa	1	$9{,}869 \cdot 10^{-6}$	$7{,}501 \cdot 10^{-3}$	10^{-5}
1 atm	$1{,}013 \cdot 10^5$	1	760,0	1,013
1 mm Hg (Torr)	133,3	$1{,}316 \cdot 10^{-3}$	1	$1{,}333 \cdot 10^{-3}$
1 bar	10^5	0,9869	750,1	1

100 Pa = 1 hPa; 1 mbar = 1 hPa; 1 mm Hg = 1 Torr; $1\ Pa = 1\ \frac{N}{m^2}$

Konstanten

Atomare Masseneinheit	u	$1{,}661 \cdot 10^{-27}$ kg
AVOGADRO-Konstante	N_A	$6{,}022 \cdot 10^{23}\ \frac{1}{mol}$
Molares Volumen eines idealen Gases (bei 1013 hPa und 20 °C)	V_m	$24{,}056\ \frac{l}{mol}$
Ladung eines Elektrons	e	$1{,}602 \cdot 10^{-19}$ C
Masse eines Elektrons	m_e	$9{,}109 \cdot 10^{-31}$ kg
Masse eines Protons	m_p	$1{,}673 \cdot 10^{-27}$ kg
Masse eines Neutrons	m_n	$1{,}675 \cdot 10^{-27}$ kg
FARADAY-Konstante	F	$96\,485\ \frac{C}{mol}$

Gehaltsangaben für Mischungen und Lösungen (nach DIN 1310)

Masse einer Stoffportion:	m_i	Massenkonzentration:	$\beta_i = \frac{m_i}{V}$
Volumen einer Stoffportion:	V_i	Volumenkonzentration:	$\sigma_i = \frac{V_i}{V}$
Stoffmenge einer Stoffportion:	n_i	Stoffmengenkonzentration:	$c_i = \frac{n_i}{V}$
Teilchenzahl einer Stoffportion:	N_i	Teilchenkonzentration:	$C_i = \frac{N_i}{V}$
		(V: Gesamtvolumen **nach** dem Mischen)	

Massenanteil (früher: Gewichtsprozent): $w_i = \frac{m_i}{m}$
Gesamtmasse $m = m_1 + m_2 + \ldots$

Volumenanteil (früher: Volumenprozent): $\varphi_i = \frac{V_i}{V_0}$
Gesamtvolumen $V_0 = V_1 + V_2 + \ldots$ (**vor** dem Mischen)

Stoffmengenanteil: $x_i = \frac{n_i}{n}$
Gesamtstoffmenge $n = n_1 + n_2 + \ldots$

Teilchenzahlanteil: $X_i = \frac{N_i}{N}$
Gesamtteilchenanzahl $N = N_1 + N_2 + \ldots$

Das Wort Gehalt wird als Oberbegriff bei der qualitativen Beschreibung verwendet. *Beispiel:* Der Wassergehalt einer Probe.

Dezimale Teile/Vielfache

Potenz	Vorsilbe	Symbol	Potenz	Vorsilbe	Symbol
10^{-1}	Dezi	d	10	Deka	da
10^{-2}	Zenti	c	10^2	Hekto	h
10^{-3}	Milli	m	10^3	Kilo	k
10^{-6}	Mikro	μ	10^6	Mega	M
10^{-9}	Nano	n	10^9	Giga	G
10^{-12}	Piko	p	10^{12}	Tera	T
10^{-15}	Femto	f			
10^{-18}	Atto	a			

Griechisches Alphabet

Buchstabe klein	Buchstabe groß	Name	Buchstabe klein	Buchstabe groß	Name
α	Α	alpha	ν	Ν	nü
β	Β	beta	ξ	Ξ	xi
γ	Γ	gamma	ο	Ο	omikron
δ	Δ	delta	π	Π	pi
ε	Ε	epsilon	ϱ	Ρ	rho
ζ	Ζ	zeta	σ	Σ	sigma
η	Η	eta	τ	Τ	tau
ϑ	Θ	theta	φ	Φ	phi
ι	Ι	jota	υ	ϒ	ypsilon
κ	Κ	kappa	χ	Χ	chi
λ	Λ	lambda	ψ	Ψ	psi
μ	Μ	mü	ω	Ω	omega

Griechische Zahlwörter

½	hemi		
1	mono	11	undeca
2	di	12	dodeca
3	tri	13	trideca
4	tetra	14	tetradeca
5	penta	15	pentadeca
6	hexa	16	hexadeca
7	hepta	17	heptadeca
8	octa	18	octadeca
9	nona	19	enneadeca
10	deca	20	eicosa

Eigenschaften von Gasen

Name	Dichte bei 20 °C (1013 hPa) in $\frac{g}{l}$	Schmelztemperatur in °C bei 1013 hPa	Siedetemperatur in °C bei 1013 hPa	Löslichkeit bei 25 °C in 1 l Wasser in l
Wasserstoff (H_2)	0,084	−259	−253	0,019
Stickstoff (N_2)	1,16	−210	−196	0,015
Sauerstoff (O_2)	1,33	−219	−183	0,028
Fluor (F_2)	1,58	−220	−188	–
Chlor (Cl_2)	2,95	−101	−35	2,2
Helium (He)	0,17	−272	−269	0,09
Neon (Ne)	0,84	−249	−246	0,016
Argon (Ar)	1,66	−189	−186	0,032
Krypton (Kr)	3,48	−57	−152	0,071
Luft	1,20	–	–	0,0063* 0,012**
Ammoniak (NH_3)	0,71	−78	−33	680
Chlorwasserstoff (HCl)	1,52	−114	−85	466
Schwefelwasserstoff (H_2S)	1,42	−83	−62	2,41
Schwefeldioxid (SO_2)	2,67	−73	−10	35
Kohlenstoffmonooxid (CO)	1,17	−205	−190	0,023
Kohlenstoffdioxid (CO_2)	1,83	−78 (sublimiert)		0,80
Methan (CH_4)	0,67	−82	−162	0,032
Ethan (C_2H_6)	1,25	−183	−89	0,043
Propan (C_3H_8)	1,84	−188	−42	0,06
Butan (C_4H_{10})	2,47	−138	−1	0,14
Ethen (C_2H_4)	1,17	−169	−104	0,13
Ethin (C_2H_2)	1,06	−81	−84	0,95

* von Sauerstoff aus der Luft
** von Stickstoff aus der Luft

Gewinde und Farbkennzeichnung von Stahlflaschen für Gase

Gas	Gewinde	alte Farbkennzeichnung	neue Farbkennzeichnung („N") Flaschenschulter	Flaschenmantel
Sauerstoff	rechts	blau	weiß	blau oder grau
Stickstoff	rechts	dunkelgrün	schwarz	grau, schwarz oder dunkelgrün
Druckluft	rechts	grau	leuchtend grün	grau
Argon	rechts	grau	dunkelgrün	grau oder dunkelgrün
Helium	rechts	grau	braun	grau
Kohlenstoffdioxid	rechts	grau	grau	grau
Wasserstoff	links	rot	rot	rot
Acetylen	Spezialgewinde	gelb	kastanienbraun	kastanienbraun, schwarz oder gelb

Reagenzlösungen

Chlorwasser (Xn): Destilliertes Wasser durch Einleiten von Chlor sättigen; in brauner Flasche aufbewahren.

Bromwasser (T, Xi): 10 Tropfen Brom in 250 ml destilliertem Wasser lösen.

Iodwasser: Einige Blättchen Iod in destilliertem Wasser kurz aufkochen.

Iod/Kaliumiodid-Lösung: 2 g Kaliumiodid in wenig Wasser vollständig lösen und 1 g Iod zugeben. Nach dem Lösen auf 300 ml auffüllen und in brauner Flasche aufbewahren.

FEHLING-Lösung I: 7 g Kupfersulfat ($CuSO_4 \cdot 5\ H_2O$) in 100 ml Wasser lösen.

FEHLING-Lösung II (C): 35 g Kaliumnatriumtartrat (Seignette-Salz) und 10 g Natriumhydroxid in 100 ml Wasser lösen.

Kalkwasser: 1 g Calciumoxid in 500 ml destilliertem Wasser schütteln und filtrieren (0,02 $\frac{mol}{l}$).

Silbernitrat-Lösung: 17 g Silbernitrat auf 1 Liter auffüllen (0,1 $\frac{mol}{l}$).

Bariumchlorid-Lösung (Xn): 24,4 g Bariumchlorid ($BaCl_2 \cdot 2\ H_2O$) auf 1 Liter auffüllen (0,1 $\frac{mol}{l}$).

Bleiacetat-Lösung (T): 9,5 g Bleiacetat ($Pb(CH_3COO)_2 \cdot 3\ H_2O$) auf 250 ml auffüllen (0,1 $\frac{mol}{l}$).

Indikatorlösungen:
Bromthymolblau: 0,1 g in 100 ml 20%igem Ethanol
Methylrot (F): 0,2 g in 100 ml 90%igem Ethanol
Phenolphthalein (F): 0,1 g in 100 ml 70%igem Ethanol
Universalindikator für pH 2–10 (F): 300 mg Dimethylgelb, 200 mg Methylrot, 400 mg Bromthymolblau, 500 mg Thymolblau und 100 mg Phenolphthalein in 500 ml 90%igem Ethanol

Farbstufen:				
	pH ≤ 2:	rot	pH 8:	grün
	pH 4:	orange	pH 10:	blau
	pH 6:	gelb		

BAEYER-Reagenz: 10%ige Sodalösung mit einer verdünnten Kaliumpermanganat-Lösung versetzen, bis die Lösung kräftig violett gefärbt ist.

TOLLENS-Reagenz (ammoniakalische Silbernitrat-Lösung): Silbernitrat-Lösung (0,1 mol · l^{-1}) mit etwa einem Zehntel des Volumens verdünnter Natronlauge versetzen. Anschließend unter Schütteln Ammoniak-Lösung (25 %) zutropfen, bis sich der Silberoxid-Niederschlag gerade wieder löst. Die Reagenz-Lösung wird jeweils frisch zubereitet. Sie darf nicht aufbewahrt werden, da sich Silberazid bilden könnte (Explosionsgefahr). Reste der Reagenz-Lösung ansäuern und über den Behälter B2 entsorgen.

SCHIFF-Reagenz (fuchsinschweflige Säure): 0,25 g Fuchsin in 1 Liter Wasser lösen (Rotfärbung); unter ständigem Rühren schweflige Säure (oder angesäuerte Lösung von $Na_2S_2O_5$) zutropfen, bis Entfärbung eintritt.

Saure und alkalische Lösungen

Lösung	gelöster Stoff	*	verdünnt Massenanteil	Dichte bei 20 °C	konzentriert Massenanteil	Dichte bei 20 °C
Salzsäure	HCl (g)	2	7 %	1,033	36 %	1,179
Schwefelsäure	H_2SO_4 (l)	1	9 %	1,059	98 %	1,836
Salpetersäure	HNO_3 (l)	2	12 %	1,066	68 %	1,391
Phosphorsäure	H_3PO_4 (s)	1	10 %	1,05	85 %	1,71
Essigsäure	CH_3COOH (l)	2	12 %	1,015	99 %	1,052
Natronlauge	NaOH (s)	2	8 %	1,087	30 %	1,328
Kalilauge	KOH (s)	2	11 %	1,100	27 %	1,256
Kalkwasser	$Ca(OH)_2$ (s)		0,16 %**	1,001**	** Angaben für gesättigte Lösungen	
Barytwasser	$Ba(OH)_2$ (s)		3,4 %**	1,04**		
Ammoniak-Lösung	NH_3 (g)	2	3 %	0,981	25%	0,907

* Stoffmengenkonzentration in $\frac{mol}{l}$

Kleines Lexikon der Chemie

Adsorption: Anlagerung von Teilchen an die Oberfläche eines porösen Feststoffs wie Aktivkohle.

Aggregatzustand: gibt an, ob ein Stoff fest, flüssig oder gasförmig vorliegt. Symbole:
s (fest), l (flüssig), g (gasförmig).

Akkumulator: wieder aufladbare Batterie; häufig verwendet: Blei-Akkumulatoren in Autos.

Aktivierungsenergie: die Energie, die man benötigt, um eine Reaktion in Gang zu setzen.

Amalgame: Quecksilber-Legierungen; in der Zahnmedizin für Zahnfüllungen verwendet.

Analyse: Zerlegung einer Verbindung in die Elemente. (→ Synthese)

Atome: Grundbausteine der Materie; es gibt ebenso viele Atomarten, wie es Elemente gibt.

Atommasse: Masse eines Atoms; sie wird in der atomaren Masseneinheit 1 u angegeben; $1\ u = 1{,}66 \cdot 10^{-24}\ g$

Atommodell: Modellvorstellung über die kleinsten Teilchen der Elemente, den Atomen; Atome werden als winzig kleine Kugeln dargestellt.

Brennstoffzelle: elektrochemische Stromquelle, bei der Wasserstoff und Sauerstoff oder Luft kontinuierlich zugeführt werden und zu Wasser reagieren.

chemische Reaktion: eine Umwandlung von Stoffen, bei der aus den Ausgangsstoffen neue Stoffe gebildet werden; dabei werden die Atome umgruppiert. Chemische Reaktionen sind stets von einem Energieumsatz begleitet.

Chromatografie: Verfahren zur Trennung kleiner Mengen von Stoffgemischen mittels eines Trägermaterials (Papier, poröser Stoff auf einer Platte oder als Säulenfüllung) und eines Lösungsmittels bzw. Gases.

Destillation: Trennverfahren für Flüssigkeitsgemische; die Trennung erfolgt aufgrund unterschiedlicher Siedetemperaturen.

Diffusion: auf der Teilchenbewegung beruhende selbstständige Durchmischung gasförmiger und gelöster Stoffe.

Edelgase: besonders reaktionsträge Elemente.

Eindampfen: Trennverfahren für gelöste Feststoffe; das Lösungsmittel wird verdampft, bis sich der Feststoff zu Kristallen zusammenlagert.

Elektrolyse: Zerlegung einer chemischen Verbindung mithilfe elektrischer Energie.

Element: Reinstoff, der mit chemischen Mitteln nicht weiter zerlegt werden kann. Jedem Element entspricht eine bestimmte Atomart.

Emulgator: vermittelt zwischen hydrophilen und hydrophoben Stoffen und ermöglicht so die Bildung stabiler Emulsionen.

Emulsion: heterogenes Gemisch aus nicht ineinander löslichen Flüssigkeiten.

endotherme Reaktion: Reaktion, bei der aus der Umgebung Wärme aufgenommen wird.

Energieumsatz: Kennzeichen chemischer Reaktionen. Bei exothermen Reaktionen wird Energie frei; Reaktionen, die nur unter Energieaufwand ablaufen, heißen endotherm.

Enzym: Eiweiß-Molekül, das als Biokatalysator wirkt.

Erze: Mineralien mit hohem Metallgehalt; meist Oxide oder Sulfide; werden zur Gewinnung von Metallen eingesetzt.

exotherme Reaktion: Reaktion, bei der Wärme frei wird.

Extrahieren: Trennverfahren, bei dem lösliche Stoffe aus einem Gemisch herausgelöst werden.

Filtrieren: Trennverfahren für Suspensionen; der Feststoff bleibt im Filter zurück; Lösungsmittel und lösliche Stoffe bilden das klare Filtrat.

Formeln: *Verhältnisformeln* geben das Atomanzahlverhältnis einer Verbindung an; *Molekülformeln* geben die zahlenmäßige Zusammensetzung eines Moleküls an; *Strukturformeln* geben die Anordnung der Atome in einem Molekül an.

heterogene Gemische: uneinheitliche Gemische, bei denen man, manchmal auch nur mit dem Mikroskop, die einzelnen Bestandteile erkennen kann; einheitliche Gemische bezeichnet man als **homogene Gemische.**

Hydratation: Bildung einer Hülle von Wasser-Molekülen *(Hydrathülle)* um ein Molekül während des Lösungsvorgangs.

Indikator: ein Farbstoff, der durch seine Farbe anzeigt, ob eine saure, eine neutrale oder eine alkalische Lösung vorliegt. (→ pH-Skala)

Katalysator: ein Stoff, der die Geschwindigkeit einer Reaktion erhöht und unverändert aus der Reaktion hervorgeht.

Kristall: ein von ebenen Flächen regelmäßig begrenzter Körper.

Legierung: ein homogenes Gemisch aus zwei oder mehreren Metallen, das in der Schmelze hergestellt wird.

Lösung: ein homogenes flüssiges Gemisch aus zwei oder mehreren Stoffen.

Lösung, alkalisch: Lösung, die eine Farbänderung bei einem Indikator verursacht; wird als Säureregulator eingesetzt.

Lösung, neutral: Lösung, die weder sauer noch alkalisch ist.

Lösung, sauer: Lösung, die eine Farbänderung bei einem Indikator verursacht.

Modell: eine zu einem bestimmten Zweck gemachte vereinfachte Darstellung. Modelle dienen häufig der Veranschaulichung besonders kleiner, besonders großer oder besonders komplizierter Gegenstände oder Sachverhalte.

Modifikationen: Erscheinungsformen eines Elements. Sie sind aus den gleichen Atomen aufgebaut, unterscheiden sich aber in der Anordnung der Atome. *Beispiel:* Diamant und Graphit sind Modifikationen des Kohlenstoffs.

Mol: 1 mol ist die *Stoffmenge* einer Portion, die $6 \cdot 10^{23}$ Teilchen enthält.

molare Masse: stoffspezifische Größe zur Umrechnung zwischen Masse und Stoffmenge; ihr Zahlenwert entspricht dem der Teilchenmasse in u, die Einheit ist g/mol.

molares Volumen: Größe zur Umrechnung zwischen Volumen und Stoffmenge; bei normalem Druck und Raumtemperatur gilt für alle Gase $V_m = 24\ l/mol$.

Moleküle: Atomverbände mit definierter Zusammensetzung.

Molekülformel: siehe Formel.

Molekülmasse: ergibt sich durch Addition der jeweiligen Atommassen.

Nebel: heterogenes Gemisch, bei dem eine Flüssigkeit in einem Gas verteilt ist.

Oxidation: Reaktion, bei der ein Stoff Sauerstoff aufnimmt; die Umkehrung der Oxidation ist die **Reduktion.**

Oxidationsmittel: ein Stoff, der einen anderen Stoff oxidiert; Gegenteil: **Reduktionsmittel.**

Ozonschicht: Teil der Stratosphäre; liegt etwa in 30 km Höhe; dort absorbieren Ozon-Moleküle den größten Teil der UV-Strahlung der Sonne.

Periodensystem: tabellarische Anordnung der einzelnen Elemente; untereinanderstehende Elemente bilden eine *Gruppe*, nebeneinanderstehende eine *Periode*. Die Elemente sind nach ähnlichen Eigenschaften und dem Bau der Atome angeordnet.

pH-Skala: umfasst die Werte von 0 bis 14; bei pH 7 liegt eine *neutrale* Lösung vor, bei pH-Werten unterhalb von 7 ist die Lösung *sauer*, oberhalb von 7 *alkalisch*.

Rauch: heterogenes Gemisch, bei dem ein Feststoff in einem Gas verteilt ist.

Reaktionsgleichung: Darstellung einer chemischen Reaktion mithilfe von Formeln. Bei Verwendung der Stoffnamen anstelle der Formeln spricht man von einem **Reaktionsschema.**

Recycling: Wiederverwertung von bereits gebrauchten Stoffen oder Gegenständen.

Redoxreaktion: Reaktion, bei der Sauerstoff ausgetauscht wird.

Redoxreihe: Auflistung von Stoffen nach ihrer Oxidierbarkeit.

Reduktion: Reaktion, bei der einem Stoff Sauerstoff entzogen wird; die Umkehrung der Reduktion ist die **Oxidation.**

Reduktionsmittel: ein Stoff, der einen anderen Stoff reduziert; Gegenteil: **Oxidationsmittel**

Reinstoff: ein Stoff, der aus einer einzigen Teilchenart besteht.

saurer Regen: Regen, der durch aus Luftschadstoffen (Schwefeldioxid und Stickoxiden) gebildete Säuren sauer reagiert.

Schmelztemperatur: Temperatur, bei der ein Stoff vom festen in den flüssigen Aggregatzustand übergeht.

Schmelzwärme: aufgenommene Wärmeenergie während des Schmelzens eines Stoffes.

Sedimentieren: Trennverfahren für *Suspensionen;* der Feststoff setzt sich aufgrund der höheren Dichte ab.

Siedetemperatur: Temperatur, bei der ein Stoff vom flüssigen in den gasförmigen Aggregatzustand übergeht.

Stahl: Eisen-Legierung mit geringem Kohlenstoffanteil.

Suspension: heterogenes Gemisch eines Feststoffs in einer Flüssigkeit.

Synthese: Aufbau einer Verbindung aus den Elementen. (→ Analyse)

Teilchenmodell: wichtige Modellvorstellung; Stoffe bestehen aus kleinsten Teilchen.

Verbindung: Reinstoff, der durch chemische Reaktionen in Elemente zerlegt werden kann.

Verdampfungswärme: aufgenommene Wärmeenergie während des Siedens eines Stoffes.

Stichwortverzeichnis

Bildquellenverzeichnis

Umschlag.Vordergrund: BASF AG, Ludwigshafen; Umschlag.: IFA-Bilderteam, Ottobrunn; 6.1: Berger, Hannover; 7.1: AKG images, Berlin; 7.2: Bayer AG, Leverkusen; 8.1: Udo Heuer, Hannover; 8.2–4: Michael Fabian, Hannover; 8.5: SanDisk, Schweden; 8.6: Michael Fabian, Hannover; 8.7: Reinhard Tierfoto, Heiligkreuzsteinach; 8.8: Michael Fabian, Hannover; 9.1: Corbis, Düsseldorf (Jose Luis Pelaez, Inc.); 9.2+3: Michael Fabian, Hannover; 9.5: Focus, Hamburg (Simon Fraser / SPL); 9.6: Studio Schmidt-Lohmann, Hannover; 9.7: Wildlife, Hamburg (D. Harms); 9.8: Michael Fabian, Hannover; 14.1: Corbis, Düsseldorf (Elisabeth Sauer / zefa); 17.1: Sartorius AG, Göttingen; 17.2: ETH Zürich (Labor für Umweltingenieurwissenschaften); 17.3: Brand GmbH & Co. KG, Wertheim; 25.1: DRAGOCO Gerberding & Co. AG, Holzminden; 25.2: Ullstein, Berlin (CARO / Froese); 25.3: Dipl.-Ing. Hagen Marx, Andernach; 25.4: Stadtmuseum Schwabach; 26.1: Michael Fabian, Hannover; 27.1: Solvay Deutschland GmbH, Hannover; 27.5: dpa, Frankfurt; 27.6: AKG images, Berlin; 31.1+4: Tönnies, Laatzen; 35.2: Berger, Hannover; 40.1: Udo Heuer, Hannover; 40.3: Dr. Jänisch, Frankfurt; 42.2: Bundesanstalt für Milchforschung, Kiel (Prof. Buchheim); 42.3+4: Udo Heuer, Hannover; 43.1: Simper, Wennigsen; 43.3: Carl Kühne KG (GmbH & Co.), Hamburg; 45.2b–5b, 6a–8a, 10a: Michael Fabian, Hannover; 48.1: Deutscher Kaffee-Verband e. V., Hamburg; 49.1: Okapia, Frankfurt (Lothar Lenz); 54.1: Michael Fabian, Hannover; 54.2 B: creativ collection Verlag GmbH, Freiburg; 55.1: Menz, Hannover; 55.3: Tönnies, Laatzen; 55.4: Rowenta-Werke GmbH, Offenbach a. M.; 57.2 B: Erftverband (Christoffels), Bergheim; 62.1: Udo Heuer, Hannover; 65.3: CMA, Bonn; 66.1: Helga Lade, Frankfurt (M. Laemmerer); 67.1: Okapia, Frankfurt (Yoav Levy / Phototake); 67.3: Helga Lade, Frankfurt (Astrapi); 69.1: Thomas Seilnacht, Bern; 69.2: Michael Fabian, Hannover; 73.1: Berger, Hannover; 73.2: Pitopia; 74.1: Michael Fabian, Hannover; 74.2: Westfälisches Amt für Denkmalpflege; 75.1: Udo Heuer, Hannover; 75.2: Gebrüder Lödige Maschinenbau GmbH, Paderborn; 75.3: Westfalen AG, Münster; 78.2: Schroedel Archiv; 79.1: Bayer AG, Leverkusen; 79.2: Westfalen AG, Münster; 81.1–3: Berger, Hannover; 84.2: dpa, Frankfurt; 85.1: Pictor Uniphoto, Hamburg; 85.2: photoplexus, Dortmund (Yoav Galai); 85.3: Mauritius, Mittenwald (Arthur); 87.1: Gloria-Werke, Wadersloh; 88.1–4: Tönnies, Laatzen; 89.2: Schroedel Archiv; 90.1: Michael Fabian, Hannover; 91.3: Freiwillige Feuerwehr Hersbruck; 92.1: Corbis, Düsseldorf (Joseph Sohm / Visions of America); 94.1: Gesellschaft Deutscher Chemiker, Frankfurt; 95.1+2: Simper, Wennigsen; 95.3: Carl Zeiss, Oberkochen; 95.4: IBM Deutschland, Stuttgart; 97.2: SanDisk, Schweden; 100.3: Deutsches Museum, München; 103.1: Florian Wilke; 103.2: Copyright 2005 bei Messer Group GmbH; 103.3: Simper, Wennigsen; 103.4: Berger, Hannover; 106.3: Deutsches Museum, München; 108.2: Westfalen AG, Münster; 109.2: Associated Press GmbH, Frankfurt; 109.3: NASA; 111.1: Amerikanische Botschaft, Bonn; 111.2: AKG images, Berlin (Erich Lessing); 113.1: Berger, Hannover; 114.1: Landschaftsverband Westfalen-Lippe (Westfälisches Amt für Denkmalpflege); 118.1: Feuerwehr Hannover; 122.1: Berlin-Motive (Stiller); 123.1: Corbis, Düsseldorf; 124.1: Haendler & Natermann GmbH, Hann. Münden; 124.2: Michael Fabian, Hannover; 124.3: Salzgitter AG, Salzgitter; 124.4: Dr. L. Reinbacher, Kempten; 125.1: Simper, Wennigsen; 125.3: NASA (Carla Thomas); 125.4: Degussa Metals Catalysts Cerdec AG, Hanau-Wolfgang; 127.2: DB AG , Berlin (Mann); 131.1: Museum für Vor- und Frühgeschichte, Staatliche Museen zu Berlin – Preußischer Kulturbesitz (Postel); 131.2: Bridgemanart, Berlin; 133.1+2: Salzgitter AG, Salzgitter; 134.1a+2: Salzgitter AG, Salzgitter; 135.1: Geomuseum der TU Clausthal (Dr. Alfred K. Schuster); 136.1: Dr. Jänisch, Frankfurt; 136.2: b & m sinphonic, Geretsried; 136.3: K. Fröhlich, Sarstedt; 136.4: Mauck, Hannover; 136.5: Audi AG (über Aluminium-Zentrale e. V.), Ingoldstadt; 136.6: Rodenstock, München; 139.1: Mauritius, Mittenwald (Frei); 146.1: Westfalen AG, Münster

Es war uns leider nicht bei allen Abbildungen möglich, den Inhaber der Rechte ausfindig zu machen. Berechtigte Ansprüche werden selbstverständlich im Rahmen der üblichen Vereinbarungen abgegolten.

Das illustrierte Periodensystem

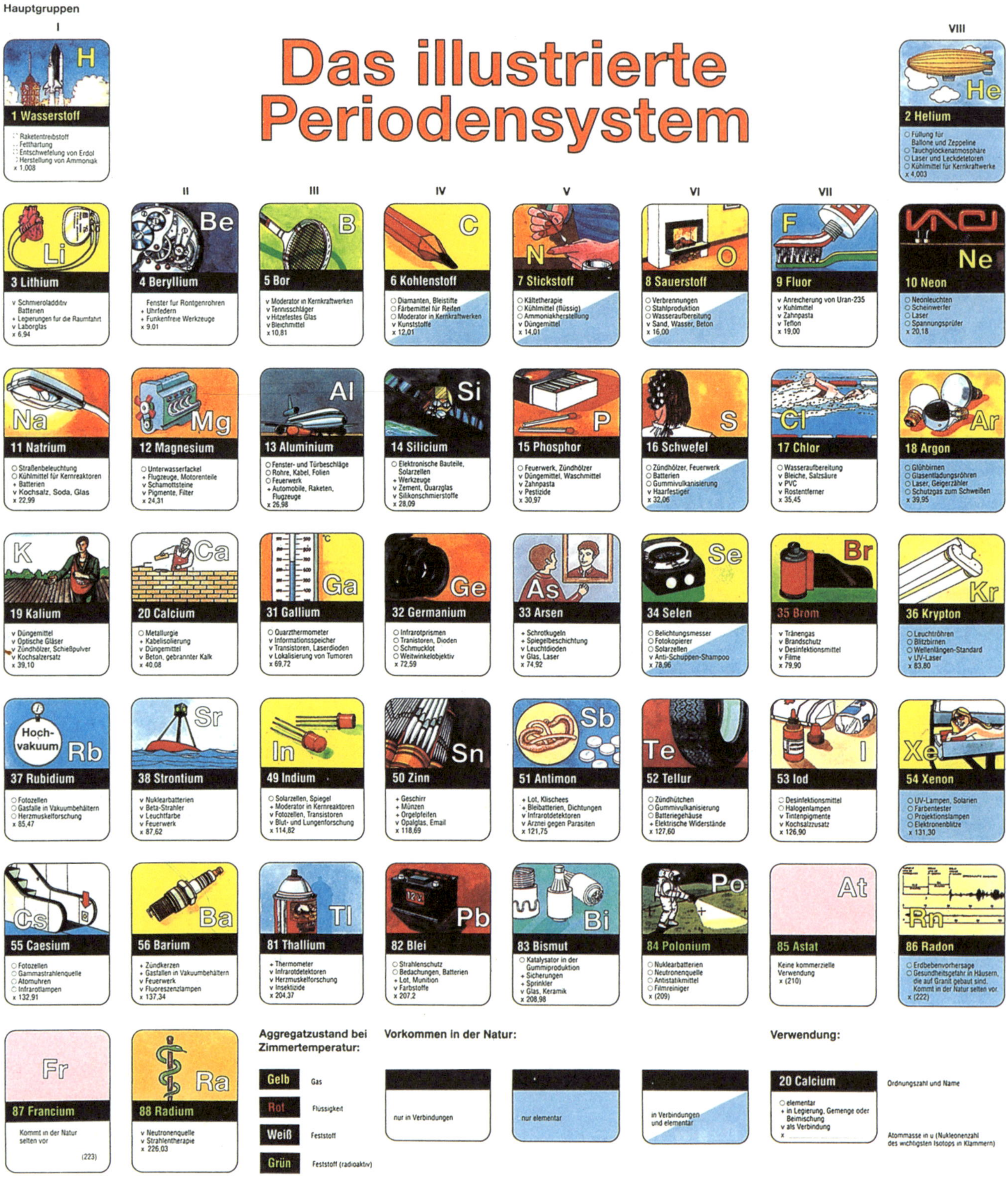